湖南省
食品安全管理人员培训教材
（经营、餐饮篇）

湖南省食品药品监督管理局培训中心　组织编写

中国城市出版社

图书在版编目（CIP）数据

湖南省食品安全管理人员培训教材（经营、餐饮篇）/
湖南省食品药品监督管理局培训中心组织编写. —北京：
中国城市出版社，2018.3（2018.8重印）
　ISBN 978-7-5074-3126-1

　Ⅰ.①湖…　Ⅱ.①湖…　Ⅲ.①食品安全-安全管理-
技术培训-教材　Ⅳ.①TS201.6

中国版本图书馆 CIP 数据核字（2018）第 020549 号

责任编辑：张礼庆
责任设计：李志立
责任校对：王雪竹　李美娜

湖南省食品安全管理人员培训教材
（经营、餐饮篇）
湖南省食品药品监督管理局培训中心　组织编写
＊
中国城市出版社出版、发行（北京海淀三里河路 9 号）
各地新华书店、建筑书店经销
北京科地亚盟排版公司制版
北京圣夫亚美印刷有限公司印刷
＊
开本：787×1092 毫米　1/16　印张：16½　字数：410 千字
2018 年 3 月第一版　　2018 年 8 月第二次印刷
定价：**39.00** 元
ISBN 978-7-5074-3126-1
（904089）

前 言

民以食为天，食以安为先，食品安全关系着公众的生命安全、国家的健康发展及社会的稳定和谐，是民生的基础和重要保障。面对全世界食品安全存在的突出问题和严峻形势，我国政府高度重视，出台了一系列政策法规，在加强监管、依法惩处食品安全违法犯罪的同时，着力强调提升食品经营单位食品安全管理人员的道德素养和安全自律。在此背景下，加强食品经营单位食品安全管理人员培训的工作显得尤为重要。

在国家食品药品监督管理总局相关部门的悉心指导下和市州监管部门的大力支持下，中心组织行业专家编写《湖南省食品安全管理人员培训教材》，该教材适用于食品流通、餐饮企业食品、保健食品安全管理人员与主要从业人员，也可以用于普通从业人员培训。

教材旨在通过加强和规范食品经营单位食品安全管理人员的工作内容，使食品经营单位食品安全管理人员了解食品安全法律法规要求，掌握食品经营单位食品安全管理规范和相关知识技能，强化食品安全法律意识、责任意识和风险意识，提升职业道德修养，推动食品经营单位食品安全管理人员不断提高食品安全管理能力和水平，切实保障公众饮食安全。

编委会组成人员有：任国峰、杜学军、李文宗、李改、肖立志、肖杨、吴公平、吴冬、张一青、易翠薇、黄晓岚、黄琼、曹小彦、曹云、梁永恒、彭旭明、蒋小平等（按姓氏笔画排序）。

在此，谨对关心和支持本教材编写及辛苦付出的专家表示衷心的感谢！本教材涉及的内容广泛，虽经努力收集素材，但因水平有限，恳请同仁对错漏之处提出宝贵意见。

湖南食安考核微信小程序　　　湖南食安考核 APP　　　参考资料下载

目　　录

第一章 食品安全基础知识

第一节 营养素与人体健康

一、蛋白质与人体健康

蛋白质是一切生命的物质基础，没有蛋白质就没有生命。人体内的蛋白质始终处于不断分解和不断合成的动态平衡中，从而达到组织蛋白质的更新和修复，每日约有3％蛋白质进行代谢更新。

（一）蛋白质生理功能

蛋白质是人体重要组成成分，其主要生理功能有：（1）人体组织的构成成分；（2）构成体内各种重要的生理作用的活性物质，如代谢过程中具有催化作用和调节作用的酶和激素，运输的血红蛋白、肌肉收缩的肌纤凝蛋白和构成支架的胶原蛋白以及免疫作用的抗体；（3）供给能量：蛋白质分解代谢后可以释放出能量，1g 食物蛋白质在体内约产生 16.7kJ（4.0kcal）的能量；（4）提供功能性肽类。

（二）蛋白质营养学评价

食物蛋白质的营养学评价主要从蛋白质含量、消化吸收程度和被人体利用程度三方面来评价。

1. 蛋白质含量：蛋白质含量是食物蛋白质营养价值的基础，没有一定的数量，再好的蛋白质其营养价值也有限。蛋白质含量比较恒定。一般使用凯式定氮法测定含氮量，再乘以蛋白质换算系数来计算食物蛋白质的含量。不同食物蛋白质的含氮量稍有不同，平均为 16％，因此，由氮计算蛋白质的换算系数即是其倒数 6.25。

2. 蛋白质消化率：蛋白质消化率不仅反映食物蛋白质在消化道内被分解和吸收的程度，还反映消化后的氨基酸和肽被吸收的程度。由于蛋白质在食物中存在形式、结构不同，食物中含有影响蛋白质吸收的因素以及食物不同的加工与烹调方式，食物蛋白质的消化率存在差异。动物性食品的蛋白质消化率一般高于植物性食品。大豆整粒食用时，消化率仅 60％，而加工成豆腐后，提高到 90％。这是由于加工过程中除去了大豆纤维素等不利于蛋白质消化吸收的成分。

测定食物蛋白质消化率时，无论是以人还是动物为实验对象，都必须检测实验期内摄入的食物氮、排出的粪氮和粪代谢氮。其中粪代谢氮，即肠道内源性氮，是在实验对象完全不摄入蛋白质时，从粪中排出的氮量，包括分泌到肠道内的消化液、脱落的肠黏膜细胞和肠道微生物所含的氮中未被重新吸收的部分。成人 24 小时内粪代谢氮一般为 0.9～1.2g。按下式可计算食物蛋白质的真消化率：

$$蛋白质真消化率（\%）= \frac{食物氮 - （粪氮 - 粪代谢氮）}{食物氮} \times 100\%$$

实际测定时为简便起见，一般不测定粪代谢氮，如此测得的消化率为表观消化率，其数值比真消化率低，具有一定安全性。

$$蛋白质表观消化率（\%）= \frac{食物氮 - 粪氮}{食物氮} \times 100\%$$

表 1-1 为常见食品的消化率。

常见食品的消化率　　　　　　　　　　　表 1-1

食物	鸡蛋	牛奶	肉、鱼	玉米	豆子	大米
真消化率（%）	97	95	94	85	78	87

3. 蛋白质利用率：评价食物蛋白质利用率的指标很多，不同指标可以从不同角度反映蛋白质被利用的程度，常用指标有：

（1）生物价（BV）：生物价是表示食物蛋白质消化吸收后，被机体利用程度的指标。生物价越高，表明其被机体利用程度越高，最大值为 100。计算公式如下：

$$生物价 = \frac{储留氮}{吸收氮} \times 100$$

其中：吸收氮 = 食物氮 - （粪氮 - 粪代谢氮）；

储留氮 = 吸收氮 - （尿氮 - 尿内源性氮）。

尿内源性氮为试验对象完全不摄入蛋白质时从尿中排出的氮，主要来源于组织蛋白质的分解。生物价高，表明食物蛋白质中氨基酸主要被用来合成人体蛋白质。生物价对指导肝、肾疾病患者的膳食很有意义，生物价高的蛋白质有利于减轻肝肾负担。

（2）蛋白质净利用率：蛋白质净利用率是反映食物中蛋白质被利用的程度，它包括了食物蛋白质的消化和利用两个方面，因此更为全面。计算公式如下：

$$蛋白质净利用率（\%）= 消化率 \times 生物价 = \frac{储留氮}{食物氮} \times 100\%$$

（3）蛋白质功效比：蛋白质功效比值是用处于生长阶段中的幼年动物在实验期内，其体重增加和摄入蛋白质的量的比值来反映蛋白质的营养价值的指标。

$$蛋白质功效比值 = \frac{动物体重增加（g）}{摄入蛋白质（g）}$$

（4）氨基酸评分：氨基酸评分也叫蛋白质化学评分，是通过测定蛋白质的必需氨基酸组成，并将各组分与参考蛋白或推荐的氨基酸评分模式相比较，找出最低的氨基酸评分值。公式为：

$$氨基酸评分 = \frac{被测蛋白质每克氮（或蛋白质）中氨基酸量（mg）}{理想模式或参考蛋白每克氮（或蛋白质）氨基酸量（mg）}$$

（三）必需氨基酸、氨基酸模式、限值氨基酸

1. 必需氨基酸：必需氨基酸是人体自身不能合成或合成速度不能满足人体需要，必须从食物中摄取的氨基酸。对成人来讲必需氨基酸共有八种：赖氨酸、色氨酸、苯丙氨酸、蛋氨酸、苏氨酸、异亮氨酸、亮氨酸、缬氨酸。如果饮食中经常缺少上述氨基酸，可影响健康。它对婴儿的成长起着重要的作用。对婴儿来说，组氨酸也是必需氨基酸。

2. 氨基酸模式：营养学上用氨基酸模式来反映人体蛋白质以及各种食物蛋白质在必需氨基酸的种类和含量上存在的差异。氨基酸模式是指蛋白质中各种必需氨基酸的构成比例。食物蛋白质氨基酸与人体蛋白质的氨基酸模式越接近，所含必需氨基酸被机体利用程度越高，蛋白质的营养价值也相对比较高。必需氨基酸的种类齐全，氨基酸模式与人体蛋白质氨基酸模式接近，不仅可维持健康，也可促进生长发育，该蛋白质被称为优质蛋白质（或称完全蛋白质）。如蛋、奶、肉、鱼等动物性蛋白质以及大豆蛋白质。由于鸡蛋的氨基酸模式最接近人体需要的模式，实验中常以它作为参考蛋白，是用来测定其他蛋白质质量的标准蛋白。

3. 限制氨基酸：有些食物蛋白质中虽然含有种类齐全的必需氨基酸，但是氨基酸模式和人体蛋白质氨基酸模式差异较大。食物蛋白质中一种或几种必需氨基酸含量相对较低，导致其他的必需氨基酸在体内不能被充分利用而浪费，造成其蛋白质营养价值较低，这种含量相对较低的必需氨基酸称限制氨基酸。其中相对含量最低的成为第一限制氨基酸，余者以此类推。植物蛋白质中，赖氨酸、蛋氨酸、苏氨酸和色氨酸含量相对较低，为植物蛋白质的限制氨基酸。谷类食物的赖氨酸含量最低，为谷类食物的第一限制氨基酸，其次是蛋氨酸和苯丙氨酸。而大豆、花生、牛奶、肉类相对不足的限制氨基酸为蛋氨酸，其次为苯丙氨酸。此外，小麦、大麦、燕麦和大米还缺乏苏氨酸（第二限制氨基酸），玉米缺色氨酸（第二限制氨基酸）。

（四）蛋白质互补作用

由于各种蛋白质中必需氨基酸的含量和比值不同，故可将富含某种必需氨基酸的食物与缺乏该种必需氨基酸的食物互相搭配而混合食用，使混合蛋白质的必需氨基酸成分更接近合适比值，从而提高蛋白质的生物价，称为蛋白质的互补作用。

（五）来源和参考摄入量

1. 参考摄入量：理论上成人每天摄入约30g蛋白质就可以满足零氮平衡，但从安全性和消化吸收等因素考虑，成人按 0.8g/（kg·d）摄入蛋白质为宜。我国是以植物性食物为主，所以成人蛋白质推荐摄入量为 1.16g/（kg·d）。按能量计算，我国成人蛋白质摄入占膳食总能量的10%～12%，儿童青少年为 12%～14%。

2. 食物来源蛋白质广泛存在于动植物性食物中。动物性蛋白质质量好、利用率高，但同时富含饱和脂肪酸和胆固醇，植物性蛋白利用率较低。因此，注意蛋白质互补，适当进行搭配是非常重要的。大豆可提供丰富的优质蛋白，其保健功能也越来越被世界所认识；牛奶也是优质蛋白质的重要食物来源，应大力提倡我国各类人群增加牛奶和大豆及其制品的消费。

二、脂类与人体健康

脂类包括脂肪和类脂，脂肪主要是甘油三酯，是一分子的甘油与三分子脂肪酸所形成的酯，约占体内脂类总量的95%，其余为类脂，包括磷脂和固醇类等。

（一）脂肪酸

脂肪酸是具有甲基端（—CH_3）和羧基端（—COOH）的碳氢链，大多数脂肪含有排列成一条直链的偶数碳原子。

目前已知存在于自然界的脂肪酸有 40 多种。按饱和程度来分，脂肪酸可分为饱和脂肪酸和不饱和脂肪酸。饱和脂肪酸的碳链中没有不饱和双键，不饱和脂肪酸含有一个或多个不饱和双键。根据不饱和双键的数量可将含有一个不饱和双键的脂肪酸称为单不饱和脂肪酸，含有两个及以上不饱和双键的脂肪酸称为多不饱和脂肪酸。最多见的单不饱和脂肪酸是油酸，膳食中最主要的多不饱和脂肪酸为亚油酸和 α-亚麻酸，主要存在于植物油中。人体细胞中不饱和脂肪酸的含量是饱和脂肪酸的两倍，但各种组织中两者的组成有很大差异，在一定程度上与膳食中脂肪的种类有关。

（二）生理功能

1. 储存和提供能量：甘油三酯的主要生理功能是氧化释放能量，供机体利用。1g 甘油三酯在体内完全氧化所产生的能量约为 37.6kJ。成人每日所需能量的 20％～30％，婴儿所需能量的 35％～50％由脂肪代谢提供。

2. 提供脂溶性维生素：食物脂肪中同时含有各种类脂的维生素，如维生素 A、维生素 D、维生素 E、维生素 K 等。脂肪不仅是这类脂溶性维生素的食物来源，也可促进它们在肠道中的吸收。

3. 供给必需氨基酸：必需氨基酸（EFA）指人体不可缺少且自身不能合成，必须通过食物供给的脂肪酸。EFA 有亚油酸和 α-亚麻酸。

4. 增加食物美味、促进食欲：脂肪作为食品烹调加工的重要原料，可以改善食物的色、香、味、形，达到美观和促进食欲的作用。

（三）脂类营养学评价

膳食脂类的营养价值可以从脂肪的消化率、必需脂肪酸含量、脂溶性维生素含量以及各种脂肪酸的比例等方面进行评价。

1. 脂肪的消化率：食物脂肪的消化率与脂肪熔点有关，碳链较短、不饱和双链较多的脂肪熔点较低，消化率较高。植物油熔点低，其消化率约为 91％～98％，略高于动物脂肪。

2. 必需脂肪酸含量：多数植物油中亚油酸含量较高，如棉籽油、大豆油、麦胚油、玉米油、芝麻油、花生油等。但椰子油除外，它的不饱和脂肪酸包括亚油酸含量较低。鱼油、大豆油和菜籽油中 n-3 脂肪酸含量相对较高。

3. 脂溶性维生素的含量：麦胚油、大豆油等植物油富含维生素 E，海水鱼肝脏脂肪富含维生素 A、维生素 D。脂溶性维生素含量较高的脂肪营养评价值也较高。

4. 各种脂肪酸的比例：机体对饱和脂肪酸、单不饱和脂肪酸和多不饱和脂肪酸的需要不仅要有一定的数量，还应有一定的比例。每日膳食中饱和脂肪酸、单不饱和脂肪酸、多不饱和脂肪酸的比例应为 1∶1∶1。

（四）脂肪的参考摄入量及食物来源

1. 参考摄入量：中国营养学会推荐成人脂肪摄入量应占总能量的 20％～30％。胆固醇的摄入量以平均每日＜300mg 为宜。为提供必需氨基酸、脂溶性维生素以及促进脂溶性维生素吸收等所需要的脂肪摄入量并不多，一般每日膳食中有 50g 脂肪即能满足。关于人体必需脂肪酸的需要量，联合国粮农组织及世界卫生组织专家报告（1993 年）推荐膳食中亚油酸摄入量应占总能量的 3％～5％。膳食中 α-亚麻酸的摄入量占总能量的 0.5％～1％时，即可使组织中 DHA 含量达最高值，并避免出现任何明显的缺乏症。

2. 食物来源：动物的脂肪组织和肉类以及植物的种子。亚油酸普遍存在于植物油中，亚麻酸在豆油和紫苏籽油中较多，鱼贝类食物是 EPA、DHA 的良好来源；含磷脂较多的食物：蛋黄、肝脏、大豆、麦胚、花生；含胆固醇丰富的食物：动物脑、肝、肾等内脏和蛋；含反式脂肪酸较多的食物：人造奶油、蛋糕、油炸食品。过多进食富含高胆固醇食物可引起高脂血症与动脉硬化。植物性食物中的谷固醇、麦角固醇及豆固醇等，能干扰食物胆固醇的吸收，膳食纤维能降低血胆固醇。卵磷脂、胆碱、蛋氨酸因参与磷脂或脂蛋白合成，与脂肪转运有关，所以称抗脂肪肝因子。

三、碳水化合物

（一）分类

分类碳水化合物也称糖类，是由碳、氢、氧三种元素组成的一类化合物。联合国粮农组织及世界卫生组织于 1998 年根据其化学结构及生理作用将碳水化合物分为糖、寡糖、多糖三类。

1. 糖：包括单糖、双糖和糖醇。

（1）单糖：单糖是最简单的碳水化合物，不能再被水解为更小分子的糖。食物中常见的单糖是葡萄糖和果糖，它们都含有 6 个碳原子（己糖）。果糖与葡萄糖分子式相同，但结构不同。果糖是天然碳水化合物中最甜的糖，其甜度为蔗糖的 1.2 倍。蜂蜜和水果中含有较多的果糖。半乳糖很少以单糖形式存在于食物之中，而是作为乳糖和寡糖的组成成分之一。半乳糖在人体中也是先转变成葡萄糖后才被利用。食物中还有少量的戊糖如核糖、脱氧核糖、阿拉伯糖和木糖。

（2）双糖：双糖是由两分子单糖缩合而成。常见的有蔗糖、乳糖、麦芽糖和海藻糖等。蔗糖是由一分子葡萄糖和一分子果糖以 α-链连接而成，无还原性。在甘蔗、甜菜和蜂蜜中含量较多，日常食用的白砂糖即蔗糖，是从甘蔗或甜菜中提取的。麦芽糖是由两分子葡萄糖以 α-链连接而成，无还原性。淀粉在酶的作用下分解成麦芽糖。乳糖是由一分子葡萄糖和一分子半乳糖以 β-链连接而成，有还原性，主要存在于奶及奶制品中。海藻糖是由两分子葡萄糖组成，存在于真菌及细菌之中，如食用蘑菇中含量较多。

（3）糖醇：是单糖还原后的产物，广泛存在于生物界，特别是在植物中。因为糖醇的代谢不需要胰岛素，常用于糖尿病患者膳食。在食品工业上，糖醇也是重要的甜味剂和湿润剂，目前常用的有山梨醇、甘露醇、麦芽糖醇、乳糖醇、木糖醇和混合糖醇等。

2. 寡糖：寡糖又称低聚糖，指由 3～9 个单糖通过糖苷键构成的聚合物，较重要的有：

（1）棉籽糖和水苏糖：存在于豆类食品中，两种糖都不能被肠道消化酶分解而消化吸收，但在大肠中可被肠道细菌代谢产生气体和其他产物，造成胀气，适当加工可以减少其不良影响。

（2）低聚果糖和异麦芽低聚糖：低聚糖是由一个葡萄糖和多个果糖结合而成的寡糖，存在于水果、蔬菜中，尤以洋葱、芦笋中含量较高。异麦芽低聚糖有甜味，游离状态的异麦芽低聚糖在天然食物中极少，主要存在于某些发酵食品如酒、酱油中，但含量很少。低聚果糖和异麦芽低聚糖属于"益生元"。益生元是指不被人体消化系统消化和吸收，能够选择性地促进宿主肠道内原有的一种或几种有益细菌（益生菌）生长繁殖的物质，通过有益菌的增多，达到促进机体健康的目的。

寡糖可被肠道有益细菌如双歧枝杆菌等所利用，其发酵产物如短链脂肪酸，与膳食纤维一起对肠道的结构与功能有重要的保护和促进作用。

3. 多糖：是由 10 个以上的单糖组成的一类大分子碳水化合物，一般不溶于水，无甜味，无还原性，包括淀粉、糖原和纤维素等。

(1) 淀粉：由数百至数千个葡萄糖分子聚合而成，包括：①可吸收淀粉：能被人体消化酶消化而吸收的植物多糖。主要储存在植物细胞中，尤其富含于谷类、薯类、豆类食物中，是人类碳水化合物的主要来源，也是最经济的能量营养素。根据其结构可分为直链淀粉和支链淀粉，前者遇碘产生蓝色，易使食物老化，后者易使食物糊化；②抗性淀粉 (RS)：是指健康人小肠中不被消化吸收的淀粉及其降解产物。抗性淀粉不能在小肠消化吸收，但在结肠可被生理性细菌发酵，产物是短链脂肪酸和气体，主要是丁酸和二氧化碳，二氧化碳可调节肠道内有益菌群和降低粪便的 pH 值。

(2) 糖原：存在于动物组织中，也称动物淀粉，结构与支链淀粉相似。在食物中含量较低，并不是有意义的碳水化合物食物来源。

（二）生理功能

1. 提供能量：膳食中的碳水化合物是来源最广、最经济的能量。1g 碳水化合物可提供约 16.8kJ（4.0kcal）的能量。中国居民以米面为主食，60％以上的能量来自于碳水化合物。提供机体尤其是红细胞、脑和神经组织对能量的需要。肌肉中的糖原只供自身的能量需要。体内的糖原储存只能维持数小时，故每日需要多次从膳食中得到补充。

2. 构成机体成分和生理活性物质：碳水化合物是机体重要的组成成分之一，每个细胞都有碳水化合物，其含量约为 2％～10％，主要以糖脂、糖蛋白和蛋白多糖的形式存在，分布在细胞膜、细胞器膜、细胞质以及细胞间基质中。如结缔组织中的黏蛋白、神经组织中的糖脂以及细胞膜表面具有信息传递功能的糖蛋白，都是一些寡糖复合物。DNA 和 RNA 中均含有 D-核糖，在遗传中起着重要的作用。一些具有重要生理功能的物质，如抗体、酶和激素的组成成分，也需碳水化合物的参与。

3. 血糖调节作用：碳水化合物摄入多，血糖上升得高，食物对于血糖的调节作用主要在于食物消化吸收速率和利用率。不同类型的碳水化合物，即使摄入的总量相同，也会产生不同的血糖反应。因此，在糖尿病患者膳食中，合理使用和调节碳水化合物的量是关键因素。

4. 节约蛋白质和抗生酮作用：当体内碳水化合物供给不足时，机体为了满足自身对葡萄糖的需要，则通过糖原异生作用产生葡萄糖。由于脂肪一般不能转变成葡萄糖，因此，动用体内蛋白质，甚至是器官中的蛋白质，如肌肉、肝、肾、心脏中的蛋白质，对人体及各种器官造成损害。当摄入足够的碳水化合物时，可以防止体内和膳食中的蛋白质转变成葡萄糖，这就是节约蛋白质的作用。

脂肪在体内分解代谢需要葡萄糖的协同作用。若碳水化合物不足，脂肪酸不能被彻底氧化而产生酮体。尽管肌肉和其他组织可以利用酮体产生能量，但过多的酮体可引起酮血症，影响机体的酸碱平衡。而体内充足的碳水化合物就可以起到抗生酮作用。人体每天至少需要 50～100g 碳水化合物才可以防止酮血症的产生。

（三）膳食纤维

1. 定义：膳食纤维是指存在于植物中不能被人体消化吸收的多糖。包括部分非淀粉多糖（纤维素、半纤维素、果胶等）、抗性淀粉、葡萄糖、低聚糖以及木质素等。根据其水溶性不同，可分为不溶性纤维、可溶性纤维两类。

2. 膳食纤维的功能：膳食纤维虽然不能被人体消化吸收，但对健康具有重要意义，日渐受到人们重视。

（1）增强肠道功能、有利粪便排出：大多数纤维素具有吸水膨胀和促进肠道蠕动的特性。一方面可使肠道平滑肌保持健康和张力，另一方面粪便因含水分较多而体积增加和变软，有利于粪便的排出。膳食纤维过少，可致排便困难、便秘而使肠压增加，肠道会产生许多小的憩室和痔疮。不同膳食纤维吸收水分的作用差异较大，谷类纤维比水果、蔬菜类纤维能更有效地增加粪便体积和防止便秘。

（2）降低血糖和血胆固醇：膳食纤维尤其是可溶性纤维可以减少小肠对糖的吸收，使血糖不致因进食而快速升高，因此，也可减少体内胰岛素的释放，而胰岛素可刺激肝脏合成胆固醇，胰岛素释放的减少可影响血浆胆固醇的水平。各种纤维素通过吸附胆汁酸使脂肪、胆固醇的吸收速率下降，也起到降血脂的作用。

（3）增加饱腹感：膳食纤维进入消化道内，在胃中吸水膨胀，增加胃内容物的容积，而可溶性膳食纤维黏度高，使胃排空速率减缓。延缓胃内容物进入小肠的速度，使人产生饱腹感，有利于肥胖症患者减少进食量。

（4）改变肠道菌群：进入大肠的膳食纤维能部分地、选择性地被肠道内细菌分解与发酵，所产生的短链脂肪酸如乙酸、丁酸、丙酸可降低肠道内 pH 值，从而改变肠道内微生物菌群的构成与代谢，诱导益生菌大量繁殖。许多研究表明，膳食纤维具有预防结肠癌的作用。

（四）参考摄入量和食物来源

1. 参考摄入量：中国居民膳食中碳水化合物提供的能量占总能量的 55%～65% 较为适宜。应含有多种不同的碳水化合物，其中有甜味的单双糖占总能量的 10% 以下。已有资料表明膳食碳水化合物占总能量大于 80% 和小于 40% 都不利于健康。

2. 食物来源：谷类、薯类、根茎类食物是膳食碳水化合物的良好来源。粮谷类一般含碳水化合物 60%～80%，薯类为 15%～29%，豆类为 40%～60%。不同食物产生的餐后血糖升高速度不同，即血糖生成指数（GI）不同。联合国粮农组织及世界卫生组织专家委员会于 1997 年对血糖生成指数定义为：50g 含碳水化合物的标准食物（葡萄糖或面包）血糖应答曲线下面积之比。GI 与食物所含碳水化合物的种类、数量以及食物中其他成分的不同有关。GI 高的食物进入胃肠道后消化快、吸收完全，葡萄糖迅速进入血液；GI 低的食物则在胃肠道内停留时间长，释放缓慢，葡萄糖进入血液后峰值低，下降速度慢。GI 可作为糖尿病患者选择食物的参考依据。GI 低的食物有：花生、大豆、四季豆、牛奶、柚子、绿豆、扁豆、豌豆、生梨、苹果等。表 1-2 是常见食物 GI。

常见食物 GI 表 1-2

食物	GI	食物	GI	食物	GI
馒头	88.1	胡萝卜	71.0	葡萄	43.0
大米	83.2	玉米粉	68.0	苹果	36.0
面条	81.9	菠萝	66.0	梨	36.0
南瓜	75.0	香蕉	52.0	四季豆	27.0
油条	74.9	猕猴桃	52.0	牛奶	27.6
西瓜	72.0	酸奶	48.0	柚子	25.0
小米	71.0	柑	43.0	花生	14.0

四、矿物质与人体健康

（一）概述

1. 矿物质的分类

通常，可依据矿物质在人体内的含量对其进行分类。若人体的需要量相对较多，含量大于 0.01%，一般计量单位在克水平的，如钙、磷、钠、钾、氯、硫、镁等，统称为常量元素或宏量元素。若需要量相对较少，含量小于 0.01%，一般计量单位仅为毫克或微克水平的，如铁、碘、铜、锌、硒、锰、钴、铬、钼、氟、镍、硅、矾、锡等，即统称为微量元素或痕量元素。上述 14 种微量元素目前认为是人体所必需的微量元素。矿物质在体内的含量一般可随年龄增长而增加，但各元素间比例变动不大。

2. 矿物质的特点

（1）矿物质在体内不能合成，必须由食物和饮水中摄取。摄入体内的矿物质经机体新陈代谢，每天都有一定量随粪、尿、汗、头发、指甲及皮肤黏膜脱落而排出体外。因此，矿物质必须不断地从膳食中供给。

（2）各种矿物质在体内的分布有其专一性。如铁主要在红细胞，碘主要在甲状腺，钴主要在红骨髓，锌主要在肌肉，钙、磷主要在骨骼和牙齿，钒主要在脂肪组织等。

（3）各种矿物质之间存在协同或拮抗作用。如膳食中的钙和磷比例不合适，可影响两种元素的吸收；过量的镁可干扰钙的代谢；过量的锌能影响铜的代谢；过量的铜可抑制铁的吸收等。

（4）某些微量元素在体内虽需要量很少，但其生理剂量与中毒剂量范围较窄，若摄入过多易产生毒性作用。

3. 矿物质的生理功能

（1）参与机体组织的构成：无机盐是骨、牙、神经、肌肉、筋腱、腺体、血液的重要成分。在头发、指甲、皮肤以及腺体分泌物中，都含有本身所特有的一种或多种元素。如钙、磷、镁是骨骼和牙齿的重要成分；磷和硫是蛋白质的成分；铁为血红蛋白的成分等。

（2）调节细胞膜的通透性、维持渗透压、维持内环境的酸碱平衡：多数无机盐是以离子形式协同作用，为生命活动提供适宜的内环境。矿物质可调节细胞膜的通透性，维持体液的渗透压，保持水平衡；维持体液的中和性，保持内环境的酸碱平衡。无机盐中正负离子在血细胞和血浆中分布不同，加上蛋白质和重碳酸盐的作用，维持体液的渗透压，使组织保持一定量的水分，并保持水平衡。细胞活动必须在近于中性的环境中进行。人体内环境的酸碱度受到精密的调节。体液中主要正负离子的当量总浓度相等，从而维持体液的中和性。膳食中酸碱性食物配合得当，对保持体液的酸碱平衡也有一定的意义。

（3）维持神经、肌肉的兴奋性：钙为正常神经冲动传递所必需的元素；钙、镁、钾对肌肉的收缩和舒张均有重要的调节作用；若要维持神经、肌肉的正常兴奋性，钾、钠、钙、镁必须保持合理比例；镁、钾、钙和一些微量元素对维护心脏正常功能、保护心血管健康有十分重要的作用等。

（4）组成激素、维生素、蛋白质和多种酶类的成分：如谷胱甘肽过氧化物酶中含硒和锌；细胞色素氧化酶中含铁；甲状腺素中含碘；维生素 B_{12} 中含钴等。矿物质是构成金属酶和酶系统的活化剂，在调节生理机能维持正常代谢方面起重要作用；矿物质可供给消化液中的电解质，亦是消化酶的活化剂，对消化过程有重要作用；磷、钾、镁等与微量元素一起参与生物氧化，调节能量和物质代谢等。

（二）钙

1. 人体内的分布及生理功能

（1）体内分布：钙是人体内含量最多的一种矿物质，约占成人体重的 1.5%～2%。其中 99% 集中在骨骼和牙齿中，其余 1% 存在于软组织、细胞外液和血液中，统称为混溶钙池。人体血液中的总钙浓度比较恒定，为 2.25～2.75mmol/L，有 3 种存在形式，其中 46.0% 为蛋白结合钙，6.5% 为复合钙，其余 47.5% 为离子化钙。血浆中离子钙是钙的生理活性形式，正常浓度为 0.94～1.33mmol/L，而与血浆蛋白结合的钙则可作为离子钙的储备形式。

（2）生理功能：

1）维持正常的肌细胞功能，保证肌肉的收缩与舒张功能正常。

2）对于心血管系统，钙离子通过细胞膜上的钙离子通道，进入胞内，通过一系列生化反应，主要是有加强心肌收缩力、加快心率、加快传导的作用。因而，细胞外钙离子浓度高则会升高血压，使心收缩力加强，因而血压也会相应增高。重要的抗高血压药物中有一种是钙离子拮抗剂，它使得钙离子通过细胞膜上的钙通道的数量减少，使得心肌收缩力减弱，心率降低，血压下降。其他心血管系统疾病还有充血性心力衰竭、心律失常等，病因均与钙离子关系密切。

3）构成骨骼和牙齿的成分，主要矿物质是钙的磷酸盐。体内骨骼钙与混溶钙池保持着动态平衡，即骨骼中的钙不断地在破骨细胞的作用下释放出来进入混溶钙池；而混溶钙池中的钙又不断地沉积于骨中，从而使骨骼中的钙不断得以补充更新，即为骨更新。

4）参与血液凝固过程，目前已知至少有 4 种依赖维生素 K 的钙结合蛋白参与血液凝固过程，即在钙离子存在下才可能完成级联反应，最后使可溶性纤维蛋白原转变为纤维蛋白，形成凝血。

2. 吸收及影响因素

钙主要在小肠上段、十二指肠内被吸收，当机体对钙的需要量较高或摄入量较低时以耗能的主动转运吸收为主，而钙浓度较高时则大部分通过被动扩散而吸收。在主动转运过程中，$1,25$-$(OH)_2$-D_3 可促进钙结合蛋白合成和激活钙的 ATP 酶调节钙的吸收。通常膳食中的钙约 20%～30% 由肠道吸收进入血液。影响钙吸收的因素有两个方面，包括机体与膳食两个方面，表 1-3 为影响钙吸收的因素：

影响钙吸收的因素　　　　　　　　　　　　　　　　　　　　　　　表 1-3

不利因素	有利因素
草酸、植酸、磷酸	维生素 D
蛋白质含量不足	乳糖
制酸剂或碱性药物	某些氨基酸（如精氨酸、赖氨酸、色氨酸）
膳食纤维、脂肪酸	机体钙需要量增加，体育锻炼

3. 钙缺乏的危害

儿童长期缺乏钙和维生素 D 可影响骨骼和牙齿的发育，导致生长迟缓，骨钙化不良，骨骼变形，严重缺乏者可患佝偻病，出现"O"形或"X"形腿、肋骨串珠、鸡胸等症状。

成年人缺钙可发生骨质软化症，多见于生育次数多、哺乳时间长的妇女。中老年人随年龄增加骨骼逐渐脱钙，尤其绝经期妇女因雌激素分泌减少，骨质丢失加快，易引起骨质疏松症。缺钙者还易患龋齿，影响牙齿质量。

4. 参考摄入量和食物来源

（1）参考摄入量：2000 年中国营养学会制定的中国居民每日膳食中钙的适宜摄入量（AI）为：成年人 AI 为 800mg/d，孕妇（4～6 个月）1000mg，孕妇（7～9 个月）1200mg，乳母 1200mg，1 岁以上人群的 UL 为 2000mg/d。

（2）食物来源：钙的食物来源应考虑两个方面，钙含量及吸收利用率。奶和奶制品是食物中钙的理想来源，不但含量丰富，而且吸收率高。豆类、绿色蔬菜、各种坚果也是钙的较好来源。少数食物如虾皮、海带、发菜、芝麻酱等钙含量特别高。

（三）铁

1. 铁在体内存在的形式

铁是人体必需微量元素中含量最多的一种，成人体内约为 4～5g。其中 60％～75％存在于血红蛋白中，3％～5％在肌红蛋白中，1％在各种含铁酶类中，以上均为功能性铁。此外还有储存铁，以铁蛋白和含铁血黄素的形式存在于肝、脾和骨髓中，约占铁总量的20％～25％。

2. 食物中铁的存在形式

（1）血红素铁：来自肉、禽、鱼的血红蛋白和肌红蛋白，吸收受膳食成分和胃肠道分泌物影响很小，它的摄入量仅占膳食铁的 5％～10％，但吸收率可达 25％。不受膳食中植酸盐、磷酸存在的影响，以卟啉铁的形式直接被吸收。

（2）非血红素铁：以 $Fe(OH)_3$ 的形式存在于植物食品中，被还原为亚铁离子后才能吸收。非血红素铁占膳食铁大于 85％，吸收率仅 5％。

3. 生理功能

（1）参与体内氧和二氧化碳的运输、交换以及组织细胞呼吸过程：铁是血红蛋白、肌红蛋白、细胞色素以及某些呼吸酶的组成成分，参与体内氧气的运输和组织呼吸过程。

（2）维持正常造血功能：铁在骨髓造血组织中与卟啉结合形成血红素，再与珠蛋白结合成血红蛋白。缺铁会影响血红蛋白合成，甚至影响 DNA 的合成及幼红细胞的增殖。

（3）参与许多重要功能：催化促进 β-胡萝卜素转化为维生素 A，嘌呤与胶原的形成，抗体的产生，脂类从血液中转运以及肝脏的解毒功能等。

4. 影响铁吸收因素

食物铁按照来源，分为血红素铁和非血红素铁两类。前者在体内吸收时，不受膳食中植酸、磷酸的影响。后者常受膳食因素的影响。

（1）抑制因素：谷类和蔬菜中的植酸盐、草酸盐，以及存在于茶叶、咖啡中多种酚类物质，碳酸盐、磷酸盐等均可影响铁的吸收。胃中胃酸缺乏或过多服用抗酸药物，不利于铁离子的释出，也阻碍铁的吸收。蛋类中因存在卵黄高磷蛋白的干扰，铁吸收率仅 3％。

（2）促进因素：维生素 C 可将三价铁还原为亚铁离子，形成可溶性螯合物，故有利于非血红素铁的吸收。有研究表明，当铁与维生素 C 重量比为 1∶5 至 1∶10 时，铁吸收率可提高 3～6 倍。肉、鱼、禽类中含有肉类因子可促进植物性食品中铁的吸收，但其原因目前尚不清楚。某些单糖、乳糖、有机酸以及膀胱酸、赖氨酸、组氨酸等氨基酸亦可促进铁的吸收。研究还发现核黄素缺乏时，铁的吸收、转运以及肝、脾储铁均受阻。

成年人能吸收的铁相当于机体的丢失量。铁的丢失主要通过肠黏膜及皮肤脱落的细胞，其次是随汗和尿排出。丢失量与体表面积成正比。成年男子每日铁的丢失量约 1mg，女子约为 1.4mg。但妊娠期平均每日可吸收 4mg 铁。

5. 铁缺乏

长期膳食中铁供给不足，可导致缺铁和缺铁性贫血。当体内缺乏铁时，铁损耗可分三个阶段。第一阶段为铁减少期（ID），此时储存铁减少，血清铁蛋白下降，无临床症状；第二阶段为红细胞生成缺铁期（IDE），此时血清铁也下降，同时铁结合力上升（运铁蛋白饱和度下降），游离红细胞原卟啉（FEP）浓度上升；第三阶段为缺铁性贫血期（IDA），血红蛋白和红细胞比积下降。缺铁时可增加铅的吸收。另外，月经过多，痔疮、消化道溃疡、肠道寄生虫等疾病的出血，也是引起铁缺乏的原因。

铁缺乏的临床表现为工作效率降低，学习能力下降、冷漠呆板；食欲缺乏、烦躁、乏力、面色苍白、心悸、头晕、眼花、指甲脆薄、反甲、免疫功能下降。儿童还可出现虚胖、肝脾轻度肿大，抗感染能力下降，易烦躁，精神不能集中而影响学习等。

正常膳食一般不会引起铁过量。铁过量主要为超量摄食含铁补剂及铁强化食品所致。许多研究表明铁储存过多可能与心脏、肝脏疾病、糖尿病以及某些肿瘤有关，还会增加心血管疾病和动脉粥样硬化的风险。

6. 参考摄入量及食物来源

（1）参考摄入量：RNI 成年男性 12mg/d，成年女性 20mg/d，孕中期妇女 24mg/d，孕晚期妇女 29mg/d，乳母 24mg/d。胎儿含铁约 400mg，可供其在出生后半年消耗，故出生四个月的婴儿应补充含铁食品。

（2）食物来源：膳食中铁的良好来源为动物肝脏、全血、肉、鱼、禽类。其次是绿色蔬菜和豆类。少数食物如黑木耳、发菜、苔菜等含铁较丰富。多数动物性食品中的铁吸收率较高。

（四）其他矿物质

1. 碘

健康人体内约含碘 20～50mg。其中甲状腺组织内含碘 8～12mg，其余分布在骨骼肌、肺、卵巢、肾、淋巴结、肝、睾丸和脑组织中。甲状腺摄碘能力强，甲状腺碘含量为血浆的 25 倍以上，可合成甲状腺素（T_4）和三碘甲状腺原氨酸（T_3），并与甲状腺球蛋白结合而储存。甲状腺素分解代谢后，部分碘重新被利用，其余主要经肾脏排出体外。

（1）生理功能：碘在体内主要参与甲状腺素合成，故其生理作用也通过甲状腺素的作用表现出来。甲状腺素在体内主要作用为促进和调节代谢及生长发育：①在蛋白质、脂肪、糖代谢中，促进生物氧化并协调氧化磷酸化过程，调节能量的转换；②促进蛋白质合成、调节蛋白质合成和分解；③促进糖和脂肪代谢；④调节组织中水盐的代谢；⑤促进维生素的吸收和利用；⑥活化许多重要酶，促进物质代谢；⑦促进生长发育，甲状腺素能促进神经系统的发育、组织的发育和分化、蛋白质合成。

（2）碘缺乏与过量：饮食中长期摄入不足或生理需要量增加，可引起碘缺乏。缺碘使甲状腺素合成分泌不足，导致甲状腺组织代偿性增生而发生甲状腺肿，多见于青春期、妊娠和哺乳期。孕妇严重缺碘可影响胎儿神经、肌肉的发育以及引起胚胎期和围生期死亡率上升。胎儿期和新生儿期缺碘还可以引起克汀病，又称呆小症。患儿表现为生长停滞、发育不全、智力低下、聋哑，形似侏儒。

缺碘可采用碘化食盐或食用油加碘的方法预防缺乏病。对高发病区，应优先供应海鱼、海带等富含碘的食物。

长期大量摄入碘高的食物，以及摄入过量的碘剂，可致高碘性甲状腺肿、碘性甲状腺功能亢进。

（3）参考摄入量及食物来源：中国居民每日膳食中的碘推荐摄入量（RNI）为成年人 $150\mu g$，孕期妇女、乳母 $200\mu g$。海产食物如海带、紫菜、淡菜、海参、海蜇、干贝、海鱼、海虾等含碘丰富，是良好的食物来源，植物性食物中含碘量很低。

2. 锌

成人体内含锌约 2～3g，主要存在于肌肉、骨骼和皮肤。其次为肝、肾、心、胰、脑和肾上腺等。眼组织的视网膜、脉络膜、前列腺以及精液中锌浓度较高。

食物中约 30% 的锌在小肠内被吸收，肠黏膜细胞含锌量有调节锌吸收的作用。膳食因素可影响锌的吸收。植酸、膳食纤维以及过多的铜、镉、钙和亚铁离子可妨碍锌的吸收，而维生素 D、柠檬酸盐等则有利于锌的吸收。

（1）生理功能

1）金属酶的组成成分或酶的激活剂：体内约有 200 多种含锌酶，这些酶在参与组织呼吸、能量代谢以及抗氧化过程发挥重要作用。

2）促进生长发育和组织再生：研究表明，锌与 DNA、RNA 和蛋白质的生物合成有关。因此，人体的生长发育、伤口的愈合等都需要锌的参与。锌对胎儿生长发育、促进性器官和性能力发育均具有重要调节作用。

3）促进机体免疫功能：锌可促进淋巴细胞有丝分裂、增加 T 细胞的数量和活力。缺锌可引起胸腺萎缩、胸腺激素减少、T 细胞功能受损以及细胞介导免疫功能改变。

4）维持细胞膜结构：锌可与细胞膜上各种基团、受体等作用，增强膜稳定性和抗氧化自由基的能力。锌对膜功能的影响还表现在对屏障功能、转运功能和受体结合方面的影响。

5）其他功能：锌与唾液蛋白结合能维持正常味觉，促进食欲、维持暗适应、保护皮肤等作用。

（2）缺乏与过量

人体长期缺乏锌时可出现生长发育迟缓，食欲不振，味觉减退或有异食癖，性成熟推迟，第二性征发育不全，免疫功能降低，创伤不易愈合，易于感染等。儿童严重缺锌可能导致侏儒症。成人缺锌还可导致性功能减退、精子数减少、皮肤粗糙等。孕妇缺锌可能导致胎儿畸形。

过量的锌可干扰铜、铁和其他微量元素的吸收和利用，影响中性粒细胞和巨噬细胞活力，抑制细胞杀伤能力，损害免疫功能。成人摄入 2g 以上锌可发生锌中毒，引起急性腹痛、腹泻、恶心、呕吐等临床症状。

（3）参考摄入量及食物来源

人体代谢研究表明，成人每日需 12.5mg 锌。我国居民膳食参考摄入量 18 岁男性为每日 15mg，女性为 11.5mg。

动物性食物如贝壳类海产品（牡蛎、海蛎肉、扇贝）、红色肉类及动物内脏均为锌的良好来源，蛋类、豆类、谷类胚芽、燕麦、花生等也富含锌。蔬菜及水果的锌含量较低。此外，食物经过精制，锌的含量大为减少，如小麦磨成精白粉，去除胚芽和麦麸，锌含量减少了约 4/5。

3. 硒

硒在人体内总量为 14～20mg，广泛分布于所有组织和器官中，浓度高者有肝、胰、心、脾、指甲等，脂肪组织最低。血硒和发硒常可反映体内硒的营养状况。

（1）生理功能

1）抗氧化作用：硒是谷胱甘肽过氧化物酶（GSH-P$_X$）的重要组成成分，保护细胞和组织免受过氧化物损伤，以维持细胞的正常功能。

2）维护心血管和心肌的结构与功能：动物实验发现硒对心肌纤维、小动脉及微血管的结构及功能有重要作用。中国学者发现缺硒是克山病的一个重要致病因素，特征是心肌损害。

3）增强免疫功能：硒可通过下调细胞因子和黏附分子表达，上调白细胞介素-2 受体表达，使淋巴细胞、NK 细胞、淋巴因子激活杀伤细胞的活性增加，从而提高免疫功能。

4）有毒重金属的解毒作用：硒与金属有较强的亲和力，能与体内重金属如汞、镉、铅等结合成金属-硒-蛋白质复合物而起解毒作用，并促进金属排出体外。

5）其他：硒还具有促进生长、抗肿瘤的作用。研究还发现，硒缺乏可引起生长迟缓及神经性视觉损害，由白内障和糖尿病引起的失明经补硒可改善视觉功能。

（2）缺乏与过量

硒缺乏已被证实是发生克山病的重要原因。1935 年在中国黑龙江省克山县首先发现的克山病，研究认为人群中缺硒现象与其生存的地理环境中硒元素含量偏低及膳食中硒摄入不足有关。克山病是一种以多发性灶状坏死为主病变的心肌病，临床特征为心肌凝固性坏死，伴有明显心脏扩大、心功能不全和心律失常，重者发生心源性休克或心力衰竭，死亡率高达 85％。生化检查可见血浆硒含量和红细胞 GSH-P$_X$ 活力下降。据流行病学调查，克山病主要易感人群为 2～6 岁的儿童和育龄妇女。调查发现病区人群血、尿、头发及粮食中的硒含量均明显低于非病区。服用亚硒酸钠对减少克山病的发病有明显效果。

此外，缺硒也会发生大骨节病，该病主要发生在青少年期。缺硒还可影响机体的免疫功能，包括细胞免疫和体液免疫。补硒可提高宿主抗体和补体的应答能力。

硒摄入过多可导致中毒。中毒症状主要变现为头发变干、变脆、断裂、眉毛、胡须、腋毛、阴毛、指甲脱落。皮肤损伤及神经系统异常，肢端麻木，抽搐等，严重者可致死亡。

（3）参考摄入量及食物来源

中国居民每日膳食中硒的推荐摄入量（RNI）为：成人 50μg，1～3 岁 20μg，4～6 岁 40μg，7～10 岁 35μg，11～13 岁 45μg，14 岁以上与成人相同。成人硒的可耐受最高摄入量（UL）为每日 400μg。

食物中硒的含量因地区而异。海产品和动物内脏是硒的良好来源，如鱼子酱、海参、牡蛎、蛤蜊和猪肾等。蔬菜、水果中含量较低。精制食品的含硒量减少。此外，硒可挥发，烹调加热会造成一定的损失。

五、维生素与人体健康

（一）概述

维生素是维持人体生命过程所必需的一大类有机化合物，在机体代谢、生长发育等过程中起重要作用。维生素的种类很多，其命名方式有 3 种系统，一是按发现的先后顺序命名，如维生素 A、维生素 B_1、维生素 B_2、维生素 C、维生素 D、维生素 E 等；二是按其特有的生理功能或治疗作用命名，如抗干眼病维生素、抗癫皮病维生素、抗坏血酸等；三是按其化学结构命名，如视黄醇、硫胺素、核黄素、吡哆醛等。

1. 特点

各种维生素的化学结构与性质虽不相似，却具有一些共同的特点：1）人体几乎不能合成或合成量太少，必须由食物提供；2）需要量甚微，但绝不能缺乏，否则可引起相应的维生素缺乏症；3）存在于天然食物中，除了其本身形式，还有可被机体利用的前体化合物形式；4）不参与机体组成，也不提供能量，但参与体内代谢过程的调节控制。

2. 分类

根据维生素溶解性的不同可将其分为两大类，即脂溶性与水溶性维生素。脂溶性维生素有维生素 A、维生素 D、维生素 E、维生素 K；水溶性维生素有维生素 B_1、维生素 B_2、维生素 B_6、维生素 B_{12}、烟酸、叶酸、泛酸、生物素、胆碱、维生素 C 等。脂溶性维生素的化学组成仅含碳、氢、氧 3 种元素，而水溶性维生素除含碳、氢、氧外，有的还含有氮、钴或硫元素。脂溶性维生素在食物中常与脂类共存，易储存在机体的脂肪组织或肝脏中，通过胆汁缓慢排出体外，故摄入过量时易致中毒；水溶性维生素在体内一般没有非功能性的储存，可很快从尿中排出，摄入不足易出现缺乏症，必须通过食物经常供给。

3. 缺乏原因

（1）膳食中摄入不足：可由于食物供应不足或选择不当如挑食、偏食引起。也与食物在生产、加工、储存、烹调时丢失或破坏的程度有关，特别是植物性食物的加工和储存条件，烹调中温度、时间、接触氧与紫外线程度、酸碱度及清洗时的用水量等对其维生素含量影响较大。

（2）人体吸收利用率降低：消化系统功能障碍如胆汁分泌受限可妨碍脂溶性维生素的吸收，高纤维膳食可能造成维生素吸收减少等。

（3）维生素需要量增高：如妊娠、哺乳期妇女，生长发育期的儿童青少年，特殊环境条件下生活、工作的人群，以及某些疾病恢复期病人等，他们对维生素的需要量都相对增高。过量饮酒可增加人体对某些 B 族维生素尤其是维生素 B_1 的需要量，药物的使用如异烟肼、青霉胺及口服避孕药等可增加人体对维生素 B_6 的需要量。长期服用营养素补充剂者对维生素的需要量亦增加，一旦摄入量减少，易出现维生素缺乏。

维生素缺乏是一个渐进过程，开始是体内的储备量降低，继而发生有关的生化代谢异常，代谢产物的减少或堆积，然后有生理功能变化，组织病理变化，出现明显的临床症状。维生素轻度缺乏时，常无明显的临床表现，但容易疲劳、工作效率下降，对疾病抵抗力降低等，称为亚临床维生素缺乏，也称维生素边缘性缺乏。另外，由于膳食原因及维生素相互依赖性等，临床所见多为几种维生素混合缺乏的症状与体征。

（二）维生素 A

维生素 A 指所有具有视黄醇生物活性的物质，即动物性食物中的视黄醇（维生素 A_1）、脱氢视黄醇（维生素 A_2）、视黄醛、视黄酸等。在体内可转化为维生素 A 的类胡萝卜素称为维生素 A 原，如植物性食物中的 α-胡萝卜素、β-胡萝卜素、β-隐黄素、γ-胡萝卜素等。维生素 A 缺乏仍是不发达国家中威胁人类，尤其是儿童健康的营养因素之一。

1. 理化性质

维生素 A 和类胡萝卜素溶于脂肪及大多数有机溶剂中，不溶于水。天然食物中维生素 A 多以棕榈酸酯的形式存在，对高温和碱性环境比较稳定，在一般烹调和罐头加工过程中不易被破坏。但是维生素 A 的醇、醛、酸形式易被氧化破坏，特别在高温条件下，紫外线照射可以加快其氧化破坏。

维生素 A 在体内主要储存于肝脏中，约占总量的 $90\%\sim95\%$，少量存在于脂肪组织中。

2. 生理功能

（1）维持正常视觉：视网膜上对暗光敏感的杆状细胞含有感光物质视紫红质，体内足量的视黄醇或视黄醛对于视紫红质的合成，维持正常视觉尤其是暗适应能力具有重要作用。

（2）维持皮肤黏膜的完整性：维生素 A 是调节糖蛋白合成的一种辅酶，对上皮细胞的生物膜起稳定作用，可维持上皮细胞的形态完整和功能健全。

（3）促进生长发育：维生素 A 参与细胞的 RNA、DNA 合成，对细胞的分化、组织更新有一定影响。维生素 A 缺乏时长骨形成和牙齿发育均受阻碍。

（4）促进免疫功能：研究表明，维生素 A 对许多细胞功能的维持和促进作用是通过其在细胞核内的特异性受体（视黄酸受体）实现的。维生素 A 缺乏时，免疫细胞内视黄酸受体的表达相应下降，因此机体的免疫功能受到影响。

（5）抗氧化作用：类胡萝卜素与单线态氧相互作用，生成类胡萝卜素氧化物，后者随即无害地向周围溶液释放能量。因此，维生素 A 原具有清除细胞内活性氧的作用。

（6）抑制肿瘤生长：动物实验研究显示天然或合成的类维生素 A 具有抑制肿瘤的作用。维生素 A 抑制肿瘤的作用可能与其调节细胞分化、增殖和凋亡有关，也可能与维生素 A 原的抗氧化作用有关。

3. 维生素 A 缺乏

维生素 A 缺乏在非洲和亚洲许多发展中国家的部分地区发生率仍较高。维生素 A 缺乏最早的症状是暗适应能力下降，严重者可致夜盲症。皮肤改变为毛囊角化，皮脂腺、汗腺萎缩。消化道表现为舌味蕾上皮角化，肠道黏膜分泌减少，食欲缺乏等。呼吸道黏膜上皮萎缩，纤毛减少，抗病能力减退。泌尿和生殖系统的上皮细胞也同样受累，可影响其功能。

维生素 A 缺乏除眼部特异性表现外，还可在次之前出现免疫功能下降，导致消化道和呼吸道感染的危险性提高，且感染迁延不愈。

4. 参考摄入量与食物来源

类胡萝卜素中维生素 A 生物活性最高的 β-胡萝卜素，其在人类肠道中的吸收利用率也仅为视黄醇的 1/6，其他类胡萝卜素的吸收利用率则更低。

中国居民每日膳食维生素 A 推荐摄入量（RNI）为婴儿 $400\mu g$ 视黄醇当量（RE），7 岁以上儿童 $700\mu g$ RE，成人 $800\mu g$ RE，孕妇（孕中、晚期）$900\mu g$ RE，乳母 $1200\mu g$

RE。维生素 A 可耐受最高摄入量（UL）为成人 $3000\mu g$ RE/d。维生素 A 的安全摄入量范围较小，大量摄入有明显的毒性作用。维生素 A 的毒副作用主要取决于视黄醇的摄入量，也与机体的生理及营养状况有关。β-胡萝卜素是维生素 A 的安全来源。

维生素 A 主要存在于动物性食物中，如各种动物肝脏、鱼肝油、鱼卵、蛋类和乳制品等。动物性食物的供应比较少时，往往要依靠以植物来源的维生素 A 原类胡萝卜素作为维生素 A 的重要来源。类胡萝卜素在深色蔬菜中含量较高，如荠菜、菠菜、豌豆苗、胡萝卜、西红柿、辣椒等，水果中以芒果、柑橘、杏及柿子等含量比较丰富。

（三）维生素 D

1. 理化性质

维生素 D 类是指含环戊氢烯菲环结构，并具有钙化醇生物活性的一类化合物，包括维生素 D_2（麦角钙化醇）和维生素 D_3（胆钙化醇）。维生素 D_2 是由植物中的麦角固醇经紫外线照射产生的，维生素 D_3 则是由动物和人体的表皮和真皮内含有的 7-脱氢胆固醇经日光中紫外线照射转化而成。

维生素 D_2 和维生素 D_3 皆为白色晶体，溶于脂肪和脂肪溶剂，其化学性质比较稳定，在中性和碱性溶液中耐热，不易被氧化，但在酸性溶液中则逐渐分解。通常的烹调加工不会引起维生素 D 的损失，但脂肪酸败就可引起维生素 D 破坏。过量辐射照射，可形成具有毒性的化合物。其活性形式：$1,25\text{-}(OH)_2\text{-}D_3$。

2. 生理功能

$1,25\text{-}(OH)_2\text{-}D_3$ 是维生素 D 的活性形式，可作用于小肠、肾、骨等靶器官，参与维持细胞内、外钙浓度，以及钙磷代谢的调节。$1,25\text{-}(OH)_2\text{-}D_3$ 促进钙、磷吸收，维持血浆钙、磷水平以适应骨骼矿化需要，主要通过以下机制：1）与肠黏膜细胞中的特异性受体结合后激活基因转录，有利于钙的吸收。$1,25\text{-}(OH)_2\text{-}D_3$ 也能促进肠道对钙磷的吸收；2）与甲状旁腺激素协同使未成熟的破骨细胞前体转变为成熟的破骨细胞，促进骨质吸收，从而使骨中部分钙、磷释放入血；3）促进肾近曲小管对钙、磷的重吸收以提高血浆钙、磷浓度。此外，维生素 D 亦可刺激成骨细胞促进骨样组织成熟和骨盐沉着。

已有研究表明，维生素 D 还可以通过分布于多种其他组织器官，如心脏、肌肉、大脑、造血和免疫器官的维生素 D 核受体调节细胞的分化、增殖和代谢。如 $1,25\text{-}(OH)_2\text{-}D_3$ 可抑制成纤维细胞、淋巴细胞以及肿瘤细胞的增殖等。

3. 缺乏与过量

婴幼儿缺乏维生素 D 可引起佝偻病，以钙、磷代谢障碍和骨样组织钙化障碍为特征，严重者出现骨骼畸形，如方头、胸骨外凸（"鸡胸"）、漏斗胸，肋骨与肋软骨连接处形成"肋骨串珠"、骨盆变窄和脊柱弯曲、"O"形腿和"X"形腿等。牙齿方面，出牙推迟，恒齿稀疏、凹陷、容易发生龋齿。成人维生素 D 缺乏可使已成熟的骨骼脱钙而发生骨质软化症和骨质疏松症，尤其是妊娠和哺乳期妇女及老年人，常见症状是骨痛、肌无力，活动时加剧，严重时可发生自发性或多发性骨折。缺乏维生素 D 导致钙吸收不足，造成血钙水平降低时还可引起手足痉挛症，表现为肌肉痉挛、小腿抽筋、惊厥等。

维生素 D 一般不引起中毒，但摄入过量的维生素 D 补充剂和强化维生素 D 的奶制品有发生中毒的可能。维生素 D 中毒时可出现食欲缺乏、过度口渴、呕吐、头痛、嗜睡、腹泻、多尿、关节疼痛等。随着血钙和血磷水平长期升高，最终导致钙、磷在软组织的沉积，特别是心脏和肾脏，其次为血管、呼吸系统和其他组织，引起功能障碍。

4. 参考摄入量及食物来源

由于人体需要的维生素 D 有两个来源，既可以由膳食提供（外源性），又可以由暴露在日光之下的皮肤合成（内源性），产生量的多少与年龄、季节、纬度、紫外线强度、暴露皮肤的面积和时间长短有关，因此，维生素 D 的需要量很难确切估计。膳食维生素 D 的 RNI 为婴幼儿 $10\mu g/d$，11 岁以上儿童和成人 $5\mu g/d$，孕妇（孕中、晚期）、乳母以及 50 岁以上中老年人 $10\mu g/d$。维生素 D 的 UL（可耐受最高摄入量）为 $50\mu g/d$。

维生素 D 的食物来源并不丰富，植物性食物如蘑菇含有维生素 D_2，动物性食物中含有维生素 D_3，以鱼肝和鱼油中含量最丰富，其次在鸡蛋、小牛肉、黄油、海水鱼如鲱鱼、鲑鱼和沙丁鱼中含量相对较高，牛乳和人乳的维生素 D 含量较低，谷类、蔬菜类和水果中几乎不含维生素 D。

（四）维生素 E

1. 理化性质

维生素 E 是指含苯并二氢吡喃结构、具有 α-生育酚生物活性的一类物质。目前已知有 4 种生育酚，即 α-T、β-T、γ-T、δ-T 和 4 种生育三烯酚，即 α-TT、β-TT、γ-TT、δ-TT，其中 α-生育酚的生物活性最高。

α-生育酚是黄色油状液体，易溶于乙醇、脂肪和溶剂，对热及酸稳定，对碱不稳定，对氧十分敏感，油脂酸败可加速维生素 E 的破坏。食物中维生素 E 在一般烹调时损失不大，但油炸时维生素 E 活性明显下降。

2. 生理功能与缺乏

（1）其生理功能主要体现在以下几个方面：

1）促进垂体促性腺激素的分泌，促进精子的生成和活动，增加卵巢功能，卵泡增加，黄体细胞增大并增强孕酮的作用。缺乏时生殖器官受损不易受精或引起习惯性流产。

2）改善脂质代谢，缺乏时导致血浆胆固醇（TC）与甘油三酯（TG）的升高，形成动脉粥样硬化。

3）对氧敏感，易被氧化，故可保护其他易被氧化的物质，如不饱和脂肪酸，维生素 A 和 ATP 等。减少过氧化脂质的生成，保护机体细胞免受自由基的毒害，充分发挥被保护物质的特定生理功能。

4）稳定细胞膜和细胞内脂类部分，减低红细胞脆性，防止溶血。缺乏时出现溶血性贫血。

5）大剂量可促进毛细血管及小血管的增生，改善周围循环。

（2）维生素 E 缺乏：人类较少发生维生素 E 缺乏症，但低体重早产儿、脂肪吸收不良的患者及多不饱和脂肪酸摄入过多时易发生维生素 E 缺乏症。由于胎盘转运维生素 E 的效率较低，新生儿特别是早产儿的血浆维生素 E 水平较低，因此，易发生溶血性贫血。补充维生素 E 后，上述症状显著减退。

3. 膳食参考摄入量与食物来源

中国营养学会 2000 年修订的《膳食营养素参考摄入量》中 14 岁以上人群每天维生素 E 的 AI 为 14mg。当多不饱和脂肪酸摄入量增多时，应增加维生素 E 的摄入量，一般每摄入 1g 多不饱和脂肪酸时，应摄入 0.4mg 维生素 E。

维生素 E 在自然界中分布甚广，一般情况下不易缺乏。维生素 E 含量丰富的食品有植物油、麦胚、硬果、种子类、豆类及其他谷类；蛋、绿叶蔬菜中含有一定量；肉、鱼类动物性食品、水果及其他蔬菜含量很少。

（五）水溶性维生素

1. 维生素 B_1

（1）理化性质

维生素 B_1 也称硫胺素，抗脚气病因子和抗神经炎因子。主要存在于种子的外皮和胚芽中，易溶于水，酸性环境下较稳定，易被氧化和受热破坏。成年人体内硫胺素总量约为 $25\sim30$mg，主要分布在肌肉中，其次为心脏、大脑、肝脏、肾脏和脑组织中。

（2）生理功能

焦磷酸硫胺素（TPP）是硫胺素主要的辅酶形式，在体内参与两个重要的反应，即 α-酮酸的氧化脱羧反应和磷酸戊糖途径的转酮醇反应。其主要生理功能有：构成脱羧辅酶参与碳水化合物代谢，促进乙酸胆碱合成，维持神经、消化、肌肉、循环的正常功能等。

（3）维生素 B_1 缺乏

硫胺素缺乏的原因主要有以下几种：1）长期摄入碾磨过分的精白米、面粉；2）缺乏其他杂粮和多种副食的补充；3）吸收障碍以及需要量增加等。

硫胺素缺乏又称脚气病，主要损害神经-血管系统，多发生在以加工精细的米面为主食的人群。临床上根据年龄差异将脚气病分为成人脚气病和婴儿脚气病。

成人脚气病一般分成三型：1）干性脚气病：多发性周围神经炎症为主，出现上行性周围神经炎，表现为指端麻木、肌肉酸痛、压痛，尤以腓肠肌为主；2）湿性脚气病：多以水肿和心脏症状为主。由于心血管系统功能障碍，出现水肿，右心室可扩大，有心悸、气短、心动过速，如处理不及时，常致心力衰竭；3）混合型脚气病：其特征是既有神经炎又有心力衰竭和水肿。

婴儿脚气病一般多发生于 $2\sim5$ 月龄，由于乳母缺乏维生素 B1 所致。发病突然，病情急，初期食欲减退、呕吐、兴奋和心跳快，呼吸急促和困难；晚期有发绀、水肿、心脏扩大、心力衰竭和强制性痉挛，常在症状出现 $1\sim2$ 天后突然死亡。

（4）参考摄入量及食物来源

人体对硫胺素的需要量与体内能量代谢密切相关，目前多数国家包括我国在内，成人的硫胺素供给量都定为 0.5mg/4.18MJ。中国营养学会 2000 年推荐硫胺素的 RNI（推荐摄入量）成年男性为 1.4mg/d，女性为 1.3mg/d。硫胺素的 UL（可耐受最高摄入量）为 50mg/d。

硫胺素广泛存在于天然食物中，含量丰富的食物有：谷类、豆类及干果类。动物内脏、瘦肉、禽蛋中含量也多。蔬菜、水果、鱼类中含量较少。日常膳食中硫胺素主要来自于谷类食物，因它多存在于表皮和胚芽中，如米面碾磨过细、过分淘米或烹调中加碱，均可造成硫胺素大量损失，一般温度下烹调食物时硫胺素损失不多，高温烹调时损失可达 $10\%\sim20\%$。

2. 维生素 B_2

（1）理化性质：维生素 B_2 又叫核黄素，为体内黄酶类辅基的组成部分（黄酶在生物氧化还原中发挥递氢作用），当缺乏时，就影响机体的生物氧化，使代谢发生障碍。它是水溶性维生素，但微溶于水，在 27.5℃下，溶解度为 12mg/100mL。可溶于氯化钠溶液，易溶于稀的氢氧化钠溶液，在碱性溶液中容易溶解，在强酸溶液中稳定。耐热、耐氧化。光照及紫外线照射引起不可逆的分解。维生素 B_2 的两个性质是造成其损失的主要原因：可被光破坏和在碱溶液中加热可被破坏。

机体各组织中均可发现少量的核黄素，但肝脏、肾脏和心脏中含量最高。在视网膜、尿和奶中有较多的游离核黄素，在肝脏、肾脏和心脏中结合型核黄素浓度最高。脑组织的核黄素含量不高，但转运效率较高，浓度相当稳定。

（2）生理功能：其生理功能主要参与的生化反应有呼吸链能量产生，氨基酸、脂类氧化，嘌呤碱转化为尿酸，芳香族化合物的羟化，蛋白质与某些激素的合成，铁的转运、储存及动员，参与叶酸、吡多醛、尼克酸的代谢等：1）参与体内生物氧化与能量代谢，与碳水化合物、蛋白质、核酸和脂肪的代谢有关，可提高肌体对蛋白质的利用率，促进生长发育，维护皮肤和细胞膜的完整性。具有保护皮肤毛囊黏膜及皮脂腺的功能；2）参与细胞的生长代谢，是肌体组织代谢和修复的必需营养素，如强化肝功能、调节肾上腺素的分泌；3）参与维生素 B_6 和烟酸的代谢，是 B 族维生素协调作用的一个典范。FAD 和 FMN 作为辅基参与色氨酸转化为尼克酸，维生素 B_6 转化为磷酸吡哆醛的过程；4）与机体铁的吸收、储存和动员有关；5）还具有抗氧化活性，可能与黄素酶-谷胱甘肽还原酶有关。

（3）缺乏：

1）缺乏原因：膳食摄入不足；食物储存和加工不当导致核黄素破坏和丢失；机体感染；核黄素吸收和利用不良或排泄增加；酗酒。

2）缺乏症状：通常微度缺乏维生素 B_2 不会出现明显症状，但是严重缺乏维生素 B_2 时会出现如下症状：

口部：嘴唇发红、口角呈乳白色、有裂纹甚至糜烂、口腔炎、口唇炎、口角炎、口腔黏膜溃疡、舌炎、肿胀、疼痛及地图舌等；

眼部：睑缘炎、怕光、易流泪、易有倦怠感、视物模糊、膜充血、角膜毛细血管增生、引起结膜炎等；

皮肤：丘疹或湿疹性阴囊炎（女性阴唇炎），鼻唇沟、眉间、眼睑和耳后脂溢性皮炎；

阴囊炎：最常见，分红斑型、丘疹型和湿疹型，尤以红斑型多见，表现为阴囊对称性红斑，境界清楚，上覆有灰褐色鳞屑；丘疹型为分散在群集或融合的小丘疹；湿疹型为局限性浸润肥厚、苔藓化，可有糜烂渗液、结痂。

维生素 B_2 的缺乏会导致口腔、唇、皮肤、生殖器的炎症和机能障碍，又称为核黄素缺乏病。

长期缺乏会导致儿童生长迟缓，轻中度缺铁性贫血。

严重缺乏时常伴有其他 B 族维生素缺乏症状。

（4）参考摄入量及食物来源：中国营养学会推荐的膳食维生素 B_2 的参考摄入量（RNI）为成年男子 1.4mg/d，成年女子 1.2mg/d，婴儿、儿童及孕妇、乳母的供给量应适当增加。此外，特殊环境或特殊作业，核黄素的需要量也会有不同程度的增加，如寒冷、高原环境或井下作业等。

维生素 B_2 是水溶性维生素，容易消化和吸收，被排出的量随体内的需要以及可能随蛋白质的流失程度而有所增减；它不会蓄积在体内，所以时常要以食物或营养补品来补充。富含维生素 B_2 的食物有：奶类及其制品、动物肝脏与肾脏、蛋黄、鳝鱼、菠菜、胡萝卜、酿造酵母、香菇、紫菜、茄子、鱼、芹菜、橘子、柑、橙等。

3. 维生素 B_6

（1）理化性质：维生素 B_6 又称吡哆素，是一种水溶性维生素，遇光或碱易破坏，不耐高温，含吡哆醇或吡哆醛或吡哆胺。1936 年定名为维生素 B_6。维生素 B_6 为无色晶体，易溶于水及乙醇，在酸液中稳定，在碱液中易破坏，吡哆醇耐热，吡哆醛和吡哆胺不耐高温。维生素 B_6 为人体内某些辅酶的组成成分，参与多种代谢反应，尤其是和氨基酸代谢有密切关系。

（2）生理功能：主要以磷酸吡多醛（PLP）形式参与近百种酶反应。多数与氨基酸代谢有关：包括转氨基、脱羧、侧链裂解、脱水及转硫化作用。这些生化功能涉及多方面：1）参与蛋白质合成与分解代谢，参与所有氨基酸代谢，如与血红素的代谢有关，与色氨酸合成烟酸有关；2）参与糖异生、UFA 代谢。与糖原、神经鞘磷脂和类固醇的代谢有关；3）参与某些神经介质（5-羟色胺、牛磺酸、多巴胺、去甲肾上腺素和 γ-氨基丁酸）合成；4）维生素 B_6 与一碳单位、维生素 B_{12} 和叶酸盐的代谢，如果它们代谢障碍可造成巨幼红细胞贫血；5）参与核酸和 DNA 合成，缺乏会损害 DNA 的合成，这个过程对维持适宜的免疫功能是非常重要的；6）维生素 B_6 与维生素 B_2 的关系十分密切，维生素 B_6 缺乏常伴有维生素 B_2 缺乏的症状；7）参与同型半胱氨酸向蛋氨酸的转化，具有降低慢性病的作用，轻度高同型半胱氨酸血症被认为是血管疾病的一种可能危险因素，维生素 B_6 的干预可降低血浆同型半胱氨酸含量。

维生素 B_6 主要作用在人体的血液、肌肉、神经、皮肤等。功能有抗体的合成、消化系统中胃酸的制造、脂肪与蛋白质利用（尤其在减肥时应补充）、维持钠/钾平衡（稳定神经系统）。缺乏维生素 B_6 的通症，一般缺乏时会出现食欲不振、食物利用率低、失重、呕吐、下痢等症状。严重缺乏会有粉刺、贫血、关节炎、小孩痉挛、忧郁、头痛、掉发、易发炎、学习障碍、衰弱等。

（3）缺乏：单纯的维生素 B_6 缺乏较少见。一般，多同时伴有其他 B 族维生素的缺乏。缺乏维生素 B_6 可致眼、鼻与口腔周围皮肤脂溢性皮炎，并可扩展至面部、前额、耳后、阴囊及会阴处。可见有口炎、舌炎、唇干裂，个别出现神经精神症状，易激怒、抑郁及人格改变；儿童缺乏时对生理的影响较成人大，可出现烦躁、抽搐和癫痫样惊厥以及脑电图异常等临床症状。此外，可能引起体液和细胞介导的免疫功能受损，出现高半胱氨酸血症和黄尿酸尿症，偶见低血色素小细胞性贫血。大剂量的维生素 B_6 还用于预防和治疗妊娠反应、运动病以及由于放射线、药物治疗、麻醉等所引起的恶心、呕吐等。

（4）参考摄入量及食物来源：中国营养学会推荐的维生素 B_6 的膳食参考摄入量（AI）成年人为 1.2mg/d。妊娠、哺乳期需适当增加。口服避孕药或用异烟肼治疗结核时，维生素 B_6 量也需增加。

维生素 B_6 广泛存在于各种食物中，含量最高的食物为白色肉类（如鸡肉和鱼肉），其次为肝脏、豆类、坚果和蛋黄等。水果和蔬菜中维生素 B_6 含量也较多，其中香蕉、卷心菜、菠菜的含量丰富，但在柠檬类水果、奶类等食品中含量较少。

4. 维生素 B_{12}

（1）理化性质：维生素 B_{12} 又叫钴胺素，高等动植物不能制造维生素 B_{12}，维生素 B_{12}

是需要一种肠道分泌物（内源因子）帮助才能被吸收的唯一一种维生素。有的人由于肠胃异常，缺乏这种内源因子，即使膳食中来源充足也会患恶性贫血。植物性食物中基本上没有维生素 B_{12}。它在肠道内停留时间长，大约需要三小时（大多数水溶性维生素只需要几秒钟）在碱性肠液于胰蛋白酶的作用下才能被吸收。可溶于水，在弱酸环境中稳定，在强酸强碱环境中易分离，遇热破坏，紫外线、氧化剂和还原剂均可使其受到破坏。

（2）生理功能：作为甲基转移酶的辅因子，参与蛋氨酸、胸腺嘧啶等的合成，如使甲基四氢叶酸转变为四氢叶酸而将甲基转移给甲基受体（如同型半胱氨酸），使甲基受体成为甲基衍生物（如甲硫氨酸即甲基同型半胱氨酸）。参与细胞的核酸代谢，还与神经物质的代谢密切相关。

（3）缺乏：由膳食因素引起的维生素 B_{12} 缺乏比较少见，素食者、消化吸收功能下降的老年人、胃大部分切除者都易造成维生素 B_{12} 缺乏。临床表现为：巨幼红细胞贫血；高同型半胱氨酸血症；可引起神经系统的损害，如弥漫性的神经脱髓鞘，出现四肢震颤以及感觉异常、精神抑郁、记忆力下降等神经症状。

（4）参考摄入量及食物来源：人体对维生素 B_{12} 的需要量极少，联合国粮农组织和世界卫生组织的推荐量为：成人 $2.0\mu g/d$，孕妇、乳母 $3.0\mu g/d$。我国提出维生素 B_{12} 的 AI 为成人 $2.4\mu g/d$。

动物肝脏、肾脏、牛肉、猪肉、鸡肉、鱼类、蛤类都是维生素 B_{12} 的主要来源。植物性食品基本上不含维生素 B_{12}。

5. 维生素 C

（1）理化性质：维生素 C 又称抗坏血酸，是一种含有 6 个碳原子的酸性多羟基化合物，自然界存在 L-型和 D-型两种，D-型无生物活性。食物中抗坏血酸有还原型和氧化型之分，两者可通过氧化还原相互转变，均具生物活性。

（2）生理功能：抗坏血酸是一种生物活性很强的物质，在体内具有多种生理功能：1）参与体内羟化反应，为形成骨骼、牙齿、结缔组织及一切非上皮组织细胞间黏结物所必需，可维持牙齿、骨骼、血管的正常功能；2）与金属离子络合而减少铅、汞、镉、砷等毒物的吸收；3）促进铁的吸收；4）具有较强的还原性，在体内起抗氧化作用，可阻断亚硝胺在体内合成的作用。

（3）维生素 C 缺乏：膳食摄入减少或机体需要增加又得不到及时补充时，可使体内抗坏血酸贮存减少，引起缺乏。若体内贮存量低于 300mg，将出现缺乏症状，主要引起坏血病。临床表现如下：①前驱症状：起病缓慢，一般 4～7 个月。患者全身乏力，食欲减退；②出血：全身点状出血，起初局限于毛囊周围及齿龈等处，进一步发展可有皮下组织、肌肉、关节和腱鞘等处出血，甚至形成血肿或瘀斑；③牙龈炎：牙龈可见出血、松肿，由以牙龈尖端最为显著；④骨质疏松：维生素 C 缺乏引起胶原蛋白合成障碍，骨有机质形成不良。

（4）参考摄入量和食物来源：抗坏血酸的 RNI 值为 100mg/d，UL 值为 1000mg/d。其主要食物来源为新鲜蔬菜和水果，一般是叶菜类含量比根茎类多，酸味水果比无酸味水果含量多。含量较多的蔬菜有辣椒、西红柿、油菜、卷心菜、菜花和荠菜等。蔬菜烹调的方法以急火快炒为宜，可适当选择添加淀粉勾芡或加醋烹调以减少抗坏血酸损失。抗坏血酸含量丰富的水果有樱桃、石榴、柑橘、柠檬、柚子和草莓等。

6. 烟酸

（1）理化性质：烟酸也称作维生素 B_3，或维生素 PP，耐热，能升华。烟酸又名尼克酸、抗癞皮病因子。在人体内还包括其衍生物烟酰胺或尼克酰胺。它是人体必需的 13 种维生素之一，是一种水溶性维生素且溶于乙醇，对酸、碱、光、热均稳定，属于维生素 B族。烟酸在人体内转化为烟酰胺，烟酰胺是辅酶 Ⅰ 和辅酶 Ⅱ 的组成部分，参与体内脂质代谢、组织呼吸的氧化过程和糖类无氧分解的过程。

膳食中的烟酸主要以辅酶的形式存在体内组织中，以肝脏含量最高，其次是心脏和肾脏，血液中相对较少。成年人体内的烟酸可由色氨酸转化而来，但色氨酸转化为烟酸需要维生素 B_1、B_2 和 B_6 的参与。

（2）生理功能：烟酸是构成辅酶和辅酶的主要成分，二者均脱氢酶的辅酶，在体内参与碳水化合物、脂肪和蛋白质的合成与分解，与 DNA 的复制、修复和细胞分化有关；参与脂肪酸、胆固醇以及类固醇激素的生物合成。

（3）缺乏：烟酸缺乏时，出现癞皮病。其典型症状是皮炎、腹泻和痴呆，即所谓"三D"症状：1）前驱症状：体重减轻，疲劳乏力，记忆力差、失眠等，如不及时治疗，则可出现皮炎、腹泻和痴呆；2）皮肤症状：典型症状常见在肢体暴露部位，如手背、腕、前臂、面部、颈部、足背、踝部出现对称性皮炎；3）消化系统症状：主要有口角炎、舌炎、腹泻等，腹泻是本病的典型症状，早期多患便秘，其后由于消化腺体的萎缩及肠炎的发生常有腹泻，次数不等；4）神经系统症状：初期很少出现，至皮肤和消化系统症状明显时出现。轻症患者可有全身乏力、烦躁、抑郁、健忘及失眠等。重症则有狂躁、幻听、神志不清、木僵、甚至痴呆。

（4）参考摄入量及食物来源：中国居民膳食烟酸参考摄入量，成年男性 RNI 为 14mg NE/d，女性为 13mg NE/d，UL 为 35mg NE/d。烟酸除了直接从食物中摄取外，还可在体内由色氨酸转化而来，平均约 60mg 色氨酸可转化 1mg 烟酸。因此，膳食中烟酸的参考摄入量应以烟酸当量（NE）表示。

$$烟酸当量（NE）（mg）＝烟酸（mg）＋1/60 色氨酸（mg）$$

烟酸广泛存在于各种食物中。植物性食物中存在的主要是烟酸，动物性食物中存在的主要是烟酰胺。烟酸和烟酰胺在肝、肾、瘦禽肉、鱼、全谷以及坚果类含量丰富；乳和蛋中的烟酸含量虽低，但色氨酸含量较高，在体内可转化为烟酸。玉米中烟酸含量高于大米，但玉米中的烟酸是结合型，不易被人体吸收利用，所以以玉米为主食地区的居民易发生癞皮病，但加碱能使玉米中结合型的烟酸变成游离型的烟酸，易被机体利用。

7. 叶酸

（1）理化性质：叶酸最初是从菠菜叶子中分离提取出来的。叶酸即蝶酰谷氨酸，是一种重要的 B 族维生素，最初是于 20 世纪 40 年代从菠菜叶中分离提取而得名。叶酸为淡黄色结晶粉末，微溶于水，其钠盐易于溶解。不溶于乙醇、乙醚等有机溶剂。叶酸对热、光线、酸性溶液均不稳定，在酸性溶液中温度超过 $100℃$ 即分解。在碱性和中性溶液中对热稳定。食物中的叶酸烹饪加工后损失率可达 $50\%～90\%$。

正常成人体内叶酸贮存量为 $5～10mg$，体内的 50% 的叶酸贮存于肝脏。胎儿可通过脐带从母体获得叶酸。

（2）生理功能：叶酸的生理功能是作为一碳单位的载体参与代谢，在细胞分裂和增殖中发挥作用；催化二氧化碳氨基酸和三碳氨基酸相互转化；在某些甲基化反应中起重要作用。

红细胞叶酸含量可以代表肝脏及其他组织叶酸的贮存情况，与血清叶酸不同，其不受近期膳食叶酸摄入情况的影响。

（3）缺乏：1）缺乏原因：叶酸缺乏的原因包括：摄入不足、吸收利用不良、代谢障碍、需要量增加或排泄量增加。2）缺乏症状：①巨幼红细胞性贫血：人体缺乏叶酸会引发婴儿的核巨红细胞性贫血和孕妇的巨红细胞性贫血。这是由于叶酸的缺乏使 DNA 的合成受到了抑制，核蛋白形成不足，骨髓中新形成的红细胞不能成熟，细胞分裂增殖速度下降、细胞体积增大而出现了巨红细胞。同时，白细胞、血小板和血清中的叶酸水平也都下降。贫血可发生于婴儿和孕妇，一般是由于单纯缺乏叶酸所致。补充叶酸后会很快恢复，而不需要补充 VB12。有些情况下这些贫血可能是因为在产生叶酸辅酶中一种未知的代谢不足而造成的。正在发育的胎儿要求母体有大量的叶酸储存，如果怀孕初期由于厌食而引起叶酸储存减少，那么在临产或产后早期，极易由于叶酸储存耗尽而产生巨红细胞性贫血。②胎儿神经管畸形（NTD）：由于叶酸与 DNA 的合成密切相关，孕妇若摄入叶酸严重不足，就会使胎儿的 DNA 合成发生障碍，细胞分裂减弱，其脊柱的关键部位的发育受损，导致脊柱裂。妇女在怀孕的前 6 周内若摄入叶酸不足，其生出无脑儿和脑脊柱裂的畸形儿的可能性增加 4 倍。可在准备怀孕的前 3 个月开始摄取叶酸。③高同型半胱氨酸血症：膳食中缺乏叶酸会使同型半胱氨酸向胱氨酸转化受阻，从而使血中半胱氨酸水平升高，形成高同型半胱氨酸血症。④叶酸与某些癌症：人类患结肠癌、前列腺癌及宫颈癌与膳食中的叶酸摄入不足有关。研究发现，结肠癌患者的叶酸摄入量明显低于正常人，叶酸摄入不足的女性，其结肠癌发病率是正常人的 5 倍。

叶酸缺乏还可使孕妇先兆子痫、胎盘早剥的发生率增高；胎盘发育不良导致自发性流产；叶酸缺乏尤其是患有巨幼红细胞贫血的孕妇，易出现胎儿宫内发育迟缓、早产及新生儿低出生体重。

（4）参考摄入量及食物来源：中国营养学会 2000 年提出的中国居民膳食叶酸参考摄入量，成人参考摄入量为 400 ug DEF/d。成人、孕妇及乳母的可耐受最高摄入量为 1000 ug DEF/d，儿童及青少年根据体重适当降低。

叶酸广泛存在于动植物食品中，其良好的食物来源有肝脏、肾脏、蛋、梨、蚕豆、芹菜、花椰菜、莴苣、柑橘、香蕉及其他坚果类。

六、水与人体健康

（一）概述

水是人体内含量最多的物质，约占成年人体重的 $60\%\sim70\%$，血液中大部分物质都是水分，我们的肌肉、肺、大脑等组织和器官中也含有大量的水分。

（二）水的作用

（1）多种矿物质、微生物、葡萄糖、氨基酸及其他营养素的良好溶剂，参与体内的物质转运，它将营养物质运送到细胞内，同时运走体内的代谢废物。

（2）体温调节系统的主要组成成分，体内能量代谢产生的热，通过体液传到皮肤表面，经蒸发或者排汗带走多余的热量保持体温恒定。

（3）润滑作用，关节润滑剂、唾液、消化道分泌的胃肠黏液、呼吸系统气道内的黏液、泌尿生殖道黏液等的生成都离不开水。

（三）需要量

在温和气候条件下生活的从事轻度身体活动的成年人每天需要喝水 1500～1700mL。当我们活动量较大时丢失的水分增加，应该适当增加饮水量。短时间的运动，可额外补400～600mL 液体即足以弥补丢失的水分；但若进行持续 1 小时以上的剧烈运动，则需补充更多的液体。随时饮水，少量多次。

第二节　食品危害

食品污染是指在各种条件下，导致外源性有毒有害物质进入食品，或使食物成分本身发生化学反应而产生有毒有害物质，从而造成食品安全性、营养性和（或）感官性发生改变的过程。食品从种植、养殖到生产、加工、贮存、运输、销售、烹调直至餐桌的整个过程的各个环节，都有可能受到某些有毒有害物质的污染，以致降低食品卫生质量、对人体造成不同程度的危害。

一、食品生物性危害

（一）食品的细菌污染

1. 常见的食品细菌

常见的食品细菌有：假单胞菌属、黄单胞杆菌属、微球菌属和葡萄球菌属、芽孢杆菌属和梭状芽孢杆菌属、肠杆菌科、弧菌属和黄杆菌属、嗜盐杆菌属和嗜盐球菌属、乳杆菌属。

2. 细菌的菌相及食品卫生学意义

（1）概念：共存于食品中的细菌种类及其相对数量的构成称为食品的细菌菌相，其中，数量较多的细菌称为优势菌。细菌菌相，特别是优势菌决定了食品在细菌作用下发生腐败变质的程度与特征。

（2）食品卫生学意义：食品的细菌菌相可因污染细菌的来源、食品本身的理化性质、所处环境条件和细菌之间的共生与抗生关系等因素的影响而不同，所以可以通过食品的理化性质及其所处的环境条件预测食品的细菌菌相。而食品腐败变质引起的变化也会由于细菌菌相及其优势菌种不同而出现相应的特征，因此，检验食品细菌菌相又可对食品的腐败变质的程度及特征进行估计。

3. 评价食品卫生质量的细菌污染指标

（1）菌落总数

1）概念：在被检样品的单位质量（g）、容积（ml）或表面积（cm²）内，所含有的在严格规定的条件下（培养基及其 pH 值、培育温度与时间、计数方法等）培养所生成的细菌菌落总数，以菌落形成单位（colony forming unit，CFU）表示。

2）食品卫生学意义：一是作为食品被污染程度即食品清洁状态的标志；二是可以预测食品的耐保藏的期限。

（2）大肠菌群

1）概念：大肠菌群是指一大群来自人与温血动物肠道，需氧与兼性厌氧，不形成芽孢，在35～37℃下能发酵乳糖产酸产气的革兰氏阴性杆菌。包括肠杆菌科的埃希菌属、柠檬酸杆菌属、肠杆菌属和克雷伯菌属。食品中大肠菌群的数量是采用相当于每克或每毫升食品的最近似数来表示，简称为大肠菌群最近似数（maximum probable number，MPN）。

2）食品卫生学意义：一是作为食品粪便污染的指示菌，因为大肠菌群均来自人与温血动物粪便；二是作为肠道致病菌污染食品的指示菌，因为大肠菌群与肠道致病菌来源相同，且在一般条件下大肠菌群在外界生存时间与主要肠道致病菌是一致的。

（二）真菌及真菌毒素对食品的污染

黄曲霉毒素（AF）是黄曲霉和寄生曲霉的代谢产物，具有极强的毒性和致癌性，主要污染粮食和油料作物。

1. 理化性质：AF是一类结构相似的化合物，为二呋喃环香豆素（氧杂奈邻酮）的衍生物，目前已分离鉴定出20余种。在紫外线下都产生荧光，根据荧光颜色及其结构分别命名为AFB1、AFB2、AFG1、AFG2、AFM1、AFM2；AF的毒性与结构有一定关系。凡二呋喃环的末端有双键者，毒性较强，并有致癌性，如AFB1、AFG1、AFM1；在天然污染的食品中以AFB1最多见，而且毒性和致癌性最强，故以AFB1食品监测中的污染指标。

AF耐热，一般烹调温度很少破坏，280℃裂解。在碱性条件下，香豆素内酯环受破坏生成钠盐，溶于水。不溶于水、正己烷、石油醚及乙醚中，溶于脂肪及某些脂溶剂（氯仿、甲醇等）。AFB_1对紫外光有强的吸收性能，在365nm下吸收值最大。

2. 毒性：AF有很强的急性毒性，也有明显的慢性毒性与致癌性。AF对肝脏有特殊亲和性并有致癌作用，具有较强的肝脏毒性。

（1）急性毒性：黄曲霉毒素为剧毒物，其毒性为氰化钾的10倍。对鱼、鸡、鸭、大鼠、豚鼠、兔、猫、狗、猪、牛、猴及人均有强烈毒性。鸭雏和幼龄的鲑鱼对AFB_1最敏感。一次大量口服后，可出现明显肝脏损伤：肝实质细胞坏死，胆管上皮增生，肝脏脂肪浸润，脂质消失延迟及肝脏出血。体外实验发现，1mg/L的AFB1浓度可阻止人肝细胞DNA和RNA的合成。人类急性中毒在中国台湾和印度都有报道，均食用了霉变的玉米，检测发现霉变玉米中AFB1含量为6.25～15.6mg/kg。

（2）慢性毒性：长期小剂量摄入AF可造成慢性损害，从实际意义出发，它比急性中毒更为重要。主要表现是动物生长障碍，肝脏出现亚急性或慢性损伤，其他症状如食物利用率下降、体重减轻、生长发育迟缓、雌性不育或产仔少。

（3）致癌性：黄曲霉毒素是目前发现的最强的化学致癌物质，可诱发多种动物发生多种癌症。黄曲霉毒素与人类肝癌发生的关系：从肝癌流行病学研究发现，凡食物中黄曲霉毒素污染严重和人类实际摄入量比较高的地区，原发性肝癌发病率高。

3. 产毒条件：产生AF的真菌只有黄曲霉和寄生曲霉。寄生曲霉的所有菌株都能产生AF，而黄曲霉则是某些产毒菌株产生AF。黄曲霉生长产毒温度范围是12～42℃，最适产毒温度为25～33℃，最适Aw值为0.93～0.98。黄曲霉产毒具有迟滞现象，即黄曲霉菌在水分为18.5%的玉米、稻谷、小麦上生长时，第3天开始产生AF，第10天产毒达到最高峰，以后便逐渐减少。不同的黄曲霉菌株产毒能力差异很大。

4. 对食品的污染：主要污染粮油及其制品，其中以花生和玉米污染最严重。其次为稻谷、小麦、豆类等，此外，我国还有干果类食品、动物性食品、干辣椒AF污染。

5．预防措施

（1）食物防霉是预防食品被 AF 污染的最根本措施。具体方法包括：1）田间管理；防虫，防倒伏，粮食及时晾晒、干燥；2）运输：保持粮粒及花生外壳完整；3）贮藏：除湿、通风、低温（12℃以下）、惰性气体（N_2，CO_2）、使用环氧乙烷等防霉剂；4）选育抗霉良种。

（2）去除毒素常用方法有：1）挑选霉粒法；2）碾轧加工法；3）加水搓洗、加碱或用高压锅煮饭；4）植物油加碱去毒：AF 在碱性条件下，其结构中香豆素的内酯环被破坏，形成香豆素钠盐，溶于水，故加碱后再用水洗，即可将毒素除去。

（3）限制各种食品中黄曲霉毒素含量。我国主要食品中 AFB_1 限量标准如下：

1）玉米、花生仁、花生油不得超过 $20\mu g/kg$。

2）大米、其他食用植物油不得超过 $10\mu g/kg$。

3）婴幼儿配方食品（大豆为主要原料）不得超过 $0.5\mu g/kg$。

4）婴幼儿奶粉中不得检出 AFM_1，牛乳中 AFM_1 含量不得超过 $0.5\mu g/kg$。

（三）食品腐败变质的概念、原因、化学过程及鉴定指标

1．概念

食品的腐败变质是指食品在一定环境的影响下，在微生物为主的各种因素作用下，其原有化学性质或物理性质发生变化，降低或失去其营养价值的过程。

2．原因

（1）微生物是引起食品腐败变质的重要原因。微生物包括细菌、霉菌和酵母。

（2）食品本身的组成和性质：

1）理化性质：包括食品本身的成分、所含水分、pH 值高低和渗透压的大小。

2）食品种类：易保存的食品和易腐败变质的食品。

3）环境因素：温度、湿度、空气等自然条件，对微生物的生长繁殖有着重要的影响，在促进食品本身发生各种变化上起着重要作用，从而成为影响食品变质的重要条件。

3．化学过程

食品腐败变质的化学过程包括：

（1）食品中蛋白质的分解：蛋白质在微生物的作用下，首先分解为肽，再分解为氨基酸。氨基酸在相应酶的作用下，进一步分解成有机胺、硫化氢、硫醇、吲哚、粪臭素和醛等物质，具有恶臭味。特别是有机胺，作为鉴定肉类和鱼类等富含蛋白质食品的化学指标之一。

（2）食品中脂肪的酸败：酸败是由于动植物组织中或微生物所产生的酶或由于紫外线和氧、水分所引起的，食品中的中性脂肪分解为甘油和脂肪酸。脂肪酸进一步分解生成过氧化物和氧化物，过氧化物进一步分解为具有特殊刺激气味的酮和醛等酸败产物，产生所谓哈喇味。油脂含量丰富的食品腐败变质的特征：过氧化值上升，酸度上升，羰基反应呈阳性。

（3）碳水化合物分解：食品中的碳水化合物包括单糖、寡糖、多糖（淀粉）等。含碳水化合物的食品主要有粮食、水果、蔬菜和这些食品制品。主要以碳水化合物在微生物或动植物组织中酶的作用下，经过产生双糖、单糖、有机酸、醇、醛等一系列变化，最后分解成二氧化碳和水。如：苹果久置腐烂含有酒味，主要是由于碳水化合物生成了醇类物质。

4. 食品腐败变质的鉴定指标

鉴定食品腐败变质是以感官性状并配合一定的物理、化学和微生物指标进行判定。

（1）感官鉴定：感官鉴定是以人们的感觉器官（眼、鼻、舌、手等）对食品的感官性状（色、香、味、形）进行鉴定的一种简便、灵敏、准确的方法，具有相当的可靠性。

（2）物理指标：食品变质分解时有小分子物质增多这一现象，先后研究发现有食品浸出物量、浸出液电导率、折光率、冰点下降、黏度上升及 pH 值改变等变化。

（3）化学指标：

1）挥发性盐基氮（TVBN）：肉鱼类食品由于酶和细菌的作用，在腐败过程中，使蛋白质分解而产生氨以及胺类等碱性含氮物质（主要是二甲胺和三甲胺），此类物质具有挥发性，可在碱性溶液中蒸出。肉鱼类样品浸出液在弱碱性条件下与水蒸气一起蒸馏出来的总氮量称为挥发性盐基氮。

2）组胺：在水产品的腐败中，通过细菌的组胺酸脱氢酶使组氨酸脱羧生成组胺。

3）K值：是指 ATP 分解的低级产物肌苷（HxR）和次黄嘌呤（Hx）占 ATP 系列分解产物 ATP+ADP+AMP+IMP+HxR+Hx 的百分比，（ATP 顺次分解过程中，终末产物多少来判定鱼体新鲜程度）主要适用于鉴定鱼类早期腐败。K 值 $\leqslant 20\%$，绝对新鲜；K 值 $\geqslant 40\%$，腐败；挥发性盐基氮和组胺往往作为我国肉和鱼类食品的卫生指标。

4）过氧化值（POV）：过氧化物是油脂在氧化过程中的中间产物，很容易分解产生挥发性和非挥发性脂肪酸、醛、酮等，具有特殊的臭味和发苦的滋味，影响油脂的感官性质和食用价值。油脂在氧化过程中产生的过氧化物很不稳定，能氧化碘化钾成为游离碘，用硫代硫酸钠标准溶液滴定，根据析出的碘计算过氧化值。过氧化值的表示有多种方法：用滴定 1g 油脂所需某种规定浓度（通常用 0.002mol/L）的 $Na_2S_2O_3$ 标准溶液的体积（mL）表示，或用碘的百分数表示，或用每千克油脂中活性氧物质的量（mmol）表示，或每克油脂中活性氧的质量（μg）表示等。

5）羰基价：油脂氧化所生成的过氧化物，进一步分解为含羰基的化合物。一般油脂随着贮藏时间的延长和不良条件的影响，羰基价的数值呈不断增高的趋势。因为多数羰基化合物都具有挥发性，且其气味最接近于油脂自动氧化的酸败臭，因此，用羰基价来评价油脂中氧化产物的含量和酸败裂变的程度具有较好准确性。羰基价：1kg 样品中各种醛物质的量，mmol/kg。测定原理：羰基化合物和 2,4-二硝基苯肼的反应产物，在碱性溶液中形成褐红色或酒红色，在 440nm 下，测定吸光度，计算羰基价。

（4）微生物检验微生物与食品腐败变质有着重要的因果关系，微生物生长繁殖数量的多少与食品腐败变质程度有着密切的关系。一般常以检验菌落总数和大肠菌群作为判断食品卫生质量的指标。

5. 食品腐败变质的卫生学意义及处理原则

（1）卫生学意义：1）使感官性状发生改变；2）食品营养成分分解，营养价值严重降低；3）增加了致病菌和产毒真菌等存在的机会，可引起人体的不良反应甚至中毒。

（2）处理原则：对食品的腐败变质要及时准确鉴定，并严加控制。这类食品的处理必须以确保人体健康为原则，其次也要考虑具体情况。如单纯感官性状发生变化的食品可以加工处理，部分腐烂的水果蔬菜可拣选分类处理，轻度腐败的肉鱼类通过煮沸可以消除异常气味，但明显发生腐败变质的食物应坚决废弃。

6. 防止食品腐败变质的措施

食品的腐败变质主要是由于食品中的酶以及微生物的作用，使食品中的营养物质分解或氧化而引起的。因此，食品腐败变质的控制就是要针对引起腐败变质的各种因素，采取不同的方法或方法组合，杀死腐败微生物或抑制其在食品中的生长繁殖，从而达到延长食品货架期的目的。

（1）化学保藏

1）盐腌法和糖渍法：原理是这两种方法均可提高渗透压。一般盐腌浓度达10%，大多数细菌受到抑制，但不能杀灭微生物。糖渍食品糖含量必须达至60%～65%浓度。

2）酸渍法：原理是大多数微生物在pH4.5以下不能正常发育，故可利用提高氢离子浓度来防腐，此方法多用于各种蔬菜，如泡菜和渍酸菜。

3）防腐剂保藏：常用食品防腐添加剂有防腐剂和抗氧化剂。

（2）低温保藏

是指在不冻结状态下的低温贮藏。在工艺上，快速冻结，缓慢解冻有利于保持食品（尤其是生鲜食品）的品质。

（3）加热杀菌保藏

1）常压杀菌（巴氏杀菌法）常压杀菌即100℃以下的杀菌操作。巴氏消毒法只能杀死微生物的营养体（包括病原菌），但不能完全灭菌。常用于液态食物消毒。其优点是能最大限度地保持食品原有的性质。采用巴氏杀菌法的食品有牛奶、pH值4以下的蔬菜和水果汁、啤酒、醋、葡萄酒等。以牛奶为例，低温巴氏杀菌法采用温度63℃，30min；高温瞬间巴氏杀菌采用温度72℃，15s。

2）加压杀菌：常用于肉类制品、中酸性、低酸性罐头食品的杀菌。通常的温度为100～121℃（绝对压力为0.2MPa），当然杀菌温度和时间随罐内物料、形态、罐形大小、灭菌要求和贮藏时间而异。在罐头行业中，常用D值和F值来表示杀菌温度和时间。D（DRT）值：是指在一定温度下，细菌死亡90%（即活菌数减少一个对数周期）所需要的时间（分钟）。F值：是指在一定基质中，在121.1℃下加热杀死一定数量的微生物所需要的时间（分钟）。在罐头特别是肉罐头中常用。由于罐头种类、包装规格大小及配方的不同，F值也就不同，故生产上每种罐头都要预先进行F值测定。

3）超高温瞬时杀菌：根据温度对细菌及食品营养成分的影响规律，热处理敏感的食品，可考虑采用超高温瞬时杀菌法，该杀菌法既可达到一定的杀菌要求，又能最大限度地保持食品品质。

4）微波杀菌：微波（超高频），一般是指频率在300～300000MHz的电磁波。目前915MHz和2450MHz两个频率已广泛地应用于微波加热。915MHz，可以获得较大穿透厚度，适用于加热含水量高、厚度或体积较大的食品；对含水量低的食品宜选用2450MHz。微波杀菌的机理是基于热效应和非热生化效应两部分。

（4）食品的干燥脱水保藏

食品的干燥脱水保藏，是一种传统的保藏方法。其原理是降低食品的含水量（水活性），使微生物得不到充足的水而不能生长。食品干燥、脱水方法主要有：日晒、阴干、喷雾干燥、减压蒸发和冷冻干燥等。

（5）食品的辐照保藏

食品的辐照保藏是指用放射线辐照食品，借以延长食品保藏期的技术。对辐射保藏的研究已有四十多年的历史。辐射线主要包括紫外线、X射线和γ射线等，其中紫外线穿透力弱，只有表面杀菌作用，而X射线和γ射线（比紫外线波长更短）是高能电磁波，能激发被辐照物质的分子，使之引起电离作用，进而影响生物的各种生命活动。

食品辐照保藏的优点：1）穿透力强；2）节省能量，加工效率高，又称"冷加工"；3）在恰当的照射剂量下，食品的感官性状及营养成分很少改变；4）无食品成分残留。

二、食品的化学性危害

（一）食品的农药残留及预防

农药是指用于预防、消灭或者控制危害农业、林业的病、虫、草和其他有害生物以及有目的地调节植物、昆虫生长的化学合成或者来源于生物、其他天然物质的一种物质或者几种物质的混合物及其制剂。

农药残留指农药使用后在食品、农产品、土壤、水体中残存的农药母体、衍生物、代谢物、降解物等。按照农药的残留性和在环境中的半衰期可将其分为高残留类农药、中等残留类农药和低残留类农药。

1. 使用农药的利与弊

（1）利：减少农作物的损失、提高产量，提高农业生产的经济效益，增加食物供应等。有资料表明，估计每年因使用农药而挽回的损失相当于农业总产值的15%～30%。

（2）弊：通过食物和水的摄入、空气吸入和皮肤接触等途径对人体造成多方面的危害，如急、慢性中毒和致癌、致畸、致突变作用等；还可对环境造成严重污染，使环境质量恶化，物种减少，生态平衡破坏。

2. 食品中农药残留的来源

（1）农田施用农药对农作物的直接污染。（2）农作物从污染的环境中吸收农药。（3）通过食物链污染食品。（4）其他来源污染：粮库内使用熏蒸剂；食品储藏运输中混装混放；事故性污染等。

3. 常见农药

（1）有机磷农药：主要用作杀虫剂，如美曲膦酯、敌敌畏、乐果等，约占杀虫剂总量的50%。此类农药是目前使用量最大的一类农药，易于降解，在环境中不易长期残留。多数在生物体内的蓄积性较低。毒性较大，有些品种属于剧毒农药，如甲胺磷、内吸磷等。有机磷属于神经毒物，能与体内的胆碱酯酶结合，导致体内乙酰胆碱蓄积，使神经传导功能紊乱而出现相应的中毒症状。部分有机磷农药，如马拉硫磷、美曲膦酯、乐果等有迟发性神经毒作用，即在急性中毒恢复后第二周又出现神经症状。慢性中毒主要是神经系统、血液系统和视觉损伤的表现。

（2）氨基甲酸酯类：主要用作杀虫剂（西维因）或除草剂（禾大状），优点是高效，选择性强，对温血动物、鱼类和人的毒性较低，易被土壤微生物分解，且不易在生物体内蓄积。毒作用机制与有机磷类似，也是胆碱酯酶抑制剂，但其抑制作用有较大可逆性，水解后酶的活性可不同程度地恢复。急性中毒亦主要表现为胆碱能神经兴奋症状。有些品种可能有致癌、致畸、致突变作用。

（3）拟除虫菊酯类：可用作杀虫剂，杀螨剂。具有高效、杀虫谱广、毒性低、在环境中的半衰期短、对人畜较安全的特点。缺点是容易使害虫产生抗药性。用多个品种混配使用可延缓抗药性的产生。多属于中等毒性或低毒农药。

（4）有机氯农药：是最早使用的化学合成类农药，主要品种有六六六、DDT。在环境中很稳定，不易降解；脂溶性很强，主要蓄积在脂肪组织中；生物富集作用强，是残留性最强的农药。有些品种属于禁用或严格限用的持久性有机污染物，属低毒或中等毒。急性毒作用主要是神经系统和肝、肾损害的表现。慢性中毒主要表现为肝脏病变、血液和神经系统损害。某些品种及其代谢产物可通过胎盘屏障进入胎儿体内，具有一定致畸性。某些有机氯类农药在动物实验中有一定致癌作用。

4．控制农药残留的措施

为了减少农药残留对人体健康的影响，必须采取综合的管理措施。可从以下几方面着手：

（1）加强农药管理；（2）安全合理使用农药；（3）普及预防中毒知识；（4）注意安全间隔期；（5）制定和严格执行农药残留限量标准；（6）开发高效、低毒、低残留的新品种。

（二）其他化学污染物对食品的污染及预防

1．N-亚硝基化合物

N-亚硝基化合物是一类对动物具有较强致癌作用的化学物，已研究的300多种亚硝基化合物中90%以上对动物有不同程度的致癌性。根据其化学结构可分为两大类：N-亚硝胺和N-亚硝酰胺。

（1）分类

N-亚硝基化合物，根据其化学结构可分为两大类：N-亚硝胺和N-亚硝酰胺。

1）N-亚硝胺：N-亚硝胺是世界公认的三大致癌物质之一（另两种是黄曲霉素和苯并芘）；其中低分子量的N-亚硝胺在常温下为黄色油状液体，高分子量的N-亚硝胺多为固体；二甲基亚硝胺可溶于水及有机溶剂，其他则不能溶于水，只能溶于有机溶剂，在通常情况下，N-亚硝胺不易水解，在中性和碱性环境中较稳定，但在特定条件下也发生水解、加成、还原、氧化等反应。

2）N-亚硝酰胺：亚硝酰胺的化学性质活泼，在酸性和碱性条件中均不稳定。在酸性条件下，分解为相应的酰胺和亚硝酸，在弱酸性条件下主要经重氮甲酸酯重排，放出 N_2 和羟脂酸，在弱碱性条件下亚硝酰胺分解为重氮烷。

（2）来源

1）N-亚硝基前体物质：环境及食物中 N-亚硝基化合物天然含量极微（$<10\mu g/kg$），而 N-亚硝基化合物的前体物（硝酸盐、亚硝酸盐和胺类物质）却广泛存在于环境和食物中，在适宜条件下可合成 N-亚硝基化合物。

① 蔬菜中的硝酸盐和亚硝酸盐：腌制不充分的蔬菜、不新鲜的蔬菜、泡菜中含有较多的亚硝酸盐（其中的硝酸盐在细菌作用下，转变成亚硝酸盐）。

② 动物性食品中的硝酸盐和亚硝酸盐：鱼、肉等食品的腌制过程中，作为防腐剂和发色剂使用。限量使用。

③ 环境和食品中的胺类：有机胺类化合物是蛋白质、氨基酸、磷脂等生物性大分子合成的必需原料；各种天然动物性和植物性食品的成分；药物、农药和许多化工产品的原

料。以仲胺合成 N-亚硝基化合物的能力最强。

2）食品中的 N-亚硝基化合物：鱼、肉制品腌制、烘烤过程中产生较多胺类化合物，腐败变质的鱼肉类也可产生大量胺类，这些胺类化合物与亚硝酸盐反应生成亚硝胺。某些乳制品含微量的挥发性亚硝胺。蔬菜水果所含的前体物质在长期储藏和加工过程中可产生微量的亚硝胺。啤酒制作过程中，大麦芽碱和仲胺与空气中的氮氧化物发生反应生成亚硝胺。近年来工艺改进很少检出。

3）影响合成的因素：影响 N-亚硝基化合物合成的因素有以下几点：

①胺的种类：合成速度仲胺大于伯胺、季胺。②pH 值：在酸性条件下容易反应。③反应物的浓度：浓度高，反应快。④微生物的作用：硝酸盐还原菌（如大肠杆菌、普通变形杆菌等）可促进亚硝基化，某些霉菌（如黄曲霉、黑曲霉、白地霉等）也可促进合成。

（3）毒性

1）急性毒性：各种 N-亚硝基化合物的急性毒作用有较大差异，对于对称性烷基亚硝胺而言，其碳链越长，急性毒性越低。肝脏是主要靶器官，还有骨髓和淋巴系统的损伤。

2）致癌作用：已证实 N-亚硝基化合物是一种强烈的动物致癌物，能诱发各种实验动物的肿瘤，能诱发多种组织器官的肿瘤，多种途径摄入均可诱发肿瘤，一次大量给药或长期少量接触均有致癌作用，可通过胎盘对子代产生致癌作用。

3）致畸作用：亚硝酰胺对动物有一定的致畸作用并存在一定的剂量-效应关系；亚硝胺的致畸作用很弱。

4）致突变作用：亚硝酰胺能引起细菌、真菌、果蝇和哺乳动物细胞发生突变；亚硝胺需经哺乳动物微粒体混合功能氧化酶系代谢后能致突变。致癌性强弱与致突变性强弱无明显相关性。

（4）预防措施

1）防止食物霉变以及其他微生物污染；2）控制食品加工中硝酸盐及亚硝酸盐的使用；3）施用钼肥；4）提高维生素 C 含量，多食用大蒜、大蒜素、茶叶、猕猴桃，能阻断亚硝基化作用；5）制定 N-亚硝基化合物的限量食品安全标准，加强监测。

2. 多环芳烃化合物对食品的污染、毒性及预防

多环芳烃化合物（PAH）是一类具有较强致癌作用的食品污染物，其中苯并（a）芘（BaP）尤为重要，对其研究也较充分，故以其为代表重点阐述。

（1）对食品的污染

多环芳烃主要由各有机物如煤、柴油、汽油、原油及香烟燃烧不完全而来。食品中的多环芳烃主要有以下几个：

1）食品在烘烤或熏制时直接受到污染。2）食品成分在烹调加工时经高温裂解或热聚形成，是食品中多环芳烃的主要来源。3）植物性食物可吸收土壤、水中污染的多环芳烃，并可受大气飘尘直接污染。4）食品加工过程中，受机油污染，或食品包装材料的污染，以及在柏油马路上晾晒粮食可使粮食受到污染。5）污染的水体可使水产品受到污染，水体污染后通过生物蓄积、食物链进入人体。6）植物和微生物体内可合成微量的多环芳烃。7）在柏油路上晒粮食，使粮食受到污染。

（2）毒性

PAH 急性毒性为中等或低毒性。有的 PAH 对血液系统有毒性。

1）致癌性：对动物的致癌性是肯定的。能在大鼠、小鼠、地鼠、豚鼠、蝾螈、兔、鸭及猴等动物成功诱发肿瘤，在小鼠并可经胎盘使子代发生肿瘤。也可使大鼠胚胎死亡、仔鼠免疫功能下降。通过水和食物进入人体的 BaP 很快通过肠道吸收。吸收后很快分布于全身。多数脏器在摄入后几分钟和几小时就可检测出 BaP 和其代谢物。乳腺和脂肪组织中可蓄积。动物实验表明，进入体内的 BaP 在微粒体混合功能氧化酶系的芳烃羟化酶作用下，代谢活化为多环芳烃环氧化物，与 DNA、RNA 和蛋白质大分子结合而呈现致癌作用，成为终致癌物。有的可经进一步代谢，形成带有羟基的化合物，最后可与葡萄糖醛酸、硫酸或谷胱甘肽结合从尿中排出。

2）致突变性：是短期致突变实验的阳性物。在一系列的致突变实验中皆呈阳性反应。

3）遗传毒性：有许多的流行病学研究资料显示了人类摄入多环芳族化合物与胃癌发生率的相关关系。

（3）预防

1）防止污染

①加强环境治理，减少 BaP 对食品污染。②熏制、烘烤食品及烘干粮食等加工过程应改进燃烧过程，避免食品直接接触炭火或直接接触烟，使用熏烟洗净器或冷熏液。③不在柏油马路上晾晒粮食和油料种子，以防沥青污染。④食品生产加工过程要防止润滑油污染食品，或改用食用油作润滑剂。

2）去毒，可采取活性炭吸附法。

3）制定食品中限量标准。

3. 杂环胺来源、毒性及预防

（1）来源

富含蛋白质的鱼、肉类食品经高温烹调加工是产生杂环胺的主要原因。膳食杂环胺的污染水平主要受到食品的烹调方式、烹调温度和烹调时间的影响。

1）烹调方式：加热温度越高、时间越长、水分含量越少，杂环胺生成量越多；烧、烤、煎、炸等直接与火接触或与灼烧的金属表面直接接触的烹调方式，生成杂环胺的量远远多于炖、焖、煨、煮及微波炉烹调等温度较低、水分较多的烹调方法。

2）食物成分：蛋白质含量越高的食物产生杂环胺的量越多，而且蛋白质的氨基酸构成也直接影响所产生杂环胺的种类。美拉德反应在杂环胺的形成过程中可能起到催化作用。正常烹调食品中也含有一定量的杂环胺，主要来自烹调的鱼和肉。

（2）毒性

在加 S9 的 Ames 试验中，杂环胺对 TA98 菌株有很强的致突变性，提示杂环胺可能是移码突变物。杂环胺对啮齿动物均具有不同程度的致癌性，致癌的主要靶器官为肝脏。其代谢产物 N-羟基化合物可直接与 DNA 结合。近年来的研究表明杂环胺类化合物有较强的心肌毒性。

（3）预防

1）改进不良烹调方式和饮食习惯：烹调时温度不要过高，不要烧焦食物，少吃烧烤煎炸的食物。

2）增加蔬菜水果的摄入量。

3）加强监测：建立和完善杂环胺的检测方法，尽快制定食品中的允许含量标准。

4. 有毒金属的污染及其预防

（1）有毒金属污染食品的途径

1）某些地区特殊自然环境中的高本底含量；

2）由于人为的环境污染而造成有毒有害金属元素对食品的污染；

3）食品加工、储存、运输和销售过程中使用和接触的机械、管道、容器以及添加剂中含有的有毒有害金属元素导致食品的污染。

（2）毒作用的特点

1）存在形式与毒性有关：以有机形式存在的金属或水溶性较大的金属盐类，通常毒性较大。

2）毒作用与机体酶活性有关：许多有毒金属可以与机体酶活性基团结合，使酶的活性受到抑制甚至丧失，从而发挥毒性作用。

3）蓄积性强：进入人体后排出缓慢，生物半衰期较长，易在体内蓄积。

4）食物中某些营养素影响有毒金属的毒性；另一方面，某些有毒金属元素间也可产生协同作用。

（3）预防措施

1）严格监管工业生产中的"三废"排放。

2）农田灌溉用水和渔业养殖用水应符合《农田灌溉水质标准》和《渔业水质标准》。

3）禁止使用有毒金属农药并严格控制有毒金属和有毒金属化合物的使用；控制食品生产加工过程中有毒金属的污染；限制油漆中镉的含量；推广使用无铅汽油。

4）制定食品中有毒金属的最高允许限量标准并加强监管。

（三）汞、镉、铅及砷的毒性及允许限量标准

1. 汞

（1）毒性：毒性主要取决于存在形式，有机汞特别是甲基汞，比无机汞的毒性强得多，且对机体的损伤是不可逆的。二者均损害中枢神经系统。汞是强蓄积性毒物，在人体内的生物半衰期平均为 70d 左右，在脑内的储留时间更长。长期食用被甲基汞污染的食物可致甲基汞中毒（日本"水俣病"）。甲基汞中毒主要表现为神经系统损害症状，此外，还有致畸作用和胚胎毒性。

（2）允许限量标准：联合国粮农组织和世界卫生组织提出的暂定每周可耐受摄入量（PTWI）为 0.3mg（其中甲基汞＜0.2mg），相当于 0.005mg/（kg·bw）。

2. 镉

（1）毒性：镉中毒主要损害肾、骨骼和消化系统。肾脏是镉慢性中毒的靶器官。日本镉污染大米引起的公害病"痛痛病"（骨痛病）就是由于环境镉污染通过食物链而引起的人体慢性中毒。镉及镉化合物对动物和人体有一定的致畸、致突变和致癌作用。

（2）允许限量标准：联合国粮农组织和世界卫生组织提出的镉的暂定每周可耐受摄入量（PTWI）为 0.007mg/（kg·bw）。

3. 铅

（1）毒性：主要损害造血系统、神经系统和肾脏。严重者可致铅中毒性脑病。慢性中毒还可以导致凝血时间延长，并损害免疫系统。儿童对铅较成人更敏感，过量铅摄入可影响其生长发育，导致智力低下。

（2）允许限量标准：联合国粮农组织和世界卫生组织提出的铅的暂定每周可耐受摄入量（PTWI）为 0.025mg/(kg·bw)。

4. 砷

（1）毒性：食品中砷的毒性与存在形式和价态有关。元素砷几乎无毒，砷的硫化物毒性亦很低，砷的氧化物和盐类毒性较大。三价砷的毒性大于无价砷，无机砷的毒性大于有机砷。砷化物为一种原浆毒，与机体内蛋白质有很强的结合能力，三价砷离子与疏基有较强的亲和力，尤其对含双疏基结构的酶有很强的抑制能力，可导致体内物质代谢异常。砷也是一种毛细血管毒物，可导致毛细血管通透性增高，引起多器官广泛病变。急性砷中毒主要是胃肠炎症状，严重者可致中枢神经系统麻痹而死亡，并可出现口、耳、眼、鼻出血现象。慢性中毒主要表现为神经衰弱综合征，皮肤色素异常（白斑或黑皮病），手掌和足底皮肤过度角化。砷化物具有致突变性和一定致畸性。无机砷化物与人类皮肤癌的发生有关。

（2）允许限量标准：联合国粮农组织和世界卫生组织提出的砷每日容许摄入量（ADI）为 0.05mg/(kg·bw)，无机砷的 PTWI 为 0.015mg/(kg·bw)。

（四）食品添加剂

1. 食品添加剂的定义、使用要求及卫生管理

（1）定义：食品添加剂（Food Additives）是指为改善食品品质和色、香、味以及防腐和加工工艺的需要，加入食品中的化学合成或天然物质。营养强化剂、食品用加工助剂、胶母糖基础剂和食品用香料等也包括在内。除单一品种和复配食品添加剂。

（2）食品添加剂使用要求：1）不应当掩盖食品腐败变质。2）不应当掩盖食品本身或加工过程中的质量缺陷。3）不以掺杂、掺假、伪造为目的而使用食品添加剂。4）不应当降低食品本身的营养价值。5）在达到预期的效果下尽可能降低在食品中的使用量。6）食品工业用加工助剂应当在制成最后产品之前去除，有规定允许残留量的除外。

（3）存在的安全问题：1）使用未经国家批准使用或禁用的品种。2）添加剂使用超出规定限量。3）添加剂使用超出规定范围。4）使用工业级代替食品级的添加剂。5）以掩盖食品腐败或掺杂、掺假、伪造为目的而使用食品添加剂。

2. 常见的食品添加剂

（1）防腐剂：防腐剂是指防止食品腐败变质、延长食品储存期的物质。防腐剂一般分为酸型、酯型和生物型。按照来源分为化学防腐剂和天然防腐剂。按照其抗微生物的主要作用性质分为杀菌剂和抑菌剂。常见的防腐剂为：苯甲酸及其钠盐，山梨酸及其钾盐等，可起到抑制微生物细胞呼吸酶系统的活性作用，酸性环境中对多种微生物有抑制作用，但对产酸菌作用较弱。使用于酱油、醋、果汁、果酒、汽水等多种食品中，其最大使用量依不同食品而异，最大不超过 1g/kg。浓缩果汁不得超过 2g/kg。

（2）抗氧化剂：抗氧化剂是指能防止或延缓油脂或食品成分氧化分解、变质，提高食品稳定性的物质。按其溶解性可分为：水溶性抗氧化剂和脂溶性抗氧化剂；按其来源可分为：天然抗氧化剂和合成抗氧化剂。我国允许使用的抗氧化剂有：丁基羟基茴香醚（BHA）、二丁基羟基甲苯（BHT）、没食子酸丙酯（PG）、特丁基对苯二酚（TBHQ）、异抗坏血酸钠和茶多酚等。需要引起注意的是抗氧化剂只能阻碍、延缓食品的氧化，而不能使已经氧化了的油脂复原，因此，酚类抗氧化剂必须尽早加入到油脂中去。

（3）发色剂：发色剂又称护色剂，是指能与肉及肉制品中呈色物质作用，使之在食品加工、保藏等过程中不致分解、破坏，呈现良好色泽的物质。我国允许使用的护色剂有：硝酸钾、亚硝酸钾、硝酸钠、亚硝酸钠葡萄糖酸亚铁、D-异抗坏血酸及其钠盐 7 种。

常用的发色剂是硝酸盐和亚硝酸盐。具体发色过程如下：肉类腌制时加入亚硝酸盐或硝酸盐，硝酸盐在亚硝基化菌的作用下还原成亚硝酸盐，并在肌肉中乳酸的作用下生成亚硝酸，进一步转变为一氧化氮（NO），亚硝酸很不稳定，可分解产生亚硝基，并与肌红蛋白反应生成亮红色的亚硝基肌红蛋白。NO 还能直接与高铁肌红蛋白反应，使之还原成亚硝基肌红蛋白，经加热或烟熏，在盐的作用下转变为一氧化氮亚铁血色原，该物质稳定，并呈粉红色。

（亚）硝酸盐除对肉制品有护色作用外，还对微生物的繁殖有一定的抑制作用，特别是对肉毒杆菌有特殊抑制作用。硝酸钠用于肉类制品，最大用量为 0.5g/kg；硝酸钠用于肉类罐头和肉类制品，最大用量为 0.15g/kg。并且规定残留量以亚硝酸钠计，肉类罐头不得超过 0.05g/kg，肉类制品不得超过 0.03g/kg。

（4）甜味剂：甜味剂是赋予食品以甜味的物质。按其化学结构和性质可分为糖类和非糖类。按来源可分为天然甜味剂和人工合成甜味剂。天然甜味剂：糖及其衍生物，如糖醇、葡萄糖、果糖、蔗糖、麦芽糖、乳糖、山梨醇、麦芽糖醇、木糖醇；非糖天然甜味剂，如甘草甙、甜叶菊甙。合成甜味剂：不少合成甜味剂对哺乳动物有致癌、致畸作用，我国目前准许使用糖精钠、甜蜜素（环己基氨基磺酸钠）和阿斯巴甜（天门冬酰苯丙氨酸甲酯）。甜味剂的使用有一定的标准，冷饮、配制酒、糕点、酱菜、蜜饯、果脯等糖精用量不超过 150mg/kg，主食（如馒头）、婴儿食品不允许使用。

（5）着色剂：着色剂是赋予食品色泽和改善食品色泽的物质。这类物质本身具有色泽，故又称为色素。按其来源和性质可分为天然色素和食用合成色素，前者一般较为安全，后者有些可相对具有一定毒性，但由于后者价格低廉、色泽鲜艳，着色力强，色调多样，故仍被广泛使用。

1）天然色素：辣椒红、玉米黄、姜黄、β-胡萝卜素、焦糖色、红曲米等。

2）人工合成色素：一般较天然色素色彩鲜艳，性质稳定，着色力强，并且可任意调色，成本也较低。但合成色素本身无营养价值，在生产过程中易被铅、砷等重金属污染，对人体产生毒性，甚至致癌（奶油黄）。主要有苋菜红、胭脂红、赤鲜红、诱惑红、新红、柠檬黄、日落黄、靛蓝、亮蓝及其铝色淀。

我国规定食用范围为果汁、果味粉、果子露、汽水、配制酒、糖果、糕点上彩装、红绿丝、罐头、浓缩果汁和青梅。

三、食品的物理性危害

物理性污染物来源复杂，种类繁多。根据污染物的性质将物理性污染物分为两类，放射性污染物和杂物。食品的物理性污染同食品的生物性污染和化学性污染一样，已经成为威胁人类健康的重要食品安全问题之一。

（一）食品的放射性污染及其预防

1. 概述

食品中的放射性物质有来自地壳中的放射性物质，称为天然本底；也有来自核武器试验或和平利用放射能所产生的放射性物质，即人为的放射性污染。由于生物体和其所处的外环境之间固有的物质交换过程，在绝大多数动植物性食品中都不同程度地含有天然放射性物质，亦即食品的放射性本底。天然放射性本底是指自然界本身固有的，未受人类活动影响的电离辐射水平。它主要来源于宇宙线和环境中的放射性核素。食品中以天然放射性污染为主。

2. 危害

食品中放射性核素对人体的生物学效应主要是低剂量长期内照射引起的随机性生物学效应，主要表现为对免疫系统、生殖系统的损伤和致畸、致癌、致突变。

3. 防护

《食品中放射性物质限制浓度标准》GB 14882—1994 中规定了主要食品中 12 种放射性物质的限制浓度，本标准适用于各种粮食、薯类、蔬菜及水果、肉鱼虾类和奶类食品。

（二）食品的杂物污染及其预防

1. 食品的杂物污染

按照杂物污染食品的来源将污染食品的杂物分为来自食品产、储、运、销的污染物和食品的掺杂掺假污染物。

2. 食品杂物污染的预防

（1）加强监督管理，执行良好生产规范（GMP）。

（2）改进加工工艺和检验方法，如筛选、磁选和风选去石，清除有毒的杂草籽及泥沙石灰等异物，定期清洗专用池、槽，防尘、防蝇、防鼠、防虫，尽量采用小包装。

（3）制定食品卫生标准，如标准《小麦粉》GB 1355—2005 中规定小麦粉中含沙量小于 0.025％，磁性金属物小于 0.003g/kg。

（4）严格执行《食品安全法》，加强食品"从农田到餐桌"的质量监督管理，严厉打击食品掺杂掺假行为。

第二章　食品安全法律法规

第一节　食品安全法律体系

食品安全法律法规是食品生产经营者必须遵守的行为准则，也是监督管理部门监管的依据，完善的食品安全法律体系是提高食品安全水平，促进食品产业持续发展，维护广大消费者健康权益的根本保障。熟悉掌握食品安全法律法规知识，依法生产经营是对食品生产经营者和食品从业人员的基本要求。我国的食品安全法律体系主要由食品安全法律、食品安全行政法规、食品安全地方性行政法规、食品安全规章、食品安全规范性文件等组成。

一、食品安全法律

《中华人民共和国食品安全法》（以下简称《食品安全法》）是我国食品安全的基本法律，是制定食品安全法规、规章和规范性文件的主要依据。我国食品安全工作步入法制化管理轨道时间较早，1964 年国务院即转发了卫生部、商业部等五部委《食品卫生管理试行条例》，1979 年国务院正式颁发《中华人民共和国食品卫生条例》，1982 年五届全国人大常委会第 25 次会议审议通过《中华人民共和国食品卫生法（试行）》，1995 年八届全国人大常委会第 16 次会议审议通过《食品卫生法》，2009 年十一届全国人大常委会第 7 次会议审议通过《食品安全法》，2015 年，十二届全国人大常委会第 14 次会议修订了《食品安全法》。食品安全法制化管理沿革，充分说明我国食品安全法律在不断总结完善、创新发展。修订后的《食品安全法》共 10 章 154 条，自 2015 年 10 月 1 日起施行。

除《食品安全法》外，还有其他一些法律也涉及食品安全工作，如《农产品质量安全法》《产品质量法》《消费者权益保护法》《刑法》《进出口商品检验法》《进出境动植物检疫法》《国境卫生检疫法》《动物检疫法》《传染病防治法》等。

二、食品安全行政法规

（一）国务院行政法规

主要有《中华人民共和国食品安全法实施条例》（以下简称《食品安全法实施条例》）和《国务院关于加强食品等产品安全监督管理的特别规定》。《食品安全法》修订后，与之配套的《食品安全法实施条例》即将出台，目前正在征求意见阶段。《国务院关于加强食品等产品安全监督管理的特别规定》主要针对食品等产品安全存在的突出问题，仍现行有效，需要注意的是，对同一事项，特别规定与修订后的《食品安全法》规定不一致的，适用《食品安全法》。

其他与食品安全工作有关的行政法规还有《进出口商品检验法实施条例》《进出境动植物检疫法实施条例》《兽药管理条例》《农药管理条例》《标准化法实施条例》《无照经营

查处取缔办法》《饲料和饲料添加剂管理条例》《农业转基因生物安全管理条例》等。

（二）地方性行政法规

地方性法规由省、自治区、直辖市以及省级人民政府所在地的市和国务院批准的较大的市的人民代表大会及其常务委员会，根据宪法、法律和行政法规，结合本地区的实际情况而制定。为加强对食品生产加工小作坊、小餐饮和食品摊贩管理，《食品安全法》第36条授权各省、自治区、直辖市制定食品生产加工小作坊和食品摊贩等的具体管理地方性法规。目前，各省（市、区）相继制定了相应地方性法规，2016年湖南省第十二届人民代表大会常务委员会第26次会议通过了《湖南省食品生产加工小作坊小餐饮和食品摊贩管理条例》，对湖南省行政区域内食品生产加工小作坊、小餐饮和食品摊贩的生产经营及其监督管理作了明确具体规定。

三、食品安全规章

主要有部门规章和地方政府规章。部门规章是指国务院各部门根据法律和国务院行政法规、决定、命令，在本部门的职权范围内依照《规章制定程序条例》制定的规章。近年来，国家食品药品监督管理总局先后制定了《食品生产许可管理办法》《食品经营许可管理办法》《食品生产经营日常监督检查管理办法》《食品生产经营风险分级管理办法（试行）》《食品召回管理办法》《食品安全抽样检验管理办法》《网络食品安全违法行为查处办法》《食用农产品市场销售质量安全监督管理办法》《保健食品注册与备案管理办法》《婴幼儿配方乳粉产品配方注册管理办法》《食品药品投诉举报管理办法》等。地方政府规章是指省、自治区、直辖市和较大的市的人民政府根据法律、行政法规和本省、自治区、直辖市的地方性法规，依照《规章制定程序条例》制定的规章，如我国部分省、直辖市人民政府颁布了食品安全管理办法。

四、食品安全规范性文件

由各级人民政府和县级以上人民政府工作部门、直属机构制定的，涉及行政相对人的权利义务，有明确的法律责任，在一定时期内适用，在本行政管辖区域内具有普遍约束力的行政文件。如《国务院办公厅关于严厉打击食品非法添加行为切实加强食品添加剂监管的通知》《国务院食安办等五部门关于进一步加强农村食品安全治理工作的意见》《国务院食安办等六部门关于进一步加强学校校园及周边食品安全工作的意见》《食品药品监管总局关于餐饮服务场所的公共场所卫生许可证和食品经营许可证整合后调整食品经营许可条件有关事项的通知》《食品药品监管总局关于食用农产品市场销售质量安全监督管理有关问题的通知》等。

第二节　新《食品安全法》的解读

一、概述

（一）"食品安全"的概念

"食品安全"是1974年由联合国粮农组织提出的概念，从广义上讲主要包括三个方面的内容：一是从数量的角度，要求国家能够提供给公众足够的食物，满足社会稳定的基本需要；二是从卫生安全角度，要求食品对人体健康不造成任何危害，并获取充足的营养；三是从发展的角度，要求食品的获得要注重生态环境的良好保护和资源利用的可持续性。食品安全法要讲的"食品安全"，则是一个狭义的概念，是指食品无毒、无害，符合应当有的营养要求，对人体健康不造成任何急性、亚急性或者慢性危害。

（二）食品中的安全问题

我们所说的食品安全问题是对食品按其原定用途进行制作及食用时不会使消费者受害的一种担保（WHO&CAC）。

食品安全问题就是食品中有毒有害物质对人体健康造成损害，并由此产生的公共安全问题。

食品中有毒有害物质包括：

（1）固有有毒物质：如河豚、四季豆、生豆浆以及毒蘑菇等处置不当或误食而致中毒。

（2）外来污染物：

一是生物污染：微生物、寄生虫和昆虫等对食品的污染；二是化学污染：铅、镉、砷、汞等重金属和农药、兽药在食物中的残留，以及滥用食品添加剂和非法添加物造成的污染；三是物理性污染：如食品产储运销过程和掺假使假以及放射性污染等。

（三）各国面临的食品安全问题

发达国家：新技术、新工艺、新材料在农业和食品工业中应用而产生的食品污染，其中生物污染占较大比重。

经济快速成长的发展中国家：面临着化学污染和发达国家存在问题的双重挑战。

欠发达国家：主要矛盾是增加食品供给的压力，食品安全大多还没有提上议事日程。

（四）国外食品安全的政府管理模式（见表2-1）

表 2-1

分类	特点	典型国家
单一部门管理	政府设置独立的食品安全管理机构，全权负责食品安全事务	德国，加拿大
多部门管理	将食品安全管理职能分设在几个政府部门，其中又可分为分类管理和分段管理两种形式	美国，日本，法国

（五）国外食品安全管理的基本特点

（1）以风险评估为基础的科学管理；（2）实施从农田到餐桌的全程控制；（3）农业标准化作为食品安全的基础；（4）建立以预防为主的管理机制。

（六）我国在执法检查中发现的食品安全问题

2016年，全国人大常委会开展食品安全法执法检查，提出食品安全主要问题有：

（1）食品安全形势依然严峻，一些地方政府的领导对食品安全重视程度不够、责任落实不够；

（2）食品生产经营者主体责任意识较弱，经营者的诚信意识、法治意识特别是主体责任意识不强，相关教育引导和管理约束工作较为滞后；

（3）监管体制机制需要进一步研究，"多合一"的市场监管局有利于精简机构，但也在有些地方弱化了食品安全监管职能；

（4）种植养殖环节存在风险隐患，农药、兽药、化肥的不合理使用，以及水土污染等因素，给农产品质量安全造成的风险隐患不容忽视；

（5）食品安全标准修订需要进一步加强，个别重要指标缺失，标准的科学性与合理性有待提高，部分标准标龄较长，水平偏低；

（6）基层监管执法能力薄弱，硬件差、软件弱，个别地方存在基层监管工作流于形式等"懒政"现象；

（7）食品检验检测能力不足；

（8）部分法律适用问题亟须进一步明确；

（9）部门之间配合有待统筹协调。

（七）我国食品安全存在的突出问题

1. 问题

（1）药物残留和重金属等有毒有害物质含量超标；

（2）食品中微生物污染和生物毒素含量超标；

（3）食品生产加工过程中的掺杂使假。

2. 原因

（1）产地环境污染。

（2）不当使用农业投入品：

1）大于70%的河流、湖泊被污染；2）1/6的耕地受重金属污染；3）65%的耕地为污水灌溉。

（3）违规使用食品添加剂和非法添加物。

（4）农兽药生产经营管理不到位。

二、新食品安全法"新"在哪里

（一）突出四大理念

新法共十章，2015年10月1日起正式施行。最直观的变化是：原法104条，增加50条，修订后154条。

突出四大理念：全程控制、风险管理、预防为主、社会共治。

（1）全程控制：对食品生产、销售、餐饮服务和食用农产品等各环节实施最严格的全过程管理，强化生产经营者主体责任，完善追溯制度。

（2）依法严管：建立最严格的监管处罚制度。对违法行为加大处罚力度，构成犯罪的，依法严肃追究刑事责任。同时还加重对地方政府负责人和监管人员的问责。

（3）预防风险：健全风险监测、评估和食品安全标准等制度，增设责任约谈、风险分级管理等要求。

（4）社会共治：建立有奖举报和责任保险制度，发挥消费者、行业协会、媒体等监督作用，形成社会共治格局。

（二）突显六大亮点

亮点一：强化食品生产经营主体四大义务

1. 食品生产经营者对其生产经营食品的安全负责

新法规定食品生产经营企业的主要负责人应当落实企业食品安全管理制度，应当配备专职或者兼职的食品安全管理人员。

食品生产企业应从原料投料、生产工艺、贮存包装、出厂检验、运输交付等环节实施控制要求。

对应法律条文（《食品安全法》第4、第44、第46条，本节以下皆对应《食品安全法》相关条款）

2. 企业追溯有义务　食品追溯有制度

新法强化了食品生产经营企业的追溯义务，完善了追溯制度。

对应法律条文（第42条）

3. 食品生产经营要自查

新法明确了食品生产经营者应当建立食品安全自查制度，履行自查义务。

对应法律条文（第47条）

4. 网络交易出问题　第三方平台先负责

现在我国居民日常消费已离不开网购，网购所产生的交易纠纷时有发生。新法将网购食品纳入监管范围，强化了网络食品交易第三方平台提供者对商家的审查义务，规定了在网络购买食品的消费者权益受到损害时，如果网络食品交易第三方平台提供者不能提供入网食品经营者的真实信息和有效联系方式，则由网络食品交易第三方平台提供者赔偿。

对应法律条文（第62、第131条）

亮点二：全方位改善监管保安全

1. 完善机构，执法严管

完善统一权威的食品安全监管机构，对食品生产、销售、餐饮服务的监管由原来的质监、工商、食药分段监管变成食药监管部门统一监管。

卫生行政部门负责组织开展食品安全的风险监测和风险评估，以及会同食药监管部门制定食品安全国家标准。同时责任更明确，加重对地方政府负责人和监管人员的问责。

对应法律条文（第5、第7条）

2. 食用农产品销售纳入监管

国家加强了对农药的使用严格管理，加快淘汰剧毒、高毒、高残留农药，鼓励使用高效低毒低残留农药。禁止将剧毒、高毒农药用于蔬菜、瓜果、茶叶和中草药材等国家规定的农作物。

对应法律条文（第11、第49条）

3. 加强食品贮存运输的监管

新法增加规定，非食品生产经营者从事：食品贮存、运输和装卸的，其贮存运输和装卸食品的容器、工具和设备应当安全、无害，保持清洁，防止食品污染，并符合保证食品安全所需的温度等特殊要求，不得将食品与有毒、有害物品一同运输。

对应法律条文（第33条）

4. 增加餐饮服务全过程监管

新法增加了对餐饮服务监管的措施和标准，从原料安全、设施安全、餐具饮具安全做了规定，并对学校、托幼机构、养老机构、建筑工地等集中用餐单位做了要求。

集中用餐单位、食堂：严格遵守法律、法规和食品安全标准。

供餐单位订餐：从取得食品生产经营许可证的企业订购，并按照要求对订购的食品进行查验。

对应法律条文（第 55～第 58 条）

5. 加强食品添加剂和食品相关产品的监管

让老百姓揪心的是，我国的食品添加剂乱用、滥用现象十分突出。新法加强了对食品添加剂以及直接接触食品的包装材料等具有较高风险的食品相关产品的生产和使用的监管，实行生产许可制度。禁止质量不合格或超过保质期的添加剂流入市场，禁止在食品中添加过量的食品添加剂。

对应法律条文（第 39、第 41 条）

6. 转基因食品：明确标示"转基因"，明明白白来消费

当前我国转基因食品标示仍然存在一些问题：商品"转基因"标识小，很难注意到；商家乱标识，以"非转基因"作为炒作噱头。

新法增加规定：

生产经营转基因食品应当按照规定显著标示。

同时规定，未按规定进行标示的：

（1）没收违法所得和用于违法生产经营的工具、设备、原料等；

（2）最高可处货值金额五倍以上十倍以下罚款；

（3）情节严重的责令停产停业，直至吊销许可证。

对应法律条文（第 69、第 125 条）

亮点三：六大追责，确保"重典治乱"（后面重点阐述）

亮点四：监管部门四大创新"武器"

1. 实行食品安全风险分级管理，跟踪食品安全标准执行情况

新法健全了食品安全风险监测、评估和食品安全标准等制度。

针对承担食品安全风险监测工作的机构、人员，要求保证监测数据真实、准确。

针对政府部门，对可能存在的食品安全隐患绝不姑息。

卫生行政部门负责组织食品安全风险评估工作，成立医学、农业、食品、营养、生物、环境等方面的食品安全风险评估专家委员会。

根据食品安全风险监测、风险评估结果和食品安全状况等，确定监督管理的重点、方式和频次。

新法要求监管部门分别对食品安全国家标准和地方标准的执行情况进行跟踪评价，并根据评价结果及时组织修订食品安全标准。

对应法律条文（第 15～第 18、第 32、第 109 条）

2. 增设临时限量值和临时检验方法制度

对食品安全标准未作相应规定，但确实能证明其存在安全隐患的食品，采用此方法来监管。

对应法律条文（第 111 条）

3. 增设生产经营者自查制度

食品生产经营企业应定期自查食品安全状况，发现有发生食品安全事故潜在风险的，立即停止生产经营并向监管部门报告。

对应法律条文（第 47 条）

4. 增设责任约谈制度

新法规定食品生产经营者未及时采取措施消除安全隐患的，监管部门可对其负责人进行责任约谈；监管部门未及时发现系统性风险、未及时消除监管区域内的食品安全隐患的，本级政府可对其主要负责人进行责任约谈；地方政府未履行食品安全职责，未及时消除区域性重大食品安全隐患的，上级政府可以对其主要负责人进行责任约谈。

本级人民政府约谈失职的县级以上人民政府食品药品监督管理部门；上级人民政府约谈失职的地方人民政府：（1）立即采取措施，对食品安全监督管理工作进行整改；（2）责任约谈情况和整改情况应当纳入地方人民政府和有关部门食品安全监督管理工作评议、考核记录。

县级以上人民政府食品药品监督管理部门约谈未及时消除安全隐患的生产经营者：（1）进行整改，消除隐患；（2）建立食品生产经营者食品安全信用档案。

对应法律条文（第 114、第 117 条）

亮点五：食品安全实现社会共治

1. 监管机构要当好信息发布员

新法规范了食品安全信息发布，强调监管部门应当准确、及时、客观地公布食品安全信息，鼓励广大消费者和新闻媒体对食品安全违法行为进行舆论监督。

对应法律条文（第 31、第 118 条）

2. 食品行业协会要当好引路人

食品行业协会要依照章程建立健全行业规范和奖惩机制，提供食品安全信息、技术等服务，引导和督促食品生产经营者依法生产经营。

对应法律条文（第 9 条）

3. 消费者组织要当好监督者

消费者组织要鼓励、动员全社会对食品安全进行全方位的社会监督，对违反食品安全法规定的行为要通过大众传播媒介予以揭露、批评。引导大众了解食品安全监督责任的重要性，为保护消费者合法权益共同承担责任。

对应法律条文（第 9 条）

4. 举报者有奖受保护

对查证属实的举报应当给予举报人奖励，对举报人的相关信息，政府和监管部门要予以保密。同时，参照国外的"吹哨人"制度和公益告发制度，明确规定企业不得通过解除或者变更劳动合同等方式对举报人进行打击报复，对行业内部举报人给予特别保护。

对应法律条文（第 115 条）

5. 新闻媒体要当好公益宣传员

新闻媒体应当开展食品安全法律、法规及食品安全标准和知识的公益宣传，并对食品安全违法行为实行舆论监督。同时，规定对在食品安全工作中做出突出贡献的单位和个人给予表彰、奖励。

对应法律条文（第 13、第 120 条）

亮点六：特殊食品特殊对待

1. 特殊食品实行注册与备案相结合

新法将保健食品、特殊医学用途配方食品、婴幼儿配方食品、其他专供特定人群的主辅食品都归为特殊食品，需要特殊对待，严格监管，从原料、配方、生产工艺等方面严格把关，并实行备案和注册分类搭配管理。

新法明确了保健食品原料目录的管理制度，对使用符合保健食品原料目录规定原料的产品实行备案管理。

新法规定特殊食品的注册或备案需要提供相关的资料或证明文件。

对应法律条文（第77、第80、第82条）

2. 保健食品：标签及说明书应真实

新法规定：保健食品的标签、说明书不得涉及疾病预防、治疗功能，内容应当真实，与注册或备案的内容一致，载明适宜人群、不适宜人群、功效成分或标志性成分及其含量等，并声明"本品不能代替药物"。

对应法律条文（第75、第78、第79条）

3. 婴幼儿配方食品：从原料到成品全过程质量控制

婴幼儿食品问题一直是食品安全领域的焦点。婴幼儿配方乳粉的产品配方应当经国务院食品药品监督管理部门注册。注册时需提交配方研发报告和其他表明配方科学性、安全性的材料。

新法明确，婴幼儿配方食品生产企业应当实施从原料进厂到成品出厂的全过程质量控制，对出厂的婴幼儿配方食品实施逐批检验，保证食品安全。

新法还明确了不得以分装方式生产婴幼儿配方乳粉以及违反规定所要承担的法律责任。主要考虑采用分装方式生产婴幼儿配方乳粉存在着很大的安全隐患，比如容易引起二次污染，容易让一些不法分子在二次分装过程中将原料调包、掺劣掺假、以次充好。

对应法律条文（第81条）

三、新《食品安全法》"严"在哪里

新法赋予监督管理部门很多"新武器"。对于监督管理部门来说，必须行使好法律赋予的职权，履行好保证公众食品安全的神圣职责。监督管理者的责任、职能和自身遵守的规范需要心中有数。一只眼看监管对象，另一只眼检查自身。

（一）"严"在监管内容上

1. 强化监督执法

2. 及时有效处理食品安全事故

3. 建立完善食品安全信用档案

4. 认真受理咨询、举报

5. 信息发布及时、正确宣传引导

（二）"严"在监管法律责任上

1. 监管部门是食品安全的把关人。一方面，要严格把关从业人员的资质和能力；同时还应当加强对执法人员食品安全法律、法规、标准和专业知识与执法能力等的培训，并组织考核。不具备相应知识和能力的，不得从事食品安全执法工作。

2. 食品安全执法人员需要接受社会各界的监督。

3. 监管等部门未及时发现（消除）食品安全系统性等风险，对其主要负责人进行责任约谈。

4. 监管部门和人员违反规定承担相应法律责任。

5. 预防、发现、解决、通报食品安全问题和食品安全事故，是监督管理者的职责和使命。假如监督管理者没能完成法律赋予的责任和义务，相关责任人将面临如下相应处罚：

（1）未确定和落实有关部门的食品安全监督管理职责；未建立食品安全全程监督管理工作机制和信息共享机制；未制定本行政区域的食品安全事故应急预案，或者发生食品安全事故后未按规定立即成立食品安全事故处置指挥机构、启动应急预案。

（2）对不符合条件的申请人准予许可，或者超越法定职权准予许可；隐瞒、谎报、缓报食品安全事故；或未履行食品安全监督管理职责，导致发生食品安全事故；对食品安全事故和经过食品安全风险评估认为不安全的问题食品未及时处置，造成不良影响或者损失；行政区域内发生特别重大食品安全事故，或者连续发生重大食品安全事故。

（3）获知有关食品安全信息后，未按规定向上级主管部门和本级人民政府报告，或者未按规定互相通报；或未按规定公布食品安全信息；不履行法定职责，对查处食品安全违法行为不配合，或者滥用职权、玩忽职守、徇私舞弊。

对以上（1）（2）（3）违反《食品安全法》规定，其直接负责的主管人员和其他直接责任人员将被给予警告、记过或者记大过处分；情节较重的，给予降级或者撤职处分；情节严重的，给予开除处分等。

另外，监督部门在履行食品安全监督管理职责过程中，违法实施检查、强制等执法措施，给生产经营者造成损失的，应当依法予以赔偿，直接负责的主管人员和其他直接责任人员也将依法被给予处分。

（三）"严"在重典治乱上

1. 对重复的违法行为增设了处罚的规定

针对多次、重复被罚而不改正的问题，要求食品药品监管部门对在一年内累计三次因违法受到罚款、警告等行政处罚的食品生产经营者给予责令停产停业直至吊销许可证的处罚。

对应法律条文（第 134 条）

2. 大幅度提高行政罚款的额度

对在食品中添加药品，生产经营营养成分不符合国家标准的婴幼儿配方乳粉等违法行为，新法规定，较原来处罚货值金额 10 倍的罚款，提高到 30 倍。而在食品中添加有毒有害物质等性质恶劣的违法行为，情节严重的，规定直接吊销许可证。

对应法律条文（第 123、第 124 条）

3. 强化了食品安全刑事责任的追究

对违法添加非食用物质、经营病死畜禽、违法使用剧毒、高毒农药等屡禁不止的严重违法行为，增加了行政拘留的处罚，如果涉嫌犯罪，直接由公安部门进行侦查，追究刑事责任。

对应法律条文（第 123 条）

4. 对非法提供场所的行为增设了法律责任

新法对明知从事无证生产经营或者从事非法添加非食用物质等违法行为，仍然为其提供生产经营场所的行为，增加了处罚规定。

对应法律条文（第 122、第 123 条）

5. 强化了民事法律责任的追究

新法增设了消费者赔偿首付责任制。要求：消费者提出赔偿请求，可要求十倍价款或三倍损失的罚款性赔偿金。接到消费者赔偿请求的生产经营者应当先赔付，不得推诿。

新法强化了编造散布虚拟食品安全信息的民事责任。

个人团体编造、散布虚假食品安全信息，构成违反治安管理行为的，由公安机关依法给予处罚。

媒体编造、散布虚假食品安全信息，由有关主管部门依法给予处罚；使公民、法人或其他组织的合法权益受到损害的，依法承担消除影响、恢复名誉、赔偿损失、赔礼道歉等民事责任。

对应法律条文（第 141、第 148 条）

6. 加重了监管者和执法者的责任

对应法律条文（第 137～第 139 条）

第三节　食品安全标准

食品安全标准是为保证食品安全，防止疾病发生，对食物中安全、营养等与健康相关指标的科学规定。制定食品安全标准，要以保障公众健康为宗旨，并做到科学合理，安全可靠。从 20 世纪 50 年代，我国即开始了食品标准的建设，特别是最近几年，通过对食品安全标准的清理、整合、修订和完善，已基本形成了比较齐全的食品安全标准体系，为发展我国食品工业，提高食品质量安全水平，促进贸易，维护国家和消费者利益，规范市场秩序发挥着越来越重要的作用。

一、食品安全标准的分类

可按不同的方法进行分类。

（一）按标准适用范围分类

1. 国家食品安全标准。即需要在全国范围内统一的食品安全技术要求所制定的标准。食品安全国家标准由国务院卫生行政部门会同国务院食品药品监督管理部门制定、公布，国务院标准化行政部门提供国家标准编号。

2. 地方食品安全标准。即对没有国家食品安全标准，而又需要在省、自治区、直辖市范围内统一的食品安全技术要求制定的标准。在国家标准颁布实施后，相应地方标准即行废止。

3. 企业食品安全标准。即对没有国家标准或地方标准的产品，生产企业应制定企业标准，作为组织生产的依据。已有国家标准或地方标准的，国家鼓励企业制定严于国家或地方标准的企业标准。企业标准必须报省、自治区、直辖市人民政府卫生行政部门备案。

（二）按标准的实施性质分类

1. 强制性标准。即具有法律属性，通过法律、行政法规等强制性手段加以实施的标准。根据《食品安全法》规定，食品安全标准是强制性标准。

2. 推荐性标准。又称自愿标准，除了强制性标准以外的标准是推荐性标准，推荐性标准是非强制性的，食品生产经营者除必须执行强制性食品安全标准外，还可根据实际同时自愿采用推荐性标准。

（三）按标准内容分类

1. 通用（基础）标准。为具有广泛适用性的标准，可以直接应用，也可以作为各类产品标准中相关指标设置的基础和依据。主要包括食品中影响人体健康的污染物、农药残留限量标准，食品添加剂、营养强化剂使用标准。现行的基础标准主要有：食品中真菌毒素限量（GB 2761）、食品中污染物限量（GB 2762）、食品中农药最大残留限量（GB 2763）、食品中致病菌限量（GB 29921）、食品添加剂使用标准（GB 2760）、食品营养强化剂使用标准（GB 14880）等。

2. 产品标准。是对不同特性的食品、食品相关产品以及其中的主要危害因素制定的一类食品安全标准。包括乳与乳制品、谷豆类及其制品、蔬菜水果及其制品、禽畜肉及其制品、饮料及冷冻饮品、水生动植物及其制品、食用油脂、保健食品、罐头、酒类、辐照食品、食品容器及包装材料等产品的安全标准。

3. 生产卫生规范/良好生产规范。是对食品生产加工、经营过程和与加工有关的环境、场所、布局、人员、生产经营过程等制定的一类技术标准。包括食品生产通用卫生规范和各类食品生产经营卫生规范/良好生产规范，如畜禽屠宰加工卫生规范、谷物加工卫生规范、水产制品生产卫生规范、蜜饯生产卫生规范、食醋生产卫生规范、糕点面包卫生规范、航空食品卫生规范、蒸馏酒及配制酒生产卫生规范、糖果巧克力生产卫生规范、膨化食品生产卫生规范、饮料生产卫生规范、食品辐照加工卫生规范、罐头食品生产卫生规范、蛋与蛋制品生产卫生规范、食用植物油及其制品生产卫生规范、粉状婴幼儿配方食品良好生产规范、特殊医学用途配方食品良好生产规范、原粮储运卫生规范、肉和肉制品经营卫生规范、食品经营过程卫生规范、食品接触材料及制品生产通用卫生规范等。

4. 检验方法标准。这类标准涉及食物成分、食品卫生理化指标、食品微生物指标、食品添加剂等检测方法以及食品毒理学安全评价程序和方法等。

5. 食物中毒诊断标准。以食品中的各种有害因素引起的食物中毒的诊断标准及技术处理原则作出规定的标准。如沙门氏菌食物中毒诊断标准及处理原则、葡萄球菌食物中毒诊断标准及处理原则、副溶血性弧菌食物中毒诊断标准及处理原则、蜡样芽孢杆菌食物中毒诊断标准及处理原则、肉毒梭菌食物中毒诊断标准及处理原则、食源性急性有机磷农药中毒诊断标准及处理原则、食源性急性亚硝酸盐中毒诊断标准及处理原则等。

（四）按标准作用分类

1. 限值标准。是对食品中各类危害因素的允许量水平做出规定的标准。一般而言，食品安全基础标准和各类产品安全标准均属于限值标准。

2. 行为标准。是对影响各种危害因素在食品中含量水平相关的各种因素及行为进行规范与管理的标准。包括食品生产卫生规范/良好生产规范。

3. 评价标准。是对食品中某种危害因素的含量水平及是否对人体健康产生危险的判定依据。包括各种检验方法标准及食物中毒诊断标准等。

二、我国食品安全标准的基本构成

到目前，我国已清理整合近 5000 项食品标准，解决长期以来食品标准之间交叉、重复、矛盾等问题。制定公布了 900 多项新的食品安全国家标准，涵盖 1 万余项参数指标，包括通用标准（基础标准）、产品标准、生产经营规范、检验方法标准，基本覆盖所有食品类别和主要危害因素。

三、食品安全标准的制定

（一）食品安全标准的主要内容

食品安全标准应当包括下列内容：（1）食品、食品添加剂、食品相关产品中的致病性微生物，农药残留、兽药残留、生物毒素、重金属等污染物质以及其他危害人体健康物质的限量规定；（2）食品添加剂的品种、使用范围、用量；（3）专供婴幼儿和其他特定人群的主辅食品的营养成分要求；（4）对与卫生、营养等食品安全要求有关的标签、标志、说明书的要求；（5）食品生产经营过程的卫生要求；（6）与食品安全有关的质量要求；（7）与食品安全有关的食品检验方法与规程；（8）其他需要制定为食品安全标准的内容。

（二）制定食品安全标准的原则

1. 保障人民健康。食品中的各种微生物性、化学性和物理性危害均可引起食源性疾病的发生。随着食品贸易的全球化、食品工业和旅游业的快速发展、人类生活方式和饮食结构的改变，食源性疾病已成为当今世界范围内的主要疾病之一。食源性疾病不仅危害健康，影响个人、家庭、社会、商业乃至整个国家的经济利益，而且影响消费者对政府的信任，威胁社会稳定和国家安全。长期以来，各国都将食品安全标准作为保证食品安全，预防和控制食源性疾病的基本手段。国际食品法典委员会强调制定和实施食品标准的宗旨首先是保护消费者健康。因此，保障健康原则是制定食品安全标准的首要原则。

2. 促进贸易发展。食品安全标准是对食品安全法的延续和补充，是依法进行食品安全监督管理的保证，是规范市场秩序的重要保障。食品安全标准为整个食品产业领域提供了基本准则，促进了食品产业的健康发展。世界贸易组织的《实施卫生和植物卫生措施协定》（《SPS 协定》）和《贸易技术壁垒协定》（《TBT 协定》）中均规定不得将食品标准作为食品国际贸易的技术壁垒，应当促进公平的世界贸易。

（三）制定食品安全标准的依据

食品安全标准是保证食品卫生安全的重要技术措施和依据。食品安全标准应当具备科学性、先进性、适用性、公正性和公开性等特点。制定食品安全标准必须依据以下几方面综合考虑。

1. 科学依据。在标准的制定过程中，必须尊重相关学科的科学知识和客观规律，保证标准具有坚实的科学基础。如制定食品中危害因素的限量标准应当以 CAC 推荐和遵循的"危险性评估"为基础；各种检验方法应当以坚实的实验数据和统计数据为基础，也可以参考和借鉴相关国际组织等的先进方法，经过验证后转化为我国的标准方法。

2. 法律法规协调配套。我国的食品安全法、标准化法、产品质量法、标准管理办法等法律法规中的相关规定是制定食品安全标准的基本法律法规依据，对食品安全有进一步规定的法规、规章等在制定食品安全标准过程中也应当予以考虑。此外，国内同类食品的其他相关标准也是制定食品安全标准过程中需要参考的因素之一。作为 WTO 的成员，在制定食品安全标准的过程中，除依据国内法律法规标准外，还必须遵循 WTO 有关协议和规定。

3. 符合国情。制定食品安全标准的根本目的是保护本国人民的健康。因此，在制定食品安全标准的过程中必须结合我国食品安全现状和膳食特点开展危险性评估，同时考虑我国现阶段经济发展情况。PSP 协定明确规定，如果 WTO 成员实行与 CAC 法典标准、导则或要求不一致的国家标准，则必须提供支持对本国人民实行特殊健康保护措施的本国健康危害和/或经济损失的实际资料。因此，食品安全标准也必须建立在本国国情的基础上，不可照搬国际标准或其他国家的标准。

4. 适应监督管理工作的需要。标准是以科学为基础的管理范畴的一部分，是将在科学研究过程中得出的结论综合其他各种因素，形成作为管理依据的技术性文件。因此，食品安全标准的制定还应当考虑实施食品安全监督管理过程的其他因素，如食品的生产、加工、储藏、运输、技术水平、经济承受力及国内外政策导向等，以保证食品安全标准的可操作性及其为食品安全监督管理服务的本质，发挥食品安全标准在食品安全管理、人民健康及经济发展中的作用，产生应有的社会和经济效益。

（四）行为标准的发展

近年来，行为标准越来越受重视，其内容不断丰富，如：为加强餐饮服务食品安全管理，规范餐饮服务经营行为，制定了《餐饮服务食品安全操作规范》；为强化食品生产经营过程控制和风险防控，明确原料、生产过程、运输和贮存、卫生管理等生产经营过程的安全控制要求，制（修）定了相应食品生产经营卫生规范。卫生规范和食品良好生产规范（GMP）是为保障食品安全、质量而制定的贯穿食品生产全过程的一系列措施、方法和技术要求，是用于食品生产的先进管理方法，它要求食品生产应具备良好的生产设备，合理的生产过程、完善的质量管理和严格的检测系统，以确保终产品的质量符合标准。实施卫生规范和良好生产的目标在于将人为的差错控制到最低的程度，防止对食品的污染，保证质量管理体系高效。我国早期制定食品卫生规范的指导思想与良好生产规范的原则类似，将保证食品卫生质量的重点放在成品出厂前的整个生产过程的各个环节上，而不仅仅着眼于终产品上，针对食品生产全过程提出相应技术要求和质量控制措施，以确保终产品质量合格，但内容不够详细，操作性不强。随着社会的发展，新制定和修订的卫生规范和良好生产规范理念更先进、管理更科学、要求更全面、内容更详细、操作性和适用性更强。

第三章　食品经营许可

国家对食品生产经营实行许可制度，从事食品生产、食品销售、餐饮服务，应当依法取得许可。

第一节　基本概况

2015 年，国家食品药品监管总局推动食品经营许可改革，将原来由工商部门负责的食品流通许可和由食品药品监管部门负责的餐饮服务许可整合为食品经营许可，实现"两证合一"，并制定了《食品经营许可管理办法》和《食品经营许可审查通则（试行）》，自 2015 年 10 月 1 日起施行。按照国家食品药品监管总局部署，湖南省食品药品监督管理局制定了《湖南省食品经营许可审查实施细则（试行）》（以下称《细则》）和《湖南省食品经营许可工作规范（试行）》（以下称《规范》），于 2016 年 1 月 1 日正式启用《食品经营许可证》，不再核发《食品流通许可证》和《餐饮服务许可证》，同时，根据湖南省实际，将原来由商务部门负责的酒类批发许可和酒类零售备案、食品药品监管部门负责的保健食品经营备案一并纳入食品经营许可，不再单独核发《酒类批发许可证》、《酒类零售备案证》和《保健食品经营备案证》，均依法办理《食品经营许可证》。2016 年 3 月，为贯彻国务院《关于整合调整餐饮服务场所的公共场所卫生许可证和食品经营许可证的决定》，将饭馆、咖啡馆、酒吧、茶座 4 类餐饮服务场所有关食品安全的许可内容整合进食品经营许可，卫生计生部门不再核发 4 类公共场所的卫生许可证。

一、许可范围

《湖南省食品经营许可工作规范（试行）》第二条规定：凡在我省行政区域内从事食品销售、餐饮服务活动，应当依法取得食品经营许可。但《规范》第九条规定了 5 种无须取得食品经营许可的情形：

(1) 取得《食品生产许可证》的食品生产者在其生产场所销售自产食品的；

(2) 只销售食用农产品的；

(3) 只提供食品仓储、运输的；

(4) 本身不从事食品经营的食品市场主办者、食品展销会主办者、网络食品交易第三方平台；

(5) 法律法规规定的其他情形。食品摊贩以及小食杂店、小餐饮等小型食品经营者的许可管理，省人大制定的地方法规另行规定的，从其规定。

2016 年 12 月 2 日，湖南省人大常委会第 26 次会议审议通过了《湖南省食品生产加工小作坊小餐饮和食品摊贩管理条例》，于 2017 年 1 月 1 日实施。根据《条例》规定，小餐饮由食品药品监管部门实施许可管理，食品摊贩由乡镇街道政府实施登记管理。2017 年 3

月，湖南省食品药品监督管理局制定了《湖南省小餐饮经营许可和食品摊贩登记管理办法（试行）》，对小餐饮的定义、许可条件、程序以及食品摊贩认定和登记作了规定。

小餐饮，是指有固定门店，从业人员较少、经营条件简单，经营面积 50m² 以下的餐饮服务经营者。经营面积，指与食品制作供应直接或间接相关场所的使用面积，包括食品处理区、非食品处理区和就餐场所面积等。

食品摊贩，是指在有形市场或者固定店铺以外的划定经营区域或者指定经营场所，从事预包装食品或者散装食品销售以及现场制售食品的经营者。

二、主体业态

按照《食品经营许可管理办法》第十条规定：食品经营主体业态分为食品销售经营者、餐饮服务经营者、单位食堂。食品经营者申请通过网络经营、建立中央厨房或者从事集体用餐配送的，应当在主体业态后以括号标注。其定义分别为：

1. 食品销售经营者：指主营预包装食品、散装食品、特殊食品销售的经营者。

2. 餐饮服务经营者：指提供即时制作加工、商业销售和服务性劳动等餐饮服务经营者。

3. 单位食堂：指设于机关、事业单位、社会团体、民办非企业单位、企业等，供应内部职工、学生等集中就餐的餐饮服务提供者。

4. 中央厨房：指由餐饮单位建立的，具有独立场所及设施设备，集中完成食品成品或者半成品加工制作并配送的食品经营者。

5. 集体用餐配送单位：指根据服务对象订购要求，集中加工、分送食品但不提供就餐场所的食品经营者。

三、经营项目

按照《食品经营许可管理办法》第十条规定：食品经营项目分为预包装食品销售（含冷藏冷冻食品、不含冷藏冷冻食品）、散装食品销售（含冷藏冷冻食品、不含冷藏冷冻食品）、特殊食品销售（保健食品、特殊医学用途配方食品、婴幼儿配方乳粉、其他婴幼儿配方食品）、其他类食品销售；热食类食品制售、冷食类食品制售、生食类食品制售、糕点类食品制售、自制饮品制售、其他类食品制售等。

1. 预包装食品，指预先定量包装或者制作在包装材料和容器中的食品，包括预先定量包装以及预先定量制作在包装材料和容器中并且在一定量限范围内具有统一的质量或体积标识的食品。

2. 散装食品，指无预先定量包装，需称重销售的食品，包括无包装和带非定量包装的食品。

3. 热食类食品，指食品原料经粗加工、切配并经过蒸、煮、烹、煎、炒、烤、炸等烹饪工艺制作，在一定热度状态下食用的即食食品，含火锅和烧烤等烹饪方式加工而成的食品等。

4. 冷食类食品，指一般无须再加热，在常温或者低温状态下即可食用的食品，含熟食卤味、生食瓜果蔬菜、腌菜等。

5. 生食类食品，一般特指生食水产品。

6. 糕点类食品，指以粮、糖、油、蛋、奶等为主要原料经焙烤等工艺现场加工而成的食品，含裱花蛋糕等。

7. 自制饮品，指经营者现场制作的各种饮料，含冰淇淋等。

列入其他类食品销售和其他类食品制售的具体品种应当逐级上报，经国家食品药品监督管理总局批准后执行，并明确标注。具有热、冷、生、固态、液态等多种情形，难以明确归类的食品，可以按照食品安全风险等级最高的情形进行归类。国家和省级食品药品监督管理部门可以根据监督管理工作需要对食品经营项目类别进行调整。

散装熟食和自酿酒因风险较高，申请散装熟食销售，需要在散装食品销售项目后以括号标注；提供自酿酒，需要在自制饮品项目后以括号标注。

第二节 许可条件

《食品安全法》第三十三条、《食品经营许可管理办法》第十一条对食品经营的条件作了原则性规定，同时，国家食品药品监管总局制定了《食品经营许可审查通则（试行）》，适用食品经营许可的审查，并要求各地制定实施细则。根据国家食品药品监管总局要求，湖南省制定了《湖南省食品经营许可审查实施细则（试行）》，从人员、制度、场所、设备设施等方面对湖南省食品经营许可条件审查进行了细化。

1. 申请食品经营许可，应当先行取得合法主体资格。主体资格证件包括营业执照、机关或事业单位法人登记证、社会团体登记证、民办非企业单位登记证等。

2. 食品经营单位法人（负责人或业主）有下列情形，不得申请食品经营许可证：

（1）在 5 年内被吊销许可证的食品生产经营者及其法定代表人、直接负责的主管人员和其他直接责任人员；

（2）因隐瞒真实情况或者提供虚假材料申请食品经营许可，被食品药品监管部门给予警告，不足 1 年的申请人；

（3）因以欺骗、贿赂等不正当手段取得食品经营许可，被食品药品监管部门撤销许可，不足 3 年的申请人。

3. 食品经营者应当配备专职或兼职食品安全管理人员。食品安全管理人员姓名、联系方式等信息应当在经营场所显著位置公示。

从事食品批发业务的经营者、经营面积（含贮存面积）1000m² 及以上的食品零售者、加工经营面积 500m² 及以上的餐饮服务经营者、学校食堂、托幼养老机构食堂、供餐人数 500 人及以上的单位食堂、餐饮连锁企业总部、集体用餐配送单位、中央厨房应设置食品安全管理机构并配备专职食品安全管理人员。从事保健食品销售的经营者应当配备专职食品安全管理人员，并具备高中（或相当于高中）及以上文化程度、经食品药品监督管理部门培训合格。餐饮服务食品安全管理人员应当具备 2 年以上餐饮服务食品安全工作经历，并持有省食品药品监督管理局认可的相关资质证明。

4. 食品经营者应当具有保证食品安全，并符合食品安全法律法规和监管制度要求的食品安全管理制度，鼓励食品经营者制定严于食品安全法律法规和监管制度要求的食品安全管理制度。

食品安全管理制度根据经营项目应当包含以下内容：从业人员健康管理和培训管理制

度，食品安全管理员制度，食品安全自查与报告制度，食品进货查验和查验记录制度，场所、设施及用具清洗消毒和维护保养制度，食品经营过程与控制制度，食品添加剂使用公示制度，留样制度，食品贮存管理制度，散装食品标签标注制度，不合格食品召回及处理制度，临近保质期食品管理制度，废弃物处置制度，食品安全突发事件应急处置方案，投诉处理制度等。从事食品批发业务的企业还应当包含食品批发销售记录制度。

5. 其他条件。食品药品监管部门按照食品经营主体业态分别制定了食品销售、餐饮服务、单位食堂、中央厨房、集体用餐配送五张现场核查表，根据经营项目风险高低，对食品经营者场所、设备设施等要求作了详细规定，详见第三节表 3-1～表 3-5。

第三节　许可程序

一、申请

1. 食品经营许可申请人按照"一址一证"的原则，向经营场所所在地食品药品监管部门提出许可申请。

"一址一证"，即同一食品经营者在不同经营场所从事食品经营活动，应当分别取得食品经营许可。经营场所发生变化，应当重新申请食品经营许可。

2. 申请食品经营许可必须提交的材料：

（1）《食品经营许可证》申请书，包括法定代表人（负责人）身份证明、食品安全管理人员身份证明、设备工具清单等。

（2）营业执照或者其他主体资格证明文件复印件。

（3）食品经营场所具体方位图及文字说明。

（4）与食品经营相适应的主要设备设施布局、流程图及文字说明等文件。

（5）食品安全管理制度文本。

（6）省食品药品监督管理局认可的法定代表人（负责人）、食品安全管理人员的资质证明或培训合格证明。

（7）接触直接入口食品的从业人员健康证明。

（8）食品药品监督管理部门规定的其他材料。具体包括：

1）经营场所与营业执照或其他登记证书上的地址不一致的，应当提交场所合法使用证明。

2）申请通过互联网从事食品经营的，应当提供网店地址和网店截图。

3）食品经营者在经营场所外设置仓库（包括自有和租赁）的，需提供仓库地址、面积、设备设施、储存条件等说明文件，以及仓库使用证明。租用仓库的，还应当提供租赁合同和出租人的营业执照或身份证复印件。

4）利用自动售货设备从事食品销售和饮品制售的，应当提交自动售货设备的产品合格证明、具体放置地点，《食品经营许可证》、经营者联系方式、食品安全管理人员姓名及其联系方式，以及设备清洗消毒等维护记录的公示方法等材料。

5）申请销售散装熟食和散装酒的，应当提交与挂钩生产单位或供应商的合作协议（合同），以及生产单位的《食品生产许可证》或其他食品生产资质合法证明文件的复印件。

6）在餐饮服务中提供自酿酒的经营者，应提供具有资质的食品安全第三方检测机构出具的对成品安全性的检验合格报告。

3. 申请人对申请材料的真实性、合法性、有效性负责，申请人要在申请材料上签字或盖章确认；申请人委托代理人办理申请时，必须提交委托代理证明。

4. 申请事项依法不需要取得食品经营许可，或者依法不属于食品药品监督管理部门职权范围的，许可机关应当即时告知申请人不予受理的原因；允许申请人当场更正可以当场更正的错误申请材料，申请人应当对更正内容签章确认，注明更正日期；对申请材料不齐全或者不符合法定形式的，应当当场或者 5 个工作日内一次性告知申请人需要补正的全部内容，逾期不告知的，自收到申请材料之日起即为受理；申请事项属于食品药品监督管理部门职权范围，申请材料齐全且符合法定形式的，应当做出受理决定。

二、审核

（一）形式性审查（材料审核）

许可机关对申请人提交的申请材料进行审查，主要审查是否提交了许可要求提交的全部材料、申请材料是否符合法定形式、记载事项是否符合法定要求、文书格式是否规范等。

（二）实质性审查（现场审查）

许可机关在材料审查的基础上，根据食品经营主体业态类别，分别按照食品销售、餐饮服务、单位食堂、中央厨房、集体用餐配送现场核查表，进行现场审查，现场填写现场核查表和现场核查记录，现场核查是食品经营许可审查的重点。食品经营许可现场核查表见表 3-1～表 3-5。

食品经营许可现场核查表（食品销售）　　　　　　　　　　　　表 3-1

类别			核查事项及标准	编号	重要性	核查结果
一般要求	人员		食品安全管理人员的姓名、联系方式等信息在经营场所显著位置进行公示	1	＊＊＊	
	经营场所要求	一般要求	具有与经营的食品品种、数量相适应的食品经营和贮存场所	2	＊＊＊	
			不得设在易受到污染的区域，距离粪坑、污水池、暴露垃圾场（站）、旱厕等污染源 25m 以上	3	＊＊＊	
			销售和贮存场所环境整洁，有良好的通风、排气装置，防潮防湿，并避免日光直接照射。地面做到硬化，平坦防滑，易于清洁消毒，并有防止积水的措施	4	＊＊＊	
			食品销售场所和食品贮存场所应当与生活区分（隔）开	5	＊＊＊	
		销售场所要求	食品销售区域和非食品销售区域分开设置	6	＊＊＊	
			生食区域和熟食区域分开	7	＊＊＊	
			待加工食品区域与直接入口食品区域分开	8	＊＊＊	
			经营水产品的区域与其他食品经营区域分开	9	＊＊＊	
		贮存场所要求	食品贮存应设专门区域，不得与有毒有害物品同库存放	10	＊＊＊	
			食品与非食品、生食与熟食应当有适当的分隔措施，有固定的存放位置和标识	11	＊＊＊	
			贮存的食品应与墙壁、地面保持适当距离	12	＊＊＊	

续表

类别		核查事项及标准	编号	重要性	核查结果
一般要求	设施设备要求	根据经营项目配置相应的经营陈列、摆放等设备或设施	13	＊＊	
		按照经营项目的品种和数量设置相应的消毒、更衣、盥洗、采光、照明、通风、防腐、防尘、防蝇、防鼠、防虫等设备或设施	14	＊＊＊	
		直接接触食品的设备或设施、工具、容器和包装材料等应为安全、无毒、无异味、防吸收、耐腐蚀且可承受防腐清洗和消毒的材料制作，并有产品合格证明	15	＊＊＊	
专项要求	有温控要求的食品	销售有温度控制要求的食品，配备与经营品种、数量相适应的冷藏、冷冻、保温设备，设备能保证食品贮存所需的温度等要求	16	＊＊＊	
	自动售货要求	放置自动售货设备的地点应当具备符合食品贮存的必要条件	17	＊＊＊	
	互联网食品经营要求	具有可现场登录申请人网站、网页或网店等功能的设备设施	18	＊＊＊	
		无实体门店的，有与经营的食品品种、数量相适应的贮存食品场所，贮存场所视同经营场所	19	＊＊＊	
	散装食品要求	有明显的区域或隔离措施，生鲜畜禽、水产品与散装直接入口食品应有一定距离的物理隔离	20	＊＊＊	
		直接入口的散装食品有防尘防蝇等设施	21	＊＊＊	
		接触直接入口食品的从业人员配备有工作服、帽子、口罩、手套和售货工具等	22	＊＊＊	
	特殊食品要求	经营场所划定专门的区域或柜台、货架摆放、销售	23	＊＊＊	
		销售柜台、货架处显著位置按要求设立"＊＊＊＊销售专区（或专柜）"提示牌	24	＊＊＊	
		非特殊食品不得在特殊食品销售专区（或专柜）销售	25	＊＊＊	
鼓励性要求	索证索票	从事食品批发业务的经营者、经营面积 1000m² 及以上的食品零售者具有实行电子台账的设备	26	＊	
	临近保质期食品	设置临近保质期食品专区（或专柜），并设立"临近保质期食品销售专区（或专柜）"提示牌	27	＊	

核查意见	经现场核查，不符合要求的关键项＿＿＿项，重点项＿＿＿项，一般项＿＿＿项。以下经营项目：＿＿＿＿＿＿＿＿＿＿＿＿＿＿＿＿＿＿基本符合食品销售类现场核查要求。 核查人签名：＿＿＿＿＿＿＿＿＿　　申请人签名：＿＿＿＿＿＿＿＿＿ 日　　期：＿＿＿＿＿＿＿＿＿　　日　　期：＿＿＿＿＿＿＿＿＿

说明：1. 核查事项符合要求在"核查结果"栏内画"√"，不符合要求画"×"，合理缺项画"○"。
　　　2. 本表共 27 项，其中关键项 24 项，重点项 1 项，一般项 2 项（＊＊＊＊表示关键项，＊＊为重点项，＊为一般项）。判断原则：关键项不符合数＝0，则判定现场核查符合要求；否则结论为不合格。

食品经营许可现场核查表（餐饮服务） 表 3-2

类别		核查事项及标准	编号	重要性	核查结果
一般要求	人员	食品安全管理人员的姓名、联系方式等信息在经营场所显著位置进行公示	1	＊＊＊	
	选址	不得设在易受到污染的区域。距离粪坑、污水池、暴露垃圾场（站）、旱厕等污染源 25m 以上	2	＊＊＊	
	场所设置和布局	设置与制售的食品品种、数量相适应的粗加工、切配、烹调、主食制作以及餐用具清洗消毒、备（分）餐等加工操作场所，以及食品库房、更衣室、清洁工具存放场所等。各场所均设在室内	3	＊＊＊	
		有相应的通风、防腐、防尘、防蝇、防鼠、防虫、洗涤等设备设施	4	＊＊	
		制售冷食类食品、生食类食品、裱花蛋糕，以及集中备（分）餐，设置相应的操作专间	5	＊＊＊	
		饮料现榨、冷食类食品中仅制售蔬果拼盘、现场制作糕点类食品，设置相应的专用操作场所	6	＊＊＊	
		各加工操作场所按照原料进入、原料处理、加工制作、成品供应的顺序合理布局	7	＊＊	
		用于原料、半成品、成品的容器和使用的工具、用具和容器，有明显的区分，存放区域分开设置	8	＊＊＊	
		加工经营场所内无圈养、宰杀活的禽畜类动物的区域	9	＊＊	
		设专用于拖把等清洁工具、用具的清洗水池或设施，其位置不会污染食品及其加工制作过程	10	＊	
		倡导通过安装视频监控、透明玻璃或建设开放式厨房等方式公开制售加工过程	11	＊	
		食品处理区（不含库房和专间）占加工经营场所使用面积的比例：150m² 以下的≥1/4；150（含 150）～500m² 以下的≥1/5；500（含 500）～1500m² 以上的≥1/6；1500（含 1500）～3000m²（含 3000m²）以上的≥1/7；3000m² 以上的≥1/8	12	＊＊	
	粗（初）加工场所	有粗（初）加工过程的，其面积与经营规模相适应，区域相对独立	13	＊＊	
		分别设置与加工品种和规模相适应的食品原料清洗水池（可分为动物性食品、植物性食品、水产品等），各类水池以明显标识标明其用途。经营加工面积 150m² 以下的餐饮服务经营者没有条件分类设置清洗水池的，可使用符合食品安全标准的水桶、水盆等容器代替，并以明显标识标明其用途	14	＊＊＊	
	切配烹饪场所	切配烹饪面积与经营规模相适应，区域相对独立	15	＊＊	
		烹调场所采用机械排风。产生油烟的设备上部加设附有机械排风及油烟过滤的排气装置，过滤器便于清洗和更换	16	＊	
	餐用具清洗消毒场所	具备餐用具清洗消毒场所，面积与其经营规模相适应。使用一次性餐具且单纯经营自制饮品项目的，可不设专用清洗消毒场所	17	＊＊＊	
		配备能正常运转的清洗、消毒、保洁设备设施并专用，大小和数量能满足需要	18	＊＊	
		采用化学消毒的，设有 3 个专用水池。采用热力等物理消毒方式的，可适当调整水池数量。各类水池以明显标识标明其用途。经营加工面积 150m² 以下的餐饮服务经营者中没有条件分类设置水池的，可使用符合食品安全标准的水桶、水盆等容器代替，并以明显标识标明其用途	19	＊＊＊	
		接触直接入口食品的工具、容器清洗消毒水池专用，与食品原料、清洁用具清洗水池分开	20	＊＊＊	
		设专供存放消毒后餐用具的保洁设施，标记明显	21	＊＊	
	食品处理区地面与排水	地面用无毒、无异味、不透水、不易积垢、耐腐蚀、防滑的材料铺设，且平整、无裂缝。粗（初）加工、切配、餐用具清洗消毒和烹调等场所的地面易于清洗、防滑，并有排水系统	22	＊＊	
		地面和排水沟有排水坡度，不易积水	23	＊	

续表

类别		核查事项及标准	编号	重要性	核查结果
一般要求	食品处理区墙壁、门窗	墙壁采用无毒、无异味、不透水、平滑、不易积垢、易清洗的材料	24	* *	
		门、窗装配严密，与外界直接相通的门和可开启的窗设有易于拆洗且不生锈的防蝇纱网或设置空气幕	25	* *	
	食品处理区顶棚	顶棚采用无毒、无异味、不吸水、表面光洁、耐腐蚀、耐温材料涂覆或装修	26	* *	
		食品暴露场所屋顶若为不平整的结构或有管道通过，加设平整、易于清洁的吊顶	27	*	
		水蒸气较多的场所的顶棚有适当的坡度，在结构上减少凝结水滴落	28	*	
	洗手消毒设施	食品处理区内设置足够数量的洗手设施，其位置设置在方便员工的区域	29	* *	
		洗手设施附近有相应的清洗、消毒用品和干手用品或设施，并有洗手消毒方法标识	30	*	
	采光照明设施	加工经营场所光源不改变所观察食品的天然颜色。安装在暴露食品正上方的照明设施使用防护罩或防爆灯。冷冻（藏）库房使用防爆灯	31	*	
	废弃物暂存设施	食品处理区设存放废弃物或垃圾的容器。废弃物容器与加工用容器有明显区分的标识	32	*	
		废弃物容器配有盖子，以坚固及不透水的材料制造，内壁光滑便于清洗	33	*	
	库房和食品贮存场所	食品和非食品（不会导致食品污染的食品容器、包装材料、工具等物品除外）库房分开或分区域设置	34	* * *	
		库房内应设置足够数量的存放架，其结构及位置能够做到隔墙离地	35	* *	
		冷藏、冷冻柜（库）数量和结构能使原料、半成品和成品分开存放，有明显区分标识	36	* * *	
		除冷库外的库房有良好的通风、防潮、防鼠（如设防鼠板或木质门下方以金属包覆）设施	37	*	
		冷冻（藏）库（柜）设可正确指示库内温度的温度计	38	*	
	更衣室	更衣场所与加工经营场所处于同一建筑物内，有与经营项目和经营规模相适应的空间、更衣设施和照明	39	*	
	厕所	厕所不设在食品处理区	40	* * *	
		厕所采用水冲式，地面、墙壁、便槽等采用不透水、易清洗、不易积垢的材料，设有效排气装置，有适当照明，与外界相通的窗户设置纱窗，或为封闭式，外门能自动关闭，在出口附近设置洗手、干手、消毒设施	41	*	
特殊要求	专间	专间入口处应当设置独立的洗手、消毒、更衣设施。经营加工面积150m² 及以上的餐饮服务经营者、学校食堂（含托幼机构食堂）、集体用餐配送单位、中央厨房应设置有洗手、消毒、更衣设施的通过式预进间	42	* * *	
		专间面积≥食品处理区面积的10%	43	* *	
		操作场所必须与其他场所完全隔断	44	* * *	
		应设置独立的空调设施和配备环境温度计。需要冷藏的食品应设专用冷藏设施	45	* * *	
		设置可开闭式食品传递窗口，除传递窗口和人员通道外，不设置其他门窗；门应能自动关闭	46	* *	

续表

类别		核查事项及标准	编号	重要性	核查结果
特殊要求	专间	废弃物容器盖子为非手动开启式；排水不得设置明沟，地漏应能防止废弃物流入及浊气逸出	47	＊＊＊	
		至少设置1个水池	48	＊＊＊	
		设置空气消毒设施	49	＊＊	
	专用操作场所	至少设置1个清洗消毒水池	50	＊＊＊	
		废弃物容器盖子应为非手动开启式；排水不得设置明沟，地漏应能防止废弃物流入及浊气逸出	51	＊＊	
		需要冷藏的食品应设有专用冷藏设施	52	＊＊＊	
	自酿酒	应当先行取得具有资质的食品安全第三方检测机构出具的对成品安全性的检验合格报告。自酿酒不得使用压力容器	53	＊＊＊	
核查意见		经现场核查，不符合要求的关键项____项，重点项____项，一般项____项。以下经营项目：____基本符合食品制售类现场核查要求。 核查人签名：_____　　申请人签名：_____ 日　　期：_____　　日　　期：_____			

说明：1. 核查事项符合要求在"核查结果"栏内画"√"，不符合要求画"×"，合理缺项画"○"。
　　　2. 本表共53项，其中关键项21项，重点项18项，一般项14项。＊＊＊表示关键项，＊＊为重点项，＊为一般项。判定原则：关键项不符合数＝0，重点项和一般项不符合数之和≤8，则判定为现场核查符合要求，否则结论为不合格。

食品经营许可现场核查表（单位食堂）　　　　　　　　　　表3-3

核查事项及标准		编号	重要性	核查结果
人员	食品安全管理人员的姓名、联系方式等信息在经营场所显著位置进行公示	1	＊＊＊	
选址	不得设在易受到污染的区域，距离粪坑、污水池、暴露垃圾场（站）、旱厕等污染源25m以上	2	＊＊＊	
场所设置和布局	设置与制售的食品品种、数量相适应的粗加工、切配、烹调、面点制作以及餐用具清洗消毒、备（分）餐等加工操作场所，以及食品库房、更衣室、清洁工具存放场所等。各场所均设在室内	3	＊＊＊	
	倡导通过安装视频监控、透明玻璃或建设开放式厨房等方式公开制售加工过程	4	＊	
	有相应的通风、防腐、防尘、防蝇、防鼠、防虫、洗涤等设备设施	5	＊＊	
	制售冷食类食品、生食水产品配制、裱花操作和学校食堂、托幼养老机构食堂备（分）餐，以及集中备（分）餐的单位食堂，分别设置相应操作专间；其他单位食堂备（分）餐设置专用操作场所	6	＊＊＊	
	饮料现榨、现场制作糕点类食品、冷食类食品中仅制售蔬果拼盘的，设置相应的专用操作场所	7	＊＊＊	
	各加工操作场所按照原料进入、原料处理、加工制作、成品供应的顺序合理布局，防止食品在存放、操作中产生交叉污染	8	＊＊	
	用于原料、半成品、成品的容器和使用的工具、用具和容器，有明显的区分，存放区域分开设置	9	＊＊＊	
	加工经营场所内无圈养、宰杀活的禽畜类动物的区域	10	＊＊	
	设专用于拖把等清洁工具、用具的清洗水池或设施，其位置不会污染食品及其加工制作过程	11	＊＊	
	食品处理区（不含库房和专间）占加工经营场所使用面积的比例：150m²以下的≥1/4；150（含150）～500m²以下的≥1/5；500m²（含500m²）以上的≥1/6	12	＊＊	

续表

核查事项及标准		编号	重要性	核查结果
粗（初）加工场所	有粗（初）加工过程的，其面积与经营规模相适应，区域相对独立	13	＊＊	
	分别设置与加工品种相对应的食品原料清洗水池（可分为动物性食品、植物性食品、水产品等），水池数量或容量与加工食品的数量相适应。各类水池以明显标识标明其用途	14	＊＊＊	
切配烹饪场所	切配烹饪面积与经营规模相适应，区域相对独立	15	＊＊	
	烹调场所采用机械排风。产生油烟的设备上部加设附有机械排风及油烟过滤的排气装置，过滤器便于清洗和更换	16	＊	
餐用具清洗消毒场所	具备餐用具清洗消毒场所，面积与其经营规模相适应。使用一次性餐具且单纯经营自制饮品项目的，可不设清洗消毒场所	17	＊＊＊	
	配备能正常运转的清洗、消毒、保洁设备设施并专用，大小和数量能满足需要	18	＊＊	
	采用化学消毒的，设有3个专用水池。采用热力等物理消毒方式的，可适当调整水池数量。各类水池以明显标识标明其用途	19	＊＊＊	
	接触直接入口食品的工具、容器清洗消毒水池专用，与食品原料、清洁用具清洗水池分开	20	＊＊＊	
	设专供存放消毒后餐用具的保洁设施，标记明显	21	＊＊	
食品处理区地面与排水	地面用无毒、无异味、不透水、不易积垢、耐腐蚀、防滑的材料铺设，且平整、无裂缝。粗（初）加工、切配、餐用具清洗消毒和烹调等场所的地面易于清洗、防滑，并有排水系统	22	＊＊	
	地面和排水沟有排水坡度，不易积水	23	＊	
食品处理区墙壁、门窗	墙壁采用无毒、无异味、不透水、平滑、不易积垢的材料	24	＊＊	
	门、窗装配严密，与外界直接相通的门和可开启的窗设有易于拆洗且不生锈的防蝇纱网或设置空气幕	25	＊＊	
食品处理区顶棚	天花板采用无毒、无异味、不吸水、表面光洁、耐腐蚀、耐温材料涂覆或装修	26	＊＊	
	食品暴露场所屋顶若为不平整的结构或有管道通过，加设平整、易于清洁的吊顶	27	＊	
	水蒸气较多的场所的顶棚有适当的坡度，在结构上减少凝结水滴落	28	＊	
洗手消毒设施	食品处理区内设置足够数量的洗手设施，其位置设置在方便员工的区域	29	＊	
	洗手设施附近有相应的清洗、消毒用品和干手用品或设施，并有洗手消毒方法标识	30	＊	
采光照明设施	加工经营场所光源不改变所观察食品的天然颜色。安装在暴露食品正上方的照明设施使用防护罩或防爆灯。冷冻（藏）库房使用防爆灯	31	＊	
废弃物暂存设施	食品处理区设存放废弃物或垃圾的容器。废弃物容器与加工用容器有明显区分的标识	32	＊	
	废弃物容器配有盖子，以坚固及不透水的材料制造，内壁光滑便于清洗	33	＊	
库房和食品贮存场所	食品和非食品（不会导致食品污染的食品容器、包装材料、工具等物品除外）库房分开或分区域设置	34	＊＊＊	
	库房内应设置足够数量的存放架，其结构及位置能够做到隔墙离地	35	＊＊	
	冷藏、冷冻柜（库）数量和结构能使原料、半成品和成品分开存放，有明显区分标识	36	＊＊＊	
	除冷库外的库房有良好的通风、防潮、防鼠（如设防鼠板或木质门下方以金属包覆）设施	37	＊	
	冷冻（藏）库（柜）设可正确指示库内温度的温度计	38	＊	

核查事项及标准		编号	重要性	核查结果
专用操作场所	至少设置1个水池	39	＊＊＊	
	废弃物容器盖子应为非手动开启式；排水不得设置明沟，地漏应能防止废弃物流入及浊气逸出	40	＊＊	
	需要冷藏的食品应设有专用冷藏设施	41	＊＊＊	
自酿酒	应先行取得具有资质的食品安全第三方检测机构出具的对成品安全性的检验合格报告。自酿酒不得使用压力容器	42	＊＊＊	
专间	专间入口处应当设置独立的洗手、消毒、更衣设施。学校食堂（含托幼机构食堂）应设置有洗手、消毒、更衣设施的通过式预进间	43	＊＊＊	
	专间面积应≥食品处理区面积的10％	44	＊＊	
	操作场所必须与其他场所完全隔断	45	＊＊＊	
	应设置独立的空调设施和配备环境温度计。需要冷藏的食品应设有专用冷藏设施	46	＊＊＊	
	设置可开闭式食品传递窗口，除传递窗口和人员通道外，不设置其他门窗；门应能自动关闭	47	＊＊	
	废弃物容器盖子为非手动开启式；排水不得设置明沟，地漏应能防止废弃物流入及浊气逸出	48	＊＊＊	
	至少设置1个水池	49	＊＊＊	
	设置空气消毒设施	50	＊＊	
更衣室	更衣场所与加工经营场所处于同一建筑物内，有与经营项目和经营规模相适应的空间、更衣设施和照明	51	＊	
厕所	厕所不设在食品处理区	52	＊＊＊	
	厕所采用水冲式，地面、墙壁、便槽等采用不透水、易清洗、不易积垢的材料，设有效排气装置，有适当照明，与外界相通的窗户设置纱窗，或为封闭式，外门能自动关闭，在出口附近设置洗手、消毒、烘干设施	53	＊	
核查意见	经现场核查，不符合要求的关键项____项，重点项____项，一般项____项。以下经营项目：_____基本符合食品制售类现场核查要求。 核查人签名：_____　　　申请人签名：_____ 日　　期：_____　　　日　　期：_____			

说明：1. 核查事项符合要求在"核查结果"栏内画"√"，不符合要求画"×"，合理缺项画"○"。

2. 本表共53项，其中关键项21项，重点项19项，一般项13项。＊＊＊表示关键项，＊＊为重点项，＊为一般项。判定原则：关键项不符合数＝0，重点项和一般项不符合数之和≤8，则判定为现场核查符合要求，否则结论为不合格。

食品经营许可现场核查表（中央厨房）　　表3-4

核查事项及标准		编号	重要性	核查结果
人员	食品安全管理人员的姓名、联系方式等信息在经营场所显著位置进行公示	1	＊＊＊	
选址	不得设在易受到污染的区域。距离粪坑、污水池、暴露垃圾场（站）、旱厕等污染源25m以上	2	＊＊＊	
场所设置、布局、分隔、面积	设置具有与供应品种、数量相适应的粗加工、切配、烹调、主食制作、食品冷却、食品包装、待配送食品贮存、工用具清洗消毒等加工操作场所，以及食品库房、更衣室、清洁工具存放场所等。各操作场所均应设置在室内，且独立分区	3	＊＊＊	
	各加工操作场所按照原料进入、原料处理、半成品加工、成品制作、食品分装及待配送食品贮存的顺序合理布局，并能防止食品在存放、操作中产生交叉污染	4	＊＊＊	
	接触原料、半成品、成品的工具、用具和容器，有明显的区分，且分区域存放；接触动物性和植物性食品的工具、用具和容器有明显的区分，且分区域存放	5	＊＊＊	
	食品加工操作和贮存场所面积原则上不小于300m²；应当与加工食品的品种和数量相适应	6	＊＊＊	
	清洗消毒面积应与经营所需相适应，面积≥食品处理区面积的10％	7	＊＊	
	切配烹饪场所面积不小于食品处理区面积的15％	8	＊＊	
	宜分别设置外包装箱消毒和其他餐用具清洗消毒间	9	＊	
	食品冷却、内包装应设置食品加工专间或专用设施，食品冷却可与食品内包装专间同用，但需分区操作	10	＊＊＊	
	厂区道路采用混凝土、沥青等便于清洗的硬质材料铺设，有良好的排水系统	11	＊	
	加工经营场所内无圈养、宰杀活的禽畜类动物的区域（或距离25m以上）	12	＊＊＊	
食品处理区地面、排水	地面用无毒、无异味、不透水、不易积垢的材料铺设，且平整、无裂缝。粗加工、切配、加工用具清洗消毒和烹调等需经常冲洗场所、易潮湿场所的地面易于清洗、防滑，并有排水系统	13	＊＊	
	地面和排水沟有排水坡度，不易积水。排水的流向由高清洁操作区流向低清洁操作区	14	＊	
	排水沟出口有网眼孔径小于6mm的金属隔栅或网罩	15	＊＊	
墙壁与门窗	墙壁采用无毒、无异味、不透水、平滑、不易积垢的材料，粗加工、切配、烹调和工用具清洗消毒等场所应有1.5m以上的光滑、不吸水、耐用和易清洗的材料制成的墙裙，食品加工专间内应铺设到顶	16	＊＊	
	门、窗装配严密，与外界直接相通的门和可开启的窗设有易于拆下清洗不生锈的纱网或空气幕，与外界直接相通的门和各类专间的门能自动关闭	17	＊＊	
	内窗台下斜45°以上或采用无窗台结构	18	＊	
	食品处理区各操作场所采用易清洗、不吸水的坚固材料制作的门窗	19	＊＊	
顶棚	顶棚用无毒、无异味、不吸水、表面光洁、耐腐蚀、耐温材料涂覆或装修	20	＊＊	
	半成品、即食食品暴露场所屋顶若为不平整的结构或有管道通过，加设平整易于清洁的吊顶	21	＊	
	水蒸气较多的场所的顶棚有适当的坡度（斜坡或拱形均可）	22	＊＊	
洗手消毒设施	食品处理区内设置足够数量的洗手设施，其位置设置在方便员工的区域	23	＊＊	
	洗手池的材质为不透水材料，结构不易积垢并易于清洗	24	＊	
	洗手消毒设施旁设有相应的清洗、消毒用品和干手设施，员工专用洗手消毒设施附近有洗手消毒方法标识	25	＊	

核查事项及标准		编号	重要性	核查结果
工用具清洗消毒保洁设施	根据加工食品的品种，配备能正常运转的清洗、消毒、保洁设备设施	26	＊＊＊	
	采用有效的物理消毒或化学消毒方法	27	＊＊＊	
	采用化学消毒的，设有 3 个专用水池。采用热力等物理消毒方式的，可适当调整水池数量。各类水池以明显标识标明其用途	28	＊＊＊	
	接触直接入口食品的工具、容器清洗消毒水池专用，与食品原料、清洁用具清洗水池分开	29	＊＊＊	
	工用具清洗消毒水池使用不锈钢或陶瓷等不透水材料、不易积垢并易于清洗	30	＊＊	
	设专供存放消毒后工用具的保洁设施，标记明显，易于清洁	31	＊＊＊	
	清洗、消毒、保洁设备设施的大小和数量能满足需要	32	＊＊	
食品原料、清洁工具清洗水池	分别设置与加工品种相对应的食品原料清洗水池（可分为动物性食品、植物性食品、水产品等），水池数量或容量与加工食品的数量相适应。各类水池以明显标识标明其用途	33	＊＊＊	
	加工场所内设专用于拖把等清洁工具、用具的清洗水池或设施，其位置不会污染食品及其加工操作过程	34	＊＊＊	
加工食品设备、工具和容器	食品烹调后以冷冻（藏）方式保存的，应根据加工食品的品种和数量，配备相应数量的食品快速冷却设备	35	＊＊＊	
	应根据待配送食品的品种、数量、配送方式，配备相应的食品包装设备设施	36	＊＊	
	接触食品的设备、工具和容器易于清洗消毒	37	＊	
	所有食品设备、工具和容器不使用木质材料，因工艺要求必须使用除外	38	＊＊	
	食品设备、工具和容器与食品的接触面平滑、无凹陷或裂缝（因工艺要求除外）	39	＊＊	
净水设备	需要直接接触成品的用水，应加装水净化设施	40	＊＊＊	
通风排烟设施	食品烹调场所采用机械排风。产生油烟或大量蒸汽的设备上部，加设附有机械排风及油烟过滤的排气装置，过滤器便于清洗和更换	41	＊＊	
采光照明设施	加工经营场所光源不改变所观察食品的天然颜色	42	＊	
	安装在食品暴露正上方的照明设施使用防护罩或防爆灯	43	＊	
废弃物暂存设施	食品处理区设存放废弃物或垃圾的容器。废弃物容器与加工用容器有明显区分的标识	44	＊	
	废弃物容器有盖子，以坚固及不透水的材料制造，内壁光滑便于清洗。专间内的废弃物容器盖子为非手动开启式	45	＊＊	
库房和食品贮存场所	食品和非食品（不会导致食品污染的食品容器、包装材料、工用具等物品除外）库房分开设置	46	＊＊＊	
	冷藏、冷冻库（柜）数量和结构能使原料、半成品和成品分开存放，有明显区分标识	47	＊＊	
	除冷库外的库房有良好的通风、防潮、防鼠（如设防鼠板或木质门下方以金属包覆）设施	48	＊	
	冷藏、冷冻库（柜）设可正确指示库内温度的温度计	49	＊	
	库房及冷藏、冷冻库内应设置数量足够的物品存放架，能使贮存的食品离地离墙存放	50	＊＊	
冷却及内包装间要求	设置有洗手、消毒、更衣设施的通过式预进间	51	＊＊＊	
	面积应大于等于食品处理区面积的 10%	52	＊＊	
	操作场所必须与其他场所完全隔断	53	＊＊＊	

续表

	核查事项及标准	编号	重要性	核查结果
冷却及内包装间要求	应设置独立的空调设施和配备环境温度计	54	＊＊＊	
	设置可开闭式食品传递窗口,除传递窗口和人员通道外,不设置其他门窗;门应能自动关闭;废弃物容器盖子应为非手动开启式;排水不得设置明沟,地漏应能防止废弃物流入及浊气逸出	55	＊＊	
	至少设置 1 个水池	56	＊＊＊	
	设置空气消毒设施	57	＊＊	
更衣室	更衣场所与加工经营场所处于同一建筑物内,设在工作人员进入操作场所入口处,有与经营项目和经营规模相适应的空间、更衣设施和照明	58	＊＊＊	
厕所	厕所不设在食品处理区	59	＊＊＊	
	厕所采用水冲式,地面、墙壁、便槽等采用不透水、易清洗、不易积垢的材料,设有效排气装置,有适当照明,与外界相通的窗户设置纱窗,或为封闭式,外门能自动关闭,在出口附近设置洗手、消毒、烘干设施	60	＊＊	
运输设备	配备与加工食品品种、数量以及贮存要求相适应的封闭式专用运输冷藏车辆,车辆配备控温设备,内部结构平整,易清洗	61	＊＊	
食品检验	设置与加工制作的食品品种相适应的检验室	62	＊＊	
	配备与检验项目相适应的检验设施和检验人员	63	＊＊	
食品留样	配备留样专用容器和冷藏设施,以及留样管理人员	64	＊＊＊	
核查意见	经现场核查,不符合要求的关键项____项,重点项____项,一般项____项。以下经营项目:_____基本符合食品制售类现场核查要求。 核查人签名:_____　申请人签名:_____ 日　　期:_____　日　　期:_____			

说明:1. 核查事项符合要求在"核查结果"栏内画"√",不符合要求画"×",合理缺项画"○"。
　　　2. 本表共64项,其中关键项 27 项,重点项 24 项,一般项 13 项。＊＊＊表示关键项,＊＊为重点项,＊为一般项。判定原则:关键项不符合数=0,重点项和一般项不符合数之和≤6,则判定为现场核查符合要求,否则结论为不合格。

食品经营许可现场核查表(集体用餐配送)　　　　表 3-5

	核查事项及标准	编号	重要性	核查结果
人员	食品安全管理人员的姓名、联系方式等信息在经营场所显著位置进行公示	1	＊＊＊	
选址	不得设在易受到污染的区域。距离粪坑、污水池、暴露垃圾场(站)、旱厕等污染源 25m 以上	2	＊＊＊	
场所设置、布局、分隔和面积	设置与食品供应方式和品种相适应的粗加工、切配、烹饪、主食制作、餐用具清洗消毒、备(分)餐等加工操作场所,以及食品库房、更衣室、清洁工具存放场所等。各场所均设在室内	3	＊＊＊	
	各加工操作场所按照原料进入、原料处理、加工制作、成品供应的顺序合理布局,并能防止食品在存放、操作中产生交叉污染	4	＊＊	
	用于原料、半成品、成品的工具、用具和容器,有明显的区分,存放区域分开设置	5	＊＊	
	食品加工操作和贮存场所面积原则上不小于 $300m^2$;应当与加工食品的品种和数量相适应	6	＊＊＊	
	清洗消毒面积与经营所需相适应,面积≥食品处理区面积的 10%	7	＊＊	
	厂区道路采用混凝土、沥青等便于清洗的硬质材料铺设,有良好的排水系统	8	＊	
	加工经营场所内无圈养、宰杀活的禽畜类动物的区域(或距离 25m 以上)	9	＊＊＊	

续表

核查事项及标准		编号	重要性	核查结果
食品处理区地面与排水	地面用无毒、无异味、不透水、不易积垢、耐腐蚀、防滑的材料铺设，且平整、无裂缝。粗加工、切配、餐用具清洗消毒和烹调等场所的地面易于清洗、防滑，并有排水系统	10	＊＊＊	
	墙角、柱角、侧面、底面的结合处有一定的弧度	11	＊	
食品处理区地面与排水	地面和排水沟有排水坡度，不易积水。排水的流向由高清洁操作区流向低清洁操作区	12	＊＊	
	排水沟出口有网眼孔径小于 6mm 的金属隔栅或网罩	13	＊＊	
食品处理区墙壁、门窗	墙壁采用无毒、无异味、不透水、平滑、不易积垢的材料，粗加工、切配、餐用具清洗消毒和烹调等场所有 1.5m 以上光滑、不吸水、耐用和易清洗的材料制成的墙裙	14	＊＊	
	门、窗装配严密，与外界直接相通的门和可开启的窗设有易于拆洗且不生锈的防蝇纱网或设置空气幕，与外界直接相通的门能自动关闭	15	＊＊	
	食品处理区各操作场所采用易清洗、不吸水的坚固材料制作的门窗	16	＊＊	
	内窗台下斜45°或采用无窗台结构	17	＊	
食品处理区顶棚	顶棚采用无毒、无异味、不吸水、表面光洁、耐腐蚀、耐温、浅色材料涂覆或装修	18	＊＊	
	食品处理区屋顶若为不平整的结构或有管道通过，加设平整、易于清洁的吊顶	19	＊	
	水蒸气较多的场所的顶棚有适当的坡度	20	＊＊	
洗手消毒设施	食品处理区内设置足够数量的洗手设施，其位置设置在方便员工的区域	21	＊＊	
	洗手池的材质为不透水材料，结构易于清洗	22	＊	
	洗手消毒设施附近有相应的清洗、消毒和干手用品或设施，员工专用洗手消毒设施附近有洗手消毒方法标识	23	＊	
	配备能正常运转的清洗、消毒、保洁设备设施	24	＊＊＊	
	餐用具消毒宜采用热力消毒（因材质等原因无法采用的除外）	25	＊＊	
	采用化学消毒的，设有 3 个专用水池。采用热力等物理消毒方式的，可适当调整水池数量。各类水池以明显标识标明其用途	26	＊＊＊	
	餐用具清洗消毒水池专用，与食品原料、清洁用具清洗水池分开	27	＊＊＊	
	餐用具清洗消毒水池使用不锈钢或陶瓷等不透水材料、不易积垢并易于清洗	28	＊	
	设专供存放消毒后餐用具的保洁设施，标记明显，结构密闭并易于清洁	29	＊＊	
	清洗、消毒、保洁设备设施的大小规格满足需要	30	＊＊＊	
食品原料、清洁工具清洗水池	分别设置与加工品种相对应的食品原料清洗水池（可分为动物性食品、植物性食品、水产品等），水池数量或容量与加工食品的数量相适应。各类水池以明显标识标明其用途	31	＊＊	
	设专用于拖把等清洁工具、用具的清洗水池或设施，其位置不会污染食品及其加工制作过程	32	＊＊＊	
	接触食品的设备、工具和容器易于清洗消毒	33	＊＊	
	食品设备、工具和容器与食品的接触面平滑、无凹陷或裂缝	34	＊＊	
	所有食品设备、工具和容器不使用木质材料，因工艺要求必须使用除外	35	＊	
通风排烟设施	烹调场所采用机械排风。产生油烟的设备上部应加设附有机械排风及油烟过滤的排气装置，过滤器应便于清洗和更换	36	＊＊	

续表

核查事项及标准		编号	重要性	核查结果
采光照明设施	加工经营场所光源不改变所观察食品的天然颜色。安装在暴露食品正上方的照明设施使用防护罩或防爆灯	37	*	
废弃物暂存设施	食品处理区设存放废弃物或垃圾的容器。废弃物容器与加工用容器有明显区分的标识	38	*	
	废弃物容器配有盖子，以坚固及不透水的材料制造，内壁光滑便于清洗。专间内的废弃物容器盖子为非手动开启式	39	*	
库房和食品贮存场所	食品和非食品（不会导致食品污染的食品容器、包装材料、工具等物品除外）库房分开设置	40	* * *	
	冷藏、冷冻柜（库）数量和结构应能使原料、半成品和成品分开存放，有明显区分标识	41	* *	
	除冷库外的库房有良好的通风、防潮、防鼠（如设防鼠板或木质门下方以金属包覆）设施	42	*	
	冷冻（藏）库（柜）设可正确指示库内温度的温度计	43	*	
备餐间	应设置有洗手、消毒、更衣设施的通过式预进间	44	* * *	
	面积应大于等于食品处理区面积的10%	45	* *	
	操作场所必须与其他场所设隔断，隔断高度要求从地面到天花板（或吊顶），且与天花板（或吊顶）紧密衔接	46	* * *	
	门应能自动关闭，只供加工人员进出；废弃物容器盖子应为非手动开启式；排水不得设置明沟，地漏应能防止废弃物流入及浊气逸出；食品传送使用可开闭的窗口	47	* *	
	至少设置1个水池	48	* *	
	设置空气消毒设施	49	* *	
更衣室	更衣场所与加工经营场所处于同一建筑物内，设在工作人员进入操作场所入口处。有与经营项目和经营规模相适应的空间、更衣设施和照明	50	* * *	
厕所	厕所不设在食品处理区	51	* * *	
	厕所采用水冲式，地面、墙壁、便槽等采用不透水、易清洗、不易积垢的材料，设有效排气装置，有适当照明，与外界相通的窗户设置纱窗，或为封闭式，外门能自动关闭，在出口附近设置洗手、消毒、烘干设施	52	*	
运输设备	配备与加工食品品种、数量以及贮存要求相适应的封闭式专用运输车辆及设备，车辆配备控温设备，内部结构平整，易清洗	53	* * *	
	运输车辆和容器内部材质和结构便于清洗和消毒	54		
食品检验	设置与加工制作的食品品种相适应的检验室。没有条件设置检验室的，可以委托有资质的检验机构代行检验	55	* * *	
食品留样	配备专用留样容器和冷藏设施，以及留样管理人员	56	* * *	
核查意见	经现场核查，不符合要求的关键项＿＿＿项，重点项＿＿＿项，一般项＿＿＿项。以下经营项目：＿＿＿＿＿＿＿＿＿＿＿基本符合食品制售类现场核查要求。 核查人签名：＿＿＿＿＿＿＿＿＿＿　申请人签名：＿＿＿＿＿＿＿＿＿＿ 日　　期：＿＿＿＿＿＿＿＿＿＿　日　　期：＿＿＿＿＿＿＿＿＿＿			

说明：1. 核查事项符合要求在"核查结果"栏内画"√"，不符合要求画"×"，合理缺项画"○"。

　　　2. 本表共56项，其中关键项20项，重点项21项，一般项15项。＊＊＊表示关键项，＊＊为重点项，＊为一般项。判定原则：关键项不符合数＝0，重点项和一般项不符合数之和≤8，则判定为现场核查符合要求，否则结论为不合格。

（三）特别审查

食品经营许可申请涉及公共利益的重大事项，或者直接涉及申请人与他人之间重大利益关系的，许可机关、申请人、利害关系人可以组织或申请听证程序。

（四）许可时限

除可以当场作出行政许可决定的外，县级以上地方食品药品监督管理部门应当自受理申请之日起 20 个工作日内作出是否准予行政许可的决定。因特殊原因需要延长期限的，经本行政机关负责人批准，可以延长 10 个工作日，并应当将延长期限的理由告知申请人。

作出准予经营许可决定的，应自作出决定之日起 10 个工作日内向申请人颁发食品经营许可证；对不符合条件的，应当及时作出不予许可的书面决定并说明理由，同时告知申请人依法享有申请行政复议或者提起行政诉讼的权利。

三、网上申报

进入食品经营网络申报系统有两种方式：

方法一：在浏览器直接输入网址：http://spen.hn-fda.gov.cn

方法二：登录湖南省食品药品监督管理局官网，依次点击首页左下方"网上申报及业务系统登录"——"食品经营"。

登录后，网上申报步骤为：注册用户——登录系统——填写资料——提交资料——打印签字——递交窗口。

（一）注册用户

打开食品经营申报系统后，点击"用户注册"进行注册。如实填写相关信息。请尽量填写电子邮箱，可用于找回密码。

请牢记用户名和密码，可查询许可审批进度，以及食品经营许可证的变更、延续、补证、注销等业务办理仍使用此账号和密码。同一经营者在不同经营场所经营，分别申请食品经营许可证，可使用同一用户名进行申请，不需注册多个用户名。

用户注册：初次申请的经营者点击进行注册。

密码找回：填写了电子邮箱的用户，可点击找回密码。

操作指南：点击可查看许可系统申报用户操作手册。

变更、补办、延续请点此：已办理食品经营许可的经营者需要变更、补办、延续食品经营的，点击登录办理相关业务。

（二）登录系统

注册成功后，退出注册页面，在登录页面输入用户名和密码，即可登录许可系统。

（三）填报资料

依次点击"食品事项"——"食品经营许可证"——"食品经营新办申请或食品经营换证申请"——"新建"，进入申请表填写页面，录入申请信息。

新办，指新设立的单位或新从事食品经营的单位申请食品经营许可证。

换证，指已持有食品流通许可证、餐饮服务许可证的单位申请食品经营许可证。

点击"新建"按钮后，会弹出一个填报说明，请仔细阅读，避免填错，导致许可受理机关审核不通过。填报说明可通过点击下方"说明"按钮随时调出。申请表的指标后有 ❷ 图标的，将鼠标移到该图标上面，可显示该指标解释。

申请表内容包括主信息、法定代表人（负责人）、安全人员、设备设施、从业人员、委托代理人、申请材料等7项，在申请表上方有相应标签一一对应，每填写完一项内容，点击下方"保存"按钮进行保存。请认真、如实填写每一项内容。

★ 安全人员、从业人员资料填写：申请表中的安全人员、从业人员不能直接录入，必须从"食品经营人员"库中调取。录入方法为：登录食品经营许可系统，依次点击"食品事项"——"食品经营人员"——"食品人员管理"——"新建"，录入人员相关信息。人员发生变化的，也可在此页面进行删除、修改等操作。

（四）提交资料

在填写完相关信息，确保无误后，在"申请主信息"表下方选择"拟受理机构"，再点击右下方的红色"上报"按钮提交到许可受理部门。受理机构选择错误，可能导致许可申请无法受理。

按照目前的食品经营许可权限划分，市州、县市区食品药品监督管理部门是食品经营许可的许可机关，乡镇监管所受县市区局委托，也可以进行食品经营许可。各市州、县市区食品药品监管部门会对本行政区划内的许可权限进行划分。

经营者根据经营场所所在地选择受理部门，即门店在哪个行政区域，就向哪个行政区域的市州、县市区食品药品监管部门或乡镇监管所提交申请。具体许可受理权限请咨询当地县级或市级食品药品监督管理部门。

（五）打印申请资料

申请资料提交后，系统会跳转到相关页面，点击"打印"按钮进行打印。

（六）递交窗口

打印申请表并签字后，将申请资料递交到许可受理部门。许可部门在收到签字的纸质申请材料，并审查通过后，才正式受理，没有提交纸质申请材料的或材料不符合要求，不予受理。

四、申请表填写规范

1. 经营者名称填写。根据营业执照或其他主体资格证明上的名称填写，如果个体工商户没有名称的，在许可系统填写请填写空格。

2. 社会信用代码（身份证号码）填写：个体工商户填写身份证号码；企业、行政事业单位、社会团队等其他经营者填写社会信用代码，还没有获得社会信用代码的，填写组织机构代码或工商营业执照编号。

3. 地址填写：申请表中需要填写的地址包括住所、经营场所、仓库地址。含义分别为：

住所，是经营者主要办事机构所在地，其功能是公示经营者的法律文件送达地以及确定经营者的司法和行政管辖地，是指"法人单位住所"，不是法定代表人（负责人）的住所。

经营场所，是经营者开展食品经营活动的实际地点，如有多个经营地点，按照"一址一证"原则，应当分别取得《食品经营许可证》。

住所与经营场所可能一致，也可能不一致。住所和经营场所的均按照营业执照或其他主体资格证明上标注的地址填写。个体工商户住所与经营场所一般一致。

仓库地址，指外设仓库，如有外设仓库就填写，没有则不需要填写。

4. 面积填写。申请表中需要填写的面积包括经营面积和仓库面积。

经营面积的填写，餐饮服务经营者、单位食堂经营面积的填写参照《餐饮服务操作规范》的要求填写。食品销售经营者，如果是从事多种商品经营，如商场、超市，经营面积填写食品经营面积。

仓库面积的填写，仓库如果存放多种商品，完全隔断的，填写食品存放区域的面积；没有完全隔断，为同一环境的，则填写仓库的全部面积。

5. 是否网络经营填写。通过互联网从事食品经营，需要填写"网店地址"和提供网店截图。如网店在淘宝、京东等第三方平台，以及自己建立网站的，填入网络地址；如果是微店，填写微信号；同时拥有几个网店和微店，用数字一一标注依次列明网址和微信号。同时，上传网店截图或微信号截图。

根据国家食品药品监督管理总局《食品经营许可审查通则》要求，无实体门店的互联网食品经营者不得申请所有食品制售项目以及散装熟食销售。

6. 经营项目的填写。将经营的食品按照食品经营许可的十个经营项目进行归类，经营项目可以多选，选择时，要对所经营食品全面分类，一次选全，避免漏选。其他类食品销售和其他类食品制售，需逐级上报，经国家总局批准，方可填写。

7. 拟受理机构填写。食品经营许可机关为县级以上食品药品监督管理部门，经营者向经营场所所在地食品药品监督管理部门提交申请，无法判断受理机关的，可电话咨询县级食品药品监管部门。

第四节　许可管理

一、变更

食品经营许可证载明的事项发生变化，应当在变化后 10 个工作日内向原发证机关申请变更食品经营许可。经营场所发生变化，应当重新申请。外设仓库地址变化，应当在变化后 10 日报告。变更后，许可证有效期与原证书一致

二、延续

经营者需要延续许可证有效期限的，应当在许可证有效期届满前 30 个工作日前向原发证机关提出延续申请。延续后，许可证有效期自作出延续许可决定之日起重新计算。

三、补办

许可证遗失、损坏的，应当向原发证机关申请补办。补办的许可证，发证日期和有效期等与原证书一致。

四、注销

1. 主动注销。食品经营者终止经营，食品经营许可被撤回、撤销或者许可证被吊销的，应当在 30 个工作日内向原发证机关申请注销。

2. 被动注销。下列情形，食品经营者未按规定办理注销手续的，发证机关依法注销：

（1）食品经营许可有效期届满未申请延续的；

（2）食品经营者主体资格依法终止的；

（3）食品经营许可依法被撤回、撤销或者食品经营许可证依法被吊销的；

（4）因不可抗力导致食品经营许可事项无法实施的；

（5）法律法规规定的应当注销的其他情形。

第五节　法律责任

一、无证经营

《食品安全法》第 122 条　违反本法规定，未取得食品生产经营许可从事食品生产经营活动，或者未取得食品添加剂生产许可从事食品添加剂生产活动的，由县级以上人民政府食品药品监督管理部门没收违法所得和违法生产经营的食品、食品添加剂以及用于违法生产经营的工具、设备、原料等物品；违法生产经营的食品、食品添加剂货值金额不足一万元的，并处五万元以上十万元以下罚款；货值金额一万元以上的，并处货值金额十倍以上二十倍以下罚款。

明知从事前款规定的违法行为，仍为其提供生产经营场所或者其他条件的，由县级以上人民政府食品药品监督管理部门责令停止违法行为，没收违法所得，并处五万元以上十万元以下罚款；使消费者的合法权益受到损害的，应当与食品、食品添加剂生产经营者承担连带责任。

二、行业禁入

《食品安全法》第 135 条　被吊销许可证的食品生产经营者及其法定代表人、直接负责的主管人员和其他直接责任人员自处罚决定作出之日起五年内不得申请食品生产经营许可，或者从事食品生产经营管理工作、担任食品生产经营企业食品安全管理人员。

因食品安全犯罪被判处有期徒刑以上刑罚的，终身不得从事食品生产经营管理工作，也不得担任食品生产经营企业食品安全管理人员。

食品生产经营者聘用人员违反前两款规定的，由县级以上人民政府食品药品监督管理部门吊销许可证。

三、虚假申请、欺骗申请

《食品经营许可管理办法》第 46 条　许可申请人隐瞒真实情况或者提供虚假材料申请食品经营许可的，由县级以上地方食品药品监督管理部门给予警告。申请人在 1 年内不得再次申请食品经营许可。

第 47 条　被许可人以欺骗、贿赂等不正当手段取得食品经营许可的，由原发证的食品药品监督管理部门撤销许可，并处 1 万元以上 3 万元以下罚款。被许可人在 3 年内不得再次申请食品经营许可。

四、伪造、涂改、倒卖等

《食品经营许可管理办法》第 48 条　违反本办法第 26 条第一款规定，食品经营者伪造、涂改、倒卖、出租、出借、转让食品经营许可证的，由县级以上地方食品药品监督管理部门责令改正，给予警告，并处 1 万元以下罚款；情节严重的，处 1 万元以上 3 万元以下罚款。

违反本办法第 26 条第二款规定，食品经营者未按规定在经营场所的显著位置悬挂或者摆放食品经营许可证的，由县级以上地方食品药品监督管理部门责令改正；拒不改正的，给予警告。

五、未依法变更、注销

《食品经营许可管理办法》第 49 条　违反本办法第 27 条第一款规定，食品经营许可证载明的许可事项发生变化，食品经营者未按规定申请变更经营许可的，由原发证的食品药品监督管理部门责令改正，给予警告；拒不改正的，处 2000 元以上 1 万元以下罚款。

违反本办法第 27 条第二款规定或者第 36 条第一款规定，食品经营者外设仓库地址发生变化，未按规定报告的，或者食品经营者终止食品经营，食品经营许可被撤回、撤销或者食品经营许可证被吊销，未按规定申请办理注销手续的，由原发证的食品药品监督管理部门责令改正；拒不改正的，给予警告，并处 2000 元以下罚款。

第四章 销售食品安全要求

第一节 一般要求

一、食品销售基本要求

根据《食品安全法》第33条，食品销售必须符合下列基本要求：

1. 具有与经营的食品品种、数量相适应的食品原料处理和食品加工、包装、贮存等场所，保持该场所环境整洁，并与有毒、有害场所及其他污染源保持规定的距离。

关于场所要求，主要有三个方面：一是场所的大小和布局应当与其经营的规模相适应，店铺的面积和空间应与其生产经营能力相适应，便于设备安置、清洁消毒、物料存储及人员操作。二是场所应当整洁。经营场所应当有合理的功能分区，干净整洁。食品与非食品应该分区销售。三是场所应当与有毒、有害场所及其他污染源保持规定的距离，保证食品安全。

2. 具有与经营的食品品种、数量相适应的生产经营设备或者设施，有相应的消毒、更衣、盥洗、采光、照明、通风、防腐、防尘、防蝇、防鼠、防虫、洗涤以及处理废水、存放垃圾和废弃物的设备或者设施。

设备设施的要求，主要有两个方面：一是应当根据生产经营的食品品种、数量的需要，配备与生产能力相适应的生产设备或者设施。二是应当配备其他保证食品安全的设备或者设施，如消毒、更衣、盥洗、采光、照明、通风、防腐、防尘、防蝇、防鼠、防虫、洗涤以及处理废水、存放垃圾和废弃物的设备或者设施。

3. 有专职或者兼职的食品安全专业技术人员、食品安全管理人员和保证食品安全的规章制度。

人员和制度的要求，主要有三个方面：一是要有食品安全专业技术人员。食品安全专业技术人员具有食品生产经营的专业知识，可以对食品安全管理提供专业技术服务。二是要有食品安全管理人员。管理人员是负责本企业食品安全具体管理工作的人员，既可以是企业的负责人，也可以是其他员工。法律规定，食品生产经营企业应当配备食品安全管理人员，并应加强培训和考核，经考核不具备食品安全管理能力的，不得上岗。三是要有保证食品安全的规章制度。通过规章制度管人、管事，明确岗位职责，规范操作流程，保证食品安全。

4. 具有合理的设备布局和工艺流程，防止待加工食品与直接入口食品、原料与成品交叉污染，避免食品接触有毒物、不洁物。

对设备布局和工艺流程的要求，主要有三个方面：一是食品经营企业的设备布局和工艺流程应当合理，避免引起前道工序的原料、半成品污染后道工序的成品，防止食品与成品、生食品与熟食品的交叉感染。二是每道工序的容器、工具和用具应当固定，并有相应的标志，防止交叉使用。三是使用的清洗剂、消毒剂以及杀虫剂、灭鼠剂等应当远离食品，存放于专柜，并由专人管理，避免食品接触有毒、不洁的物品，保证食品安全。

5. 餐具、饮具和盛放直接入口食品的容器，使用前应当洗净、消毒，炊具、用具用后应当洗净，保持清洁。

对使用的食品相关产品的要求，食品生产经营者应当在使用前，对餐具、饮具和盛放直接入口食品的容器清洗干净，并进行消毒，消灭病原体，降低细菌数量，防止使用者互相传染，保证消费者身体健康。对使用过的炊具、用具等应当及时清洗，保持清洁，防止病菌滋生。

6. 贮存、运输和装卸食品的容器、工具和设备应当安全、无害，保持清洁，防止食品污染，并符合保证食品安全所需的温度、湿度等特殊要求，不得将食品与有毒、有害物品一同贮存、运输。

贮存、运输和装卸食品的要求主要有三个方面：一是贮存、运输和装卸食品的容器、工具和设备应当安全、无害，保持清洁，防止污染食品，影响食品安全。二是对贮存、运输和装卸食品有特殊要求的，应当在合适的温度、湿度等环境下进行，防止食品腐烂变质、脱水变形变味，影响食品安全。三是不得将食品与有毒、有害物品一同贮存、运输，防止交叉污染，影响食品安全。

7. 直接入口的食品应当使用无毒、清洁的包装材料、餐具、饮具和容器。

直接入口的食品使用的包装材料和容器是指包装、盛放直接入口的食品的纸、竹、木、金属、搪瓷、陶瓷、塑料、橡胶、天然纤维、化学纤维、玻璃等制品和直接接触直接入口的食品的涂料。餐具和饮具主要是指餐饮服务提供者提供餐饮服务时使用的碗筷、勺子、盘子、杯子等。直接入口的食品使用的包装材料、餐具、饮具和容器应当无毒、清洁，以确保食品安全。

8. 食品生产经营人员应当保持个人卫生，生产经营食品时，应当将手洗净，穿戴清洁的工作衣、帽等；销售无包装的直接入口食品时，应当使用无毒、清洁的容器、售货工具和设备。

生产经营人员的个人卫生状况直接关系到食品安全。食品生产经营人员应当衣着整洁，指甲常剪，头发常理，勤洗澡等。在生产经营时，应当将手洗干净，穿戴清洁的工作衣、帽、手套等。销售无包装的直接入口食品时，应当使用无毒、清洁的容器、售货工具和设备，避免容器、售货工具和设备污染食品，影响食品安全。

9. 用水应当符合国家规定的生活饮用水卫生标准。

生产经营食品离不开水，使用安全、卫生的水是保证食品安全的重要因素。食品生产经营用水应当符合国家规定的生活饮用水卫生标准。目前，适用的是 2006 年修订的《生活饮用水卫生标准》。

10. 使用的洗涤剂、消毒剂应当对人体安全、无害。

保持餐具、饮具、炊具、用具和容器等食品相关产品的清洁、无毒，不可避免地会用到洗涤剂和消毒剂，不洁、有害的洗涤剂和消毒剂容易以食品相关产品为媒介污染食品。因此，应当保证使用的洗涤剂、消毒剂对人体安全、无害。

食品生产经营环节多、链条长，影响食品安全的因素很多。如非食品生产经营者从事食品贮存、运输和装卸的，贮存、运输和装卸食品的容器、工具和设备应当安全、无害，保持清洁，防止食品污染，并符合保证食品安全所需的温度、湿度等特殊要求，不得将食品与有毒、有害物品一同贮存、运输。

二、食品销售禁止性规定

根据《食品安全法》第 34 条 禁止生产经营下列食品、食品添加剂和食品相关产品。

1. 用非食品原料生产的食品或者添加食品添加剂以外的化学物质和其他可能危害人体健康物质的食品，或者用回收食品作为原料生产的食品。

禁止生产经营的食品有三类：一是用非食品原料生产的食品，如使用甲醇兑制的假酒。山西朔州假酒案就是用甲醇加水勾兑散酒，导致 27 人死亡，222 人中毒，其中多人失明。二是添加食品添加剂以外的化学物质和其他可能危害人体健康物质的食品，如添加三聚氰胺的婴儿奶粉、添加吊白块的米粉等。三是用回收食品作为原料生产的食品，如地沟油等。

2. 致病性微生物，农药残留、兽药残留、生物毒素、重金属等污染物质以及其他危害人体健康的物质含量超过食品安全标准限量的食品、食品添加剂、食品相关产品。

所谓"污染物质"是并非有意添加于食品、食品添加剂、食品相关产品，而是在生产、加工、制作、包装、运输等过程中，因环境污染而进入食品的物质。"致病性微生物"一般包括沙门氏菌、葡萄球菌、副溶血性弧菌、变形杆菌、禽流感病毒等；"农药残留"是指农药使用后一个时期内没有被分解而残留在生物体，最终传递给消费者；"兽药残留"是指用药后蓄积或存留于畜禽机体或产品是原型药物或代谢产物；"生物毒素"是指由生物产生并且不可复制的有毒化学物质，如肉毒杆菌；"重金属"是指汞、镉、铅、铬等有显著生物毒性的重金属，如"大米镉超标"的问题。

3. 用超过保质期的食品原料、食品添加剂生产的食品、食品添加剂。

禁止生产经营超过保质期的食品原料、食品添加剂生产的食品、食品添加剂。2014年 7 月发生了"福喜"事件，上海福喜公司使用过期冷冻原料肉品加工，引起轩然大波。

4. 超范围、超限量使用食品添加剂的食品。

禁止生产经营超范围、超限量使用食品添加剂的食品。食品安全标准的内容包括食品添加剂的品种、使用范围、用量等，食品添加剂应当在技术上确有必要才能使用，且应当在食品安全标准规定的使用范围和用量限度内才能使用。对于超范围、超限量使用食品添加剂的食品，因其不符合食品安全标准，应当禁止生产经营，以保证食品安全。近年来多次部署开展打击"一非两超"专项行动，如在火锅底料中添加罂粟壳的行为，是重点打击的违法行为。

5. 营养成分不符合食品安全标准的专供婴幼儿和其他特定人群的主辅食品。

专供婴幼儿的主辅食品包括婴幼儿配方乳粉、婴幼儿米粉等，专供其他特定人群的主辅食品包括特殊医学用途配方食品、专供孕妇等食用的主辅食品等。由于这些特定人群主要从这些特殊主辅食品中摄取营养成分，或者对食品的营养成分有特殊要求，如果这些食品营养成分不符合食品安全标准，婴幼儿和其他特定人群就不能从食品中摄取足够的养分，影响身体健康，甚至威胁生命安全。安徽阜阳的"大头娃娃"事件就是因婴儿食用的奶粉中蛋白质营养成分不符合食品安全标准造成的。

6. 腐败变质、油脂酸败、霉变生虫、污秽不洁、混有异物、掺假掺杂或者感官性状异常的食品、食品添加剂。

"腐败变质"指食品、食品添加剂经过微生物作用使其某些成分发生变化的现象。腐败变质的食品、食品添加剂一般含有沙门氏菌、痢疾杆菌、金黄色葡萄球菌等致病性病菌，易导致食物中毒。"油脂酸败"指油脂和含油脂的食品、食品添加剂，在储存过程中经微生物、酶等作用，发生变色、变味等变化。"油脂酸败"可能造成不良生理反应和食物中毒。"霉变生虫"指霉菌污染出现霉变生虫，霉变食物有较强的毒性，可能造成食物中毒。如前几年发生的陈化粮事件，就是因为陈化粮中的黄曲菌霉超标。

7. 病死、毒死或者死因不明的禽、畜、兽、水产动物肉类及其制品。

病死、毒死或死因不明的禽、畜、兽、水产动物肉类往往含有致病性微生物或寄生虫，人们在食用这类肉类及其制品后可能导致食物中毒，发生病患甚至死亡。

8. 未按规定进行检疫或者检疫不合格的肉类，或者未经检验或者检验不合格的肉类制品。

《生猪屠宰管理条例》规定，生猪定点屠宰厂（场）屠宰的生猪，应当依法经动物卫生监督机构检疫合格，并附有检疫证明。经肉品品质检验合格的生猪产品，生猪定点屠宰厂（场）应当加盖肉品品质检验合格验讫印章或者附具肉品品质检验合格标志。生猪定点屠宰厂（场）的生猪产品未经肉品品质检验或者经肉品品质检验不合格的，不得出厂（场）。

9. 被包装材料、容器、运输工具等污染的食品、食品添加剂。

包装材料一般指包装、盛放食品用的纸、竹、木、金属、搪瓷、天然纤维、玻璃等制品。食品、食品添加剂应当使用安全、无害、清洁的包装材料、容器、运输工具等，防止食品污染。对于被包装材料、容器、运输工具等污染的食品、食品添加剂，因其不符合食品安全标准的要求，不能生产经营。

10. 标注虚假生产日期、保质期或者超过保质期的食品、食品添加剂。

"保质期"是指食品、食品添加剂在标明的贮存条件下，保持品质的期限。食品、食品添加剂通常只在一定期限内才能保持相应的营养水平和卫生标准，超过这一期限，就易发生变质，食用超过保质期或者添加了超过保质期的食品添加剂的食品，容易引起中毒或者其他疾病。如早产奶事件。

11. 无标签的预包装食品、食品添加剂。

"预包装食品"是指预先定量包装或者制作在包装材料、容器中的食品。预包装食品的包装上应有标签，并对标签应标明的事项进行明确。食品添加剂应有标签。标签是对食品、食品添加剂质量特性、安全特性、使用说明的描述，购买者可以借助标签进行选购。

12. 国家为防病等特殊需要明令禁止生产经营的食品。

我国《盐业管理条例》规定，对碘缺乏病地区必须供应加碘食用盐。未经加碘的食用盐，不得进入碘缺乏病地区食用盐市场。

另外，我国《食品安全法》规定禁止生产经营其他不符合法律、法规或者食品安全标准的食品、食品添加剂、食品相关产品。如用回收食品添加剂作为原料生产的食品添加剂，添加非法添加物的食品添加剂等。

三、食品销售相关规定

（一）食品经营许可

国家对食品生产经营实行许可制度。从事食品生产、食品销售、餐饮服务，应当依法取得许可。但是，销售食用农产品，不需要取得许可。《行政许可法》第12条规定，直接关系人身健康、生命财产安全等特定活动，需要按照法定条件予以批准的事项，可以设定行政许可。食品生产经营直接关系人身健康和生命财产安全，对其实行许可制度是必要的。

（二）食品安全管理制度

食品经营企业应当建立健全食品安全管理制度，对职工进行食品安全知识培训，依法从事经营活动。

食品经营企业的主要负责人应当落实企业食品安全管理制度，对本企业的食品安全工作全面负责。

食品经营企业应当配备食品安全管理人员，加强对其培训和考核。经考核不具备食品安全管理能力的，不得上岗。食品药品监督管理部门应当对企业食品安全管理人员随机进行监督抽查考核并公布考核情况。监督抽查考核不得收取费用。

1. 食品经营企业应当建立健全食品安全管理制度

完备的管理制度是生产安全食品的重要保障。食品生产经营企业建立健全完善的各项食品安全管理制度是保证其生产经营的食品达到相应食品安全要求的基本前提。通过建立相关规章制度，把法律有关规定变成食品生产经营企业的规章制度，加强对所生产经营食品的安全进行管理，严格食品安全的自我控制，提高食品生产合格率，保证食品安全，是食品生产经营企业的法定义务。企业的食品安全管理制度应是涵盖从原料采购到食品加工、包装、贮存、运输等的全过程，具体可包括卫生管理制度，从业人员健康管理制度，食品原料、食品添加剂和食品相关产品的采购、验收、运输和贮存管理制度，进货查验记录制度，培训制度和文件管理制度等。

2. 对职工进行食品安全知识培训

从保障食品安全的需要出发，法律规定了食品生产经营企业对从业人员的教育和培训义务。培训对提高食品从业人员的食品安全知识水平，增强保证食品安全的自觉性，保障食品安全，具有十分重要的意义。食品生产经营企业应当强化企业内部从业人员的素质管理，通过各种形式，对职工进行安全知识培训，使职工树立"食品安全无小事"的意识，不断增强食品安全意识的自觉性和责任心，提高职业素养。宣传普及食品安全法律、食品安全标准和其他食品安全知识，使其掌握与其本岗位工作密切的相关的法律、法规的内容和各项标准的具体规定，使食品从业人员树立起食品安全的法制观念，增强守法的自觉性。

3. 明确生产经营企业主要负责人的责任

食品生产经营企业是食品安全的责任主体，作为专门从事食品的生产经营企业，向市场提供安全、丰富、放心、优质的食品，保障人民健康，是食品生产经营企业义不容辞的责任。食品生产经营者对其生产经营食品的安全负责。这是对食品生产经营者的一个总的要求。作为食品生产经营企业如何履行好这个责任，落实食品生产经营企业主要负责人的主体责任是关键，这样既可以促使其行使职权认真负责地做好食品安全工作，又可以按照法定义务追究其应承担的责任。在食品生产经营企业的食品安全保障中，其主要负责人居于中心地位，起决定性作用，只有他带头认真落实好本企业的食品安全管理制度，依照法律、法规和食品安全标准从事生产经营活动，才能保证本企业的食品安全，因此，必须以法律形式明确其职责，强化其责任，使之尽职尽责。如果食品生产经营企业出现违法行为，违反了保证食品安全的法定义务，危害到公众的身体健康和生命安全，其生产经营企业的主要负责人应受到处罚。

4. 配备食品安全管理人员并进行培训和考核

企业是食品安全的第一责任人，企业食品安全管理水平的高低，在相当程度上决定了食品是否安全。每个食品生产经营企业都要配备食品安全管理人员，可以是专职人员也可以是兼职人员。食品安全管理人员在日常的监测、监督过程中可以及时发现食品安全问题，采取必要的措施，降低各种食品安全风险。食品安全管理人员在上岗前，食品生产经营企业应当对其进行考核，了解其是否掌握了食品安全相应知识和能力，对考核不合格的，不能安排其上岗工作。随着食品安全专业知识的不断更新，食品安全管理人员也应随之更新自己的专业知识和能力，因此，要求企业加强对其培训，确保其掌握所在岗位必需的相关法律法规、食品安全标准及相关食品安全知识，具备相应的食品安全管理能力，让其可以从专业的角度对食品进行监测、监督。本条还规定了食品药品监督管理部门要对企业的食品安全管理人员进行抽查考核。企业是否配备了安全管理人员，是否对其进行了培训，对食品安全知识的掌握情况如何，不能光靠企业自己说了算，监管部门也要尽到责任，随时进行抽查了解情况，并将考核结果予以公布，以便督促那些不合格企业尽快改正。

（三）从业人员健康管理制度

食品生产经营者应当建立并执行从业人员健康管理制度。患有国务院卫生行政部门规定的有碍食品安全疾病的人员，不得从事接触直接入口食品的工作。

从事接触直接入口食品工作的食品生产经营人员应当每年进行健康检查，取得健康证明后方可上岗工作。

1. 食品生产经营者应当建立并执行从业人员健康管理制度

为了预防传染病的传播和由于食品污染引起的食源性疾病，保证消费者的身体健康，本条规定了患有国务院卫生行政部门规定的有碍食品安全的疾病人员，禁止从事接触直接入口食品的工作。食品生产经营者建立并执行从业人员健康管理制度，是食品生产经营安全管理制度的重要内容之一，主要是为了防止食品生产经营从业人员因其所患疾病污染食品。食品从业人员的健康直接关系到广大消费者的健康。食品生产经营过程中很容易受到病原体的污染，从而成为食源性疾病，特别是肠道传染疾病的媒介。如果这些人患有传染病或者是带菌者，就容易通过被污染的食品造成传染病传播和流行，对消费者的身体健康造成威胁。因此，建立食品从业人员健康管理制度十分必要，这也是贯彻预防为主的重要措施。食品从业人员应做好个人卫生，食品生产经营者要加强食品从业人员的健康管理。

哪些人员不能从事接触直接入口食品的工作呢？包括患有痢疾、伤寒、病毒性肝炎等消化道传染病的人员，患有活动性肺结核、化脓性或者渗出性皮肤病等有碍食品安全的疾病的人员。这次修订将不得从事接触直接入口食品工作的特殊性疾病的范围授权国务院卫生部门规定，主要考虑是，随着生活条件的改善，饮食结构的变化、人员流动的加强，疾病的病种也是在不断变化中的。卫生行政部门负责全国的传染性疾病工作，对全国的传染性疾病发病情况、传染途径都比较了解，可以随时更新传染性疾病的情况，由其规定哪些属于不得从事接触直接入口食品工作的特殊性疾病比较符合现实情况。

企业建立从业人员的健康管理制度可以从制度层面规范食品生产经营者的用人行为，对于不符合法定条件的从业人员一律不得安排其从事相关的食品生产经营活动。如果发现从事接触直接入口食品工作的人员中患有本条规定的不能从事接触直接入口食品工作的法定疾病的，食品生产经营者应当立即调换其工作。需要注意的是，食品生产经营者不得歧视患有疾病的从业人员，更不得以患有国务院卫生行政部门规定的疾病人员不能从事生产经营活动为借口，辞退职工。对于患有上述有碍食品安全疾病的人员，只限定在不能从事接触直接入口食品的生产经营，不影响其从事其他岗位的工作，如从事行政工作、管理工作、保安、技工、收银员等。对此类职工，食品生产经营者应当安排其转岗，将其调整到其他不影响食品安全的工作岗位。

2. 定期进行健康检查

食品生产经营中的从事接触直接入口食品生产经营的从业人员，其健康与否直接决定了所生产的食品是否安全。因此，生产经营者需要组织对上述人员的身体状况进行健康检查。食品生产经营人员生活在复杂的自然环境中，身体状况在不断变化，有可能感染或患有某些不适宜直接从事食品生产经营的疾病，因此，在通过健康体检后不能一劳永逸，应当每年进行健康检查，及时了解自己的身体健康情况。发现有法律禁止从事接触直接入口食品工作疾病的，应当及时向所在企业、单位申报。食品生产经营者发现患有有碍食品安全疾病的从业者，应当及时采取调整工作岗位、治疗等措施。健康证明是食品生产经营者经过健康体检后取得的书面证明文件。从事接触直接入口食品的食品生产经营从业人员必须取得健康证明后才能上岗。健康证明过期的，应当立即停止食品生产经营活动，待重新进行健康体检后，才能继续上岗。

（四）食品安全自查制度

食品生产经营者应当建立食品安全自查制度，定期对食品安全状况进行检查评价。生产经营条件发生变化，不再符合食品安全要求的，食品生产经营者应当立即采取整改措施；有发生食品安全事故潜在风险的，应当立即停止食品生产经营活动，并向所在地县级人民政府食品药品监督管理部门报告。

食品生产经营者建立食品安全自查制度，体现了政府监管思路的一种转变。为了保障食品的安全，仅仅依靠政府的监管力量是不够的，政府在加强监管的同时也要激励企业进行自我管理。在食品的生产经营过程中，随时存在由于人的不安全行为或者设备、设施等物的不安全状态，从而造成食品安全事故的因素。为了消除这些因素的存在，排除隐患，保障食品的安全，就要设法及时发现它，进而采取消除的措施。除了监管部门的日常检查外，生产经营单位对其自身企业的食品安全状况进行定期的检查、评价更为重要，也最为常见和普遍。

食品生产经营者应当根据本企业的生产经营特点，对本企业的食品安全状况定期进行检查。一般来说，食品安全检查可以从以下几个方面进行：①食品安全管理制度的建立落实情况，检查本企业的制度是否健全、完善，生产过程中每个环节是否按照控制要求进行操作；②设施、设备是否处于正常、安全的运行状态，餐具、饮具、包装材料等是否清洁、无毒无害，用水是否符合国家规定的标准，食品贮存和运输是否符合要求；③检查从业人员在工作中是否严格遵守操作规范和食品安全管理制度；④检查从业人员在工作中是否具备相应的安全知识和安全生产技能；⑤生产经营过程是否符合食品生产经营的记录查验制度；⑥食品的标签是否符合规定；⑦检查与食品安全有关的事故隐患；⑧发现问题食品是否及时召回处理；⑨其他事项。

食品生产经营者应当符合一定条件要求，当食品生产经营者对其食品安全状况进行检查的过程中，发现存在安全问题的，可以处理的应当立即采取措施进行处理，如发现安全隐患的，应当立即采取措施加以排除。对于不能当场处理的安全问题，如设施、设备不合格，需要改建，经营条件发生变化等情况，影响到食品安全的，生产经营者应当立即采取整改措施。有发生食品安全事故潜在风险的，应当立即停止生产经营，并将这一情况向所在地县级人民政府食品药品监督管理部门报告。包括检查的时间、范围、内容、发现的问题及其处理情况等都应详细地记录在案。

（五）食品经营者进货查验记录制度

食品经营者采购食品，应当查验供货者的许可证和食品出厂检验合格证或者其他合格证明（以下称合格证明文件）。

食品经营企业应当建立食品进货查验记录制度，如实记录食品的名称、规格、数量、生产日期或者生产批号、保质期、进货日期以及供货者名称、地址、联系方式等内容，并保存相关凭证。记录和凭证保存期限应当符合法律的规定。

实行统一配送经营方式的食品经营企业，可以由企业总部统一查验供货者的许可证和食品合格证明文件，进行食品进货查验记录。

从事食品批发业务的经营企业应当建立食品销售记录制度，如实记录批发食品的名称、规格、数量、生产日期或者生产批号、保质期、销售日期以及购货者名称、地址、联系方式等内容，并保存相关凭证。记录和凭证保存期限应当符合法律的规定。

1. 食品经营者的进货查验制度

执行进货查验制度，不仅是保证食品安全的措施，也是保护食品经营者自身合法权益的重要措施。食品经营者对所进货物进行检查验收，发现存在食品安全问题时，可以提出异议，经进一步证实所进食品不符合食品安全要求的，可以拒绝验收进货。如果食品经营者不认真执行进货查验制度，对不符合食品安全标准的食品予以验收进货，则责任随即转移到食品经营者一方。因此，食品经营者必须认真执行该项制度，避免因盲目采购不安全食品造成的经济损失和一旦造成食物中毒和人身伤亡事故所要承担的法律责任。

食品经营者在采购食品时，应当严格审查食品供应商的条件，认真查验供货者的许可证和食品合格证明文件，确保所采购的食品符合标准。食品合格证明文件，是生产者出具的用于证明出厂产品的质量经过检验，符合相关要求的凭证，包括食品生产者自行检验后出具的出厂检验合格证和第三方检验机构出具的检验报告、检疫合格证明等。

每个食品经营者，都应当意识到查验供货者的许可证和食品合格证明文件是必须履行的法定义务，在自己的经营活动中加强对食品进货查验制度的管理，建立严格的食品进货查验制度。严格要求食品及原料采购人员在签订购货合同时，必须查验供货者的许可证和食品合格证明文件，并亲自验货，货证相符方可采购。对购进的食品及食品原料，仓库保管人员应当首先检查有无食品合格的证明文件，以便及时发现问题，查堵漏洞。

食品进货查验记录作为对供货者的许可证、食品出厂检验合格证和其他食品合格的证明文件进行查验的书面记载，应当真实，不能随意捏造、篡改。有的食品经营企业在进货时没有查验，随便捏造查验信息，有的将已过期或临近过期的食品修改生产日期应付监督检查、有的捏造虚假食品生产者等，这些伪造食品进货查验记录的行为都是法律禁止的。根据法律规定，进货时未查验许可证和相关证明文件的，由有关部门依据各自职责，责令立即改正，给予警告，拒不改正的，处 5000 元以上 5 万元以下罚款；情节严重的，责令停产停业，直至吊销许可证。食品进货查验记录的保存期限不得少于产品保质期满后 6 个月，没有明确保质期的，保存期限不得少于 2 年，以便日后查询。如果出现食品安全事故，食品安全监管部门可以通过查验这些记录、票据，追查问题食品出现于食品生产经营的具体环节，并追究当事人的法律责任。

2. 实行统一配送经营方式的食品经营企业的进货查验记录制度

随着食品工业化、规模化的发展，一些食品经营企业，如麦当劳、肯德基等，采用了统一配送的经营方式。统一配送经营方式可以降低食品原料采购成本、提高采购效率、确保旗下不同店面经营的食品口感、品质等统一。对于这些企业而言，由企业总部统一查验，可以发挥总部的技术优势，避免食品经营企业各自为政、分别查验造成的繁琐、不一致。因此，法律规定，实行统一配送经营方式的食品经营企业，可以由企业总部统一查验供货者的许可证、食品合格证明文件，做好食品进货查验记录。

3. 从事食品批发业务的经营企业的销售记录制度

从事食品批发业务的经营企业，是相对于零售企业而言的，是随着商品经济的发展在流通领域逐步发展起来的一种经营模式，是指组织食品供应、转售等大宗交易的经营企业。由于食品批发经营企业主要面向的是零售经营企业，不直接面向消费者个人，其销售食品量大，涉及的范围广、散，一旦出现问题影响大，如其不做好相应的记录，将无法查找问题的根源。因此，法律对其进行销售记录进行了专门的规定。要求从事食品批发业务的经营企业应当建立食品销售记录制度，如实记录批发食品的名称、规格、数量、生产日期或者生产批号、保质期、销售日期以及购货者名称、地址、联系方式等内容，并保存相关凭证，以便日后查询。

（六）食品经营者贮存食品的要求

食品经营者应当按照保证食品安全的要求贮存食品，定期检查库存食品，及时清理变质或者超过保质期的食品。食品经营者贮存散装食品，应当在贮存位置标明食品的名称、生产日期或者生产批号、保质期、生产者名称及联系方式等内容。

1. 食品经营者贮存预包装食品的要求

食品由于其质量特性，经过一段时间，品质会发生变化。贮存不当易使食品腐败变质，丧失原有的营养物质，降低或失去应有的食用价值。科学合理的贮存环境和运输条件是避免食品污染和腐败变质、保障食品性质稳定的重要手段。企业应根据食品的特点、卫生和安全需要选择适宜的贮存条件。贮存食品的容器和设备应当安全无害，避免食品污染的风险。食品经营者应当根据食品的不同特点，在贮存物料时，应依照物料的特性分类存放，对有温度、湿度等要求的物料，应配置必要的设备设施，采取必要的防雨、通风、防晒、防霉变、合理分类等方式，尽量保持进货时的状况，食品如果贮存在恶劣条件下，将加速食品的腐败变质。

食品的贮存仓库应由专人管理，并制定有效的防潮、防虫害、清洁卫生等管理措施。食品经营者应当定期检查库存食品，通过检查及时发现变质或者超过保质期的食品。有时由于一些原因，即使食品没有超过保质期，食品也会变质。食品变质就是食品内在质量发生了本质性的物理、化学变化，失去了食品应当具备的食用价值。这时食品经营者就应当及时清理这些变质食品。当然，已经超过保质期的食品，也并不一定都是变质的食品。尽管如此，食品经营者在清理时，只要食品已经变质或者已经超过保质期，都应当坚决清理，不能存有侥幸心理，更不能将已经变质或者超过保质期的食品正常销售。按照法律的规定，未按要求进行食品贮存、运输和装卸的，由县级以上人民政府食品药品监督管理等部门按照各自职责分工责令改正，给予警告；拒不改正的，责令停产停业，并处1万元以上5万元以下罚款；情节严重的，吊销许可证。

2. 贮存散装食品的标注要求

食品经营者贮存散装食品时，应在贮存位置标明食品的名称、生产日期、保质期、生产者名称及联系方式，是食品经营者的一项法定义务。这样规定主要有以下考虑：第一，防止因经营者过失，将不同品种的食品相混淆，防止食品二次污染。第二，便于食品经营者及时清理过期食品，防止将过期食品销售给消费者。第三，防止经营者在食品中掺杂、掺假，以假充真、以次充好，以不合格食品冒充合格食品。第四，食品经营者销售食品后，如果发生问题，可以通过生产者名称及联系方式追溯，及时向食品生产者主张权利。食品经营者应当依照本款的规定如实标注信息，如果经营者为了自身利益标注了虚假信息，如现实中，有的商家为了减少自己的损失，将超过保质期的食品，更改日期后继续销售，这种行为已经构成标注虚假保质期的行为，按照法律规定需承担相应的法律责任。

第二节 特殊食品销售要求

一、概述

1. 基本概念

特殊食品是指保健食品、特殊医学用途配方食品、婴幼儿配方食品和其他专供特定人群的主辅食品。

2. 严格监管

实行严格监督管理，是指比普通食品更加严格的监督管理，表现在：一是注册或者备案制度。生产普通食品只要求取得食品生产许可，并不需要进行产品注册或者备案，而生产保健食品、特殊医学用途配方食品、婴幼儿配方食品除需要取得食品生产许可外，还要进行产品或者配方的注册或者备案。二是生产质量管理体系。国家对普通食品生产经营企业符合良好生产规范要求，实施危害分析与关键控制点体系，是采取鼓励的态度，不强制要求。但是对生产保健食品、特殊医学用途配方食品、婴幼儿配方食品和其他专供特定人群的主辅食品的企业，要求按照良好生产规范的要求建立与所生产食品相适应的生产质量管理体系。三是其他管理制度。例如，特殊医学用途配方食品广告适用《广告法》和其他法律、行政法规关于药品广告管理的规定，婴幼儿配方食品生产企业对出厂的婴幼儿配方食品实施逐批检验等。这些都是比普通食品更严的要求。

同时，特殊食品在本质上仍是食品，其生产经营除应当遵守本节规定的要求以外，还应当遵守本法对食品规定的一般性要求。

2016年关于特殊食品实施的三个办法：《保健食品注册与备案管理办法》自2016年7月1日起施行；《特殊医学用途配方食品注册管理办法》自2016年7月1日起施行；《婴幼儿配方乳粉产品配方注册管理办法》自2016年10月1日起施行。

3. 特殊食品经营要求

根据特殊食品销售审查要求，申请保健食品销售、特殊医学用途配方食品销售、婴幼儿配方乳粉销售、婴幼儿配方食品销售的，应当在经营场所划定专门的区域或柜台、货架摆放、销售；应当分别设立提示牌，注明"×××销售专区（或专柜）"字样，提示牌为绿底白字，字体为黑体，字体大小可根据设立的专柜或专区的空间大小而定。

保健食品生产经营企业不得夸大宣传保健食品的功能作用，经营场所内宣传资料不得存在有宣称预防、治疗疾病功能等内容；保健食品经营者必须向供货商索要保健食品生产许可证、供货商经营许可证、营业执照、注册（备案）批准证书、企业产品质量标准、产品检验合格证明等，并建立真实完整的台账。

4. 禁止性规定

禁止生产经营营养成分不符合食品安全标准的专供婴幼儿和其他特定人群的主辅食品。《食品安全法》规定，食品安全标准的内容包括专供婴幼儿和其他特定人群的主辅食品的营养成分要求。专供婴幼儿和其他特定人群的主辅食品不符合食品安全标准的，禁止生产经营。专供婴幼儿的主辅食品包括婴幼儿配方乳粉、婴幼儿米粉等，专供其他特定人群的主辅食品包括特殊医学用途配方食品、专供孕妇等食用的主辅食品等。由于这些特定人群主要从这些特殊主辅食品中摄取营养成分，或者对食品的营养成分有特殊要求，如果这些食品营养成分不符合食品安全标准，婴幼儿和其他特定人群就不能从食品中摄取足够的养分，影响身体健康，甚至威胁生命安全。安徽阜阳的"大头娃娃"事件就是因婴儿食用的奶粉营养成分不符合食品安全标准造成的。

二、保健食品

1. 保健食品基本要求和功能目录

保健食品，是指声称具有保健功能或者以补充维生素、矿物质等营养物质为目的的食品。即适宜于特定人群食用，具有调节机体功能，不以治疗疾病为目的，并且对人体不产生任何急性、亚急性或者慢性危害的食品。我国早在1995年通过的《食品卫生法》中就对表明具有特定保健功能的食品的管理制度作了专门规定。近年来，我国保健食品产业增长十分迅速，但仍存在不少问题。一些保健食品企业受利益驱使，进行虚假、夸大宣传，有的甚至宣称或暗示具有治疗疾病的作用；有些企业不按批准的产品配方组织生产，为追求短期效果，违法添加违禁药品。2009年通过的《食品安全法》增加了保健食品的专门规定，确立了对保健食品实行严格监管的原则，并规定保健食品的具体管理办法由国务院规定，明确有关监督管理部门应当依照本法和国务院的规定，对保健食品实施严格监管，依法履职，承担责任。2015年的《食品安全法》修订将保健食品管理制度予以具体化，增加了原料和功能目录、注册或者备案管理、广告审查等具体制度。

保健食品声称保健功能，应当具有科学依据，不得对人体产生急性、亚急性或者慢性危害。保健食品原料目录和允许保健食品声称的保健功能目录，由国务院食品药品监督管理部门会同国务院卫生行政部门、国家中医药管理部门制定、调整并公布。保健食品原料目录应当包括原料名称、用量及其对应的功效；列入保健食品原料目录的原料只能用于保健食品生产，不得用于其他食品生产。

保健食品声称保健功能，应当具有科学依据，不得对人体产生急性、亚急性或者慢性危害，这是对保健食品的基本要求。一是科学性。保健食品声称保健功能，应当具有科学依据，要建立在科学研究的基础上，有充足的研究数据和科学共识作为支撑，不能随意声称具有保健功能。二是安全性。保健食品不得对人体产生急性、亚急性或者慢性危害。与药品不同，保健食品最基本的要求是安全，不允许有任何毒副作用，不得对人体产生任何健康危害。保健食品所使用的原料应当能够保证对人体健康安全无害，符合国家标准和安全要求。国家规定不可用于保健食品的原料和辅料、禁止使用的物品等不得作为保健食品的原料和辅料。为此，《食品安全法》规定，依法应当注册的保健食品，注册时应当提交保健食品的研发报告、安全性和保健功能评价等材料及样品，并提供相关证明文件；依法应当备案的保健食品，备案时应当提交表明产品安全性和保健功能的材料。

允许保健食品声称的保健功能目录，由国务院食品药品监督管理部门会同国务院卫生行政部门、国家中医药管理部门制定、调整并公布。目前，允许保健食品声称的保健功能有增强免疫力、抗氧化、辅助改善记忆、缓解体力疲劳、减肥、改善生长发育、提高缺氧耐受力、辅助降血脂、辅助降血糖、改善睡眠、改善营养性贫血、促进泌乳、缓解视疲劳、辅助降血压、促进消化、通便、补充营养素等 28 种。国务院食品药品监督管理部门可以会同国务院卫生行政部门、国家中医药管理部门对保健功能目录进行调整。

2. 保健食品注册和备案制度

具体见第十三章。

3. 保健食品广告

保健食品广告首先是食品广告，应当符合关于食品广告的规定，即食品广告的内容应当真实合法，不得含有虚假内容，不得涉及疾病预防、治疗功能。保健食品广告涉及注册或者备案内容的，应当与注册或者备案的内容一致，不能进行虚假、夸大宣传。食品生产经营者对食品广告内容的真实性、合法性负责。

《广告法》对保健食品广告作出了专门规定，明确保健食品广告不得含有下列内容：表示功效、安全性的断言或者保证；涉及疾病预防、治疗功能；声称或者暗示广告商品为保障健康所必需；与药品、其他保健食品进行比较；利用广告代言人作推荐、证明；法律、行政法规规定禁止的其他内容。广播电台、电视台、报刊音像出版单位、互联网信息服务提供者不得以介绍健康、养生知识等形式变相发布保健食品广告。

4. 保健食品标签和说明书

保健食品的标签、说明书不得涉及疾病预防、治疗功能，并声明"本品不能代替药物"。疾病预防、治疗功能是药品才具备的功能，非药品不得在其标签、说明书上进行含有预防、治疗人体疾病等有关内容的宣传。因此，保健食品不得用"治疗""治愈""疗效""痊愈""医治"等词汇描述和介绍产品的保健作用，也不得以图形、符号或其他形式暗示疾病预防、治疗功能。

保健食品标签、说明书应当真实。保健食品标签、说明书是消费者科学选购、合理食用保健食品的重要依据，其内容应当真实，准确反映产品信息，做到"两个一致"，即保健食品标签、说明书与注册或者备案的内容相一致，保健食品的功能和成分与标签、说明书相一致。标签、说明书标示的产品名称、主要原（辅）料、功效成分或者标志性成分及含量、保健功能、适宜人群、不适宜人群、食用量与食用方法、规格、保质期、贮藏方法、批准文号和注意事项等内容应当与产品的真实状况相符。保健食品功能和成分的真实情况与保健食品标签、说明书所载明的内容不一致的，不得上市销售。不得以虚假、夸张或欺骗性的文字、图形、符号描述或暗示保健功能。生产者如果故意在保健食品的标签、说明书上标注虚假信息，则构成欺诈，应依法承担相应的法律责任。保健食品注册或者备案时，标签和说明书是要求提交的重要申请材料之一。保健食品的标签、说明书应与注册或者备案的内容相一致，不得随意变更。

保健食品的标签、说明书应当载明适宜人群、不适宜人群、功效成分或者标志性成分及其含量等。保健食品的适宜人群和不适宜人群是指为保证食用安全，根据保健功能的不同而在保健食品的标签、说明书中载明的适宜食用和不适宜食用该保健食品的人群。例如，抗氧化类保健食品的适宜人群是中老年人，不适宜人群是少年儿童。适宜人群的分类与表示应明确。保健食品的功效成分或者标志性成分是指保健食品中发挥特定保健作用的有效成分，包括功能性蛋白质、多肽和氨基酸，膳食纤维、低聚糖、活性多糖等功能性碳水化合物，功能性脂类，维生素，矿物质元素，乳酸菌类、双歧杆菌等微生态调节剂，酚类化合物、有机硫化合物、食物天然色素等功能性植物化学物质等。保健食品的功效成分或者标志性成分直接关系到保健食品是否能够发挥相应的保健功能。因此，保健食品的功效成分或者标志性成分及其含量必须在标签、说明书中载明。

三、特殊医学用途配方食品

1. 特殊医学用途配方食品概况

特殊医学用途配方食品是指为了满足进食受限、消化吸收障碍、代谢紊乱或特定疾病状态人群对营养素或膳食的特殊需要，专门加工配制而成的配方食品。该类产品必须在医生或临床营养师指导下，单独食用或与其他食品配合食用。

特殊医学用途配方食品是食品，而不是药品，但不是正常人吃的普通食品，而是经过临床医生和营养学家们大量的医学科学研究，以科学的客观事实为依据专门研制、生产的配方食品。其中，适用于 0～12 月龄的婴儿的特殊医学用途配方食品称为"特殊医学用途婴儿配方食品"，是针对患有特殊紊乱、疾病或医疗状况等特殊医学状况婴儿的营养需求而设计制成的粉状或液态配方食品。

特殊医学用途配方食品分为全营养配方食品、特定全营养配方食品和非全营养配方食品。全营养配方食品指可作为单一营养来源满足目标人群营养需求的特殊医学用途配方食品。特定全营养配方食品指可作为单一营养来源能够满足目标人群在特定疾病或医学状况下营养需求的特殊医学用途配方食品。常见特定全营养配方食品有：糖尿病全营养配方食品、呼吸系统疾病全营养配方食品、肾病全营养配方食品、肿瘤全营养配方食品、肝病全营养配方食品、肌肉衰减综合征全营养配方食品、炎性肠病全营养配方食品、食物蛋白过敏全营养配方食品、难治性癫痫全营养配方食品、胃肠道吸收障碍、胰腺炎全营养配方食品、脂肪酸代谢异常全营养配方食品等。非全营养配方食品指可满足目标人群部分营养需求的特殊医学用途配方食品，不适用于作为单一营养来源。特殊医学用途配方食品采用的是标准化的科学、均衡、全面的营养配方，可以方便地长期或短期满足患者的营养需求。特殊医学用途配方食品由于其专门的科学配方，营养成分全面均衡，容易消化吸收，具有良好的患者适应性，经过肠道进行消化和吸收，可以在更大程度上保留患者自身的消化吸收功能。同时操作使用方便，风险小，很少发生并发症。

2. 特殊医学用途配方食品的注册

20 世纪 80 年代末，基于临床需要，特殊医学用途配方食品以肠内营养制剂形式进入中国，按照药品进行监管，经国家食品药品监督管理部门药品注册后上市销售。2010 年和 2013 年，国家卫生计生委先后公布了《特殊医学用途婴儿配方食品通则》GB 25596—2010、《特殊医学用途配方食品通则》GB 29922—2013、《特殊医学用途配方食品良好生产规范》GB 29923—2013 等食品安全国家标准，对特殊医学用途配方食品的定义、类别、营养要求、技术要求、标签标识要求和生产规范等进行了明确规定。按照《特殊医学用途配方食品通则》GB 29922—2013 的规定，特殊医学用途配方食品的配方应以医学和（或）营养学的研究结果为依据，其安全性及临床应用（效果）均需要经过科学证实。

特殊医学用途配方食品应当经国务院食品药品监督管理部门注册。注册时，应当提交产品配方、生产工艺、标签、说明书以及表明产品安全性、营养充足性和特殊医学用途临床效果的材料。

3. 特殊医学用途配方食品的广告

鉴于特殊医学用途配方食品是为特殊病人提供的，应当在医生或临床营养师指导下使用，特殊医学用途配方食品广告适用《广告法》和其他法律、行政法规关于药品广告管理的规定。《广告法》规定，药品广告不得含有下列内容：表示功效、安全性的断言或者保证；说明治愈率或者有效率；与其他药品、医疗器械的功效和安全性或者其他医疗机构比较；利用广告代言人作推荐、证明；法律、行政法规规定禁止的其他内容。

药品广告的内容不得与国务院药品监督管理部门批准的说明书不一致，并应当显著标明禁忌、不良反应。发布药品广告，应当在发布前由广告审查机关对广告内容进行审查；未经审查，不得发布。

4. 特殊医学用途配方食品标签及说明书

特殊医学用途配方食品的标签和说明书的内容应当一致，涉及特殊医学用途配方食品注册证书内容的，应当与注册证书内容一致，并标明注册号。标签已经涵盖说明书全部内容的，可以不另附说明书。

特殊医学用途配方食品标签、说明书应当真实准确、清晰持久、醒目易读。不得含有虚假内容，不得涉及疾病预防、治疗功能。特殊医学用途配方食品的名称应当反映食品的真实属性，使用食品安全国家标准规定的分类名称或者等效名称。

特殊医学用途配方食品标签、说明书应当按照食品安全国家标准的规定在醒目位置标示下列内容：请在医生或者临床营养师指导下使用；不适用于非目标人群使用；本品禁止用于肠外营养支持和静脉注射。

四、婴幼儿配方食品

1. 婴幼儿配方食品概况

婴幼儿配方食品包括婴儿配方食品、较大婴儿和幼儿配方食品。婴儿配方食品包括乳基婴儿配方食品和豆基婴儿配方食品。乳基婴儿配方食品，是指以乳类及乳蛋白制品为主要原料，加入适量的维生素、矿物质和（或）其他成分，仅用物理方法生产加工制成的液态或粉状产品。适于正常婴儿食用，其能量和营养成分能够满足0～6月龄婴儿的正常营养需要。豆基婴儿配方食品，是指以大豆及大豆蛋白制品为主要原料，加入适量的维生素、矿物质和（或）其他成分，仅用物理方法生产加工制成的液态或粉状产品。适于正常婴儿食用，其能量和营养成分能够满足0～6月龄婴儿的正常营养需要。较大婴儿（6～12月龄）和幼儿（12～36月龄）配方食品以乳类及乳蛋白制品和（或）大豆及大豆蛋白制品为主要原料，加入适量的维生素、矿物质和（或）其他辅料，用物理方法生产加工制成的液态或粉状产品，适用于较大婴儿和幼儿食用，其营养成分能满足正常较大婴儿和幼儿的部分营养需要。婴幼儿配方乳粉是一种重要的婴幼儿配方食品。

2. 备案或者注册管理

婴幼儿配方食品生产企业应当将食品原料、食品添加剂、产品配方及标签等事项向省、自治区、直辖市人民政府食品药品监督管理部门备案。对婴幼儿配方乳粉生产企业而言，除将食品原料、食品添加剂、标签等事项向省、自治区、直辖市人民政府食品药品监督管理部门备案以外，婴幼儿配方乳粉的产品配方还应当经国务院食品药品监督管理部门注册。注册时，应当提交配方研发报告和其他表明配方科学性、安全性的材料。

3. 对婴幼儿配方乳粉生产方式的规定

企业不得以分装方式生产婴幼儿配方乳粉，同一企业不得用同一配方生产不同品牌的婴幼儿配方乳粉。禁止以进口大包装乳粉直接分装等分装方式生产婴幼儿配方乳粉，是为了避免在分装过程造成乳粉污染，影响乳粉安全。禁止同一企业用同一配方生产不同品牌的婴幼儿配方乳粉，是为了防止企业将同一配方改头换面后用另一品牌上市销售，欺骗消费者，解决我国婴幼儿配方乳粉配方过多过滥的问题。

4. 婴幼儿配方乳粉标签及说明书

产品名称中有动物性来源的，应当根据产品配方在配料表中如实标明使用的生乳、乳粉、乳清（蛋白）粉等乳制品原料的动物性来源。使用的乳制品原料有两种以上动物性来源时，应当标明各种动物性来源原料所占比例。配料表应当将食用植物油具体的品种名称按照加入量的递减顺序标注。营养成分表应当按照婴幼儿配方乳粉食品安全国家标准规定的营养素顺序列出，并按照能量、蛋白质、脂肪、碳水化合物、维生素、矿物质、可选择性成分等类别分类列出。

声称生乳、原料乳粉等原料来源的，应当如实标明具体来源地或者来源国，不得使用"进口奶源""源自国外牧场""生态牧场""进口原料"等模糊信息。声称应当注明婴幼儿配方乳粉适用月龄，可以同时使用"1段、2段、3段"的方式标注。

标签和说明书不得含有下列内容：涉及疾病预防、治疗功能；明示或者暗示具有保健作用；明示或者暗示具有益智、增加抵抗力或者免疫力、保护肠道等功能性表述；对于按照食品安全标准不应当在产品配方中含有或者使用的物质，以"不添加""不含有""零添加"等字样强调未使用或者不含有；虚假、夸大、违反科学原则或者绝对化的内容；与产品配方注册的内容不一致的声称。

第三节　食用农产品市场销售

一、概述

1. 食用农产品的含义

食用农产品，指在农业活动中获得的供人食用的植物、动物、微生物及其产品。农业活动，指传统的种植、养殖、采摘、捕捞等农业活动，以及设施农业、生物工程等现代农业活动。植物、动物、微生物及其产品，指在农业活动中直接获得的，以及经过分拣、去皮、剥壳、干燥、粉碎、清洗、切割、冷冻、打蜡、分级、包装等加工，但未改变其基本自然性状和化学性质的产品。以食用农产品作为原料进行食品生产的，应当取得食品生产许可证。

2. 食用农产品市场销售监管范围

食品药品监管部门负责食用农产品市场销售质量安全监督管理工作，即食用农产品进入集中交易市场、商场、超市、便利店等市场主体后的贮存、运输、销售等过程的监管。集中交易市场开办者、食用农产品销售者、贮存服务提供者应当对其贮存、运输、销售的食用农产品负责。集中交易市场是指由市场开办方依法设立的销售食用农产品的批发市场、零售市场（含农贸市场）等。根据《农业部、食品药品监管总局关于加强食用农产品质量安全监督管理工作的意见》（农质发〔2014〕14号），农业生产技术、动植物疫病防控和转基因生物安全的监督管理，不属于食品药品监管部门的职责。

3. 国家出台的有关规定

2013年3月，《国务院办公厅关于印发国家食品药品监督管理总局主要职责内设机构和人员编制规定的通知》，明确了食品药品监管总局与农业部的有关职责分工：农业部门负责食用农产品从种植养殖环节到进入批发、零售市场或生产加工企业前的质量安全监督管理，负责兽药、饲料、饲料添加剂和职责范围内的农药、肥料等其他农业投入品质量及使用的监督管理。食用农产品进入批发、零售市场或生产加工企业后，按食品由食品药品监督管理部门监督管理。农业部门负责畜禽屠宰环节和生鲜乳收购环节质量安全监督管理。两部门建立食品安全追溯机制，加强协调配合和工作衔接，形成监管合力。

2014年10月，《农业部 食品药品监管总局关于加强食用农产品质量安全监督管理工作的意见》出台，就加强食用农产品质量安全监督管理工作衔接、强化食用农产品质量安全全程监管，从严格落实食用农产品监管职责、加快构建食用农产品全程监管制度、稳步推行食用农产品产地准出和市场准入管理、加快建立食用农产品质量追溯体系、深入推进突出问题专项整治、加强监管能力建设和监管执法合作、强化检验检测资源共享、加强舆情监测和应急处置、建立高效的合作会商机制等九个方面提出了意见。大部分省（市、区）出台了食用农产品产地准入和市场准入的相关文件，构建了良好的协作机制。

2016年1月，国家食品药品监管总局颁布通过了《食用农产品市场销售质量安全监督管理办法》，并于2016年3月1日实施。2016年6月，国家食品药品监管总局又相继出台了《关于食用农产品市场销售质量安全监督管理有关问题的通知》、《食用农产品批发市场落实〈食用农产品市场销售质量安全监督管理办法〉推进方案》。

2016年3月，国家食品药品监管总局出台《食品生产经营日常监督检查管理办法》，于2016年5月1日起施行，主要内容包括：日常监督检查职责、随机检查原则、日常监督检查事项、制定日常监督检查要点表、日常监督检查结果形式、日常监督检查结果对外公开、日常监督检查法律责任七个方面。

2016年6月，农业部就应用现代信息技术加快推进全国农产品质量安全追溯体系建设出台了《关于加快推进农产品质量安全追溯体系建设的意见》，其主要目标是：建立全国统一的追溯管理信息平台、制度规范和技术标准，选择苹果、茶叶、猪肉、生鲜乳、大菱鲆等几类农产品统一开展追溯试点，逐步扩大追溯范围，力争"十三五"末农业产业化国家重点龙头企业、有条件的"菜篮子"产品及"三品一标"规模生产主体率先实现可追溯，品牌影响力逐步扩大，生产经营主体的质量安全意识明显增强，农产品质量安全水平稳步提升。

2016年7月，农业部下发《关于开展食用农产品合格证管理试点工作的通知》，优先选择具有一定工作基础、农产品生产供应量较大的河北、黑龙江、浙江、山东、湖南、陕西等省开展主要食用农产品合格证管理试点，坚持面上整体推进与点上重点推进相结合，按照《食用农产品合格证管理办法（试行）》的要求，积极探索食用农产品合格证管理的有效模式，进一步转变农产品质量安全监管方式，创新部门间业务协作机制，全面提升我国农产品质量安全监管能力和水平。

2016年7月，国务院食品安全办、工业和信息化部、农业部、国家卫生计生委和食品药品监管总局联合制定了《畜禽水产品抗生素、禁用化合物及兽药残留超标专项整治行动方案》。其工作目标是：严厉打击畜禽水产品中违规使用抗生素以及非法使用"瘦肉精"等禁用物质、水产品中非法使用硝基呋喃、孔雀石绿等禁用兽药及化合物、超范围超剂量使用兽药等行为，严厉查处违法违规生产经营单位，整治不规范用药行为，清理违法违规网站，查办违法案件，曝光典型案例，切实解决和消除畜禽水产品领域违规使用抗生素、禁用化合物及兽药残留超标的突出问题和风险隐患，规范兽药使用行为，全面提高畜禽水产品质量安全水平，维护广大人民群众舌尖上的安全。

食用农产品市场销售涉及的相关法律法规：《食品安全法》、《农产品质量安全法》、《农药管理条例》、《农民专业合作社法》、《兽药管理条例》、《饲料和饲料添加剂管理条例》等。

二、基本要求

1. 市场准入要求

果蔬类和水产类食用农产品市场准入要求。食用农产品进入集中交易市场，销售者应当提供社会信用代码或者身份证复印件，食用农产品产地证明或者购货凭证、合格证明文件。无法提供社会信用代码（或者身份证复印件）的，不得入场销售。无法提供产地证明、购货凭证、合格证明文件三者中任意一项的，集中交易市场开办者应当自行或委托进行抽样检验或者快速检测；抽样检验或者快速检测合格的，方可进入市场销售。各省可根据与农业部门产地准出和市场准入对接情况以及监管实际，适当提高准入门槛，要求对无法提供产地证明（或购货凭证）和合格证明文件的，集中交易市场开办者应当进行抽样检验或者快速检测；检测合格的，方可进入市场销售。食用农产品生产企业和农民专业合作经济组织入场销售的，应当提供社会信用代码和合格证明文件。商场、超市、便利店等销售食用农产品，应当建立食用农产品进货查验记录制度，记录供货者及购进食用农产品的相关信息。

肉类产品市场准入要求。销售畜禽产品，应当按照《中华人民共和国动物防疫法》第42条要求，依法出具检疫证明，加施检疫标志。农业部门尚未出台检疫规程，无法出具检疫证明的除外。销售猪肉产品，除提供动物检疫合格证明外，还要按照《生猪屠宰管理条例》的规定依法出具肉品品质检验合格证明。各地对肉类产品市场准入有具体规定的，按照各地规定执行。

进口食用农产品市场准入的要求。销售进口食用农产品，要提供出入境检验检疫部门出具的入境货物检验检疫证明等证明文件。

2. 标签标识

销售食用农产品可以不进行包装。销售食用农产品应当在摊位（柜台）明显位置标示相关信息，如实公布食用农产品名称、产地、生产者或者销售者名称或者姓名等相关内容。产地标示到市县一级或者农场的具体名称。除必须要标示的信息外，销售者可以自行决定增加标示的内容。销售含有转基因动植物、微生物或者其产品成分的食用农产品，其标签标识按照《农业转基因生物安全管理条例》进行标示。

进口食用农产品的包装或者标签应当符合我国法律、行政法规的规定和食品安全国家标准的要求，并载明原产地，境内代理商的名称、地址、联系方式。进口鲜冻肉类产品的包装应当标明产品名称、原产国（地区）、生产企业名称、地址以及企业注册号、生产批号；外包装上应当以中文标明规格、产地、目的地、生产日期、保质期、储存温度等内容。分装销售的进口食用农产品，应当在包装上保留原进口食用农产品全部信息以及分装企业、分装时间、地点、保质期等信息。

3. 禁止销售的食用农产品

禁止销售的食用农产品：使用国家禁止的兽药和剧毒、高毒农药，或者添加食品添加剂以外的化学物质和其他可能危害人体健康的物质的；致病性微生物、农药残留、兽药残留、生物毒素、重金属等污染物质以及其他危害人体健康的物质含量超过食品安全标准限量的；超范围、超限量使用食品添加剂的；腐败变质、油脂酸败、霉变生虫、污秽不洁、混有异物、掺假掺杂或者感官性状异常的；病死、毒死或者死因不明的禽、畜、兽、水产动物肉类；未按规定进行检疫或者检疫不合格的肉类；未按规定进行检验或者检验不合格的肉类；使用的保鲜剂、防腐剂等食品添加剂和包装材料等食品相关产品不符合食品安全国家标准的；被包装材料、容器、运输工具等污染的；标注虚假生产日期、保质期或者超过保质期的；国家为防病等特殊需要明令禁止销售的；标注虚假的食用农产品产地、生产者名称、生产者地址，或者标注伪造、冒用的认证标志等质量标志的；其他不符合法律、法规或者食品安全标准的。

关于禁止销售食用农产品情形的判定。由于食用农产品所特有的自然属性，使其具有不同于其他食品的特点，消费者在购买时应对产品进行外观的基本辨识，购买后需经挑拣、清洗或加热等再加工处理方可食用。因此，凡是通过挑拣、清洗等方式，能够有效剔除不可食用部分，保证食用安全的食用农产品，像果蔬类产品带泥、带沙、带虫、部分枯败等和水产品带水、带泥、带沙等，均不属于腐败变质、霉变生虫、污秽不洁、混有异物、掺假掺杂或者感官性状异常等情形。

三、市场经营主体责任义务

1. 入场销售者

销售者应当具有与其销售的食用农产品品种、数量相适应的销售和贮存场所，保持场所环境整洁，并与有毒、有害场所以及其他污染源保持适当的距离。应当具有与其销售的食用农产品品种、数量相适应的销售设备或者设施。销售冷藏、冷冻食用农产品的，应当配备与销售品种相适应的冷藏、冷冻设施，并符合保证食用农产品质量安全所需要的温度、湿度和环境等特殊要求。销售者租赁仓库的，应当选择能够保障食用农产品质量安全的食用农产品贮存服务提供者。

销售者采购食用农产品，应当按照规定查验相关证明材料，不符合要求的，不得采购和销售。销售者应当建立食用农产品进货查验记录制度，如实记录食用农产品名称、数量、进货日期以及供货者名称、地址、联系方式等内容，并保存相关凭证。记录和凭证保存期限不得少于 6 个月。实行统一配送销售方式的食用农产品销售企业，可以由企业总部统一建立进货查验记录制度；所属各销售门店应当保存总部的配送清单以及相应的合格证明文件。配送清单和合格证明文件保存期限不得少于 6 个月。从事食用农产品批发业务的销售企业，应当建立食用农产品销售记录制度，如实记录批发食用农产品名称、数量、销售日期以及购货者名称、地址、联系方式等内容，并保存相关凭证。记录和凭证保存期限不得少于 6 个月。鼓励和引导有条件的销售企业采用扫描、拍照、数据交换、电子表格等方式，建立食用农产品进货查验记录制度。

销售者贮存食用农产品，应当定期检查库存，及时清理腐败变质、油脂酸败、霉变生虫、污秽不洁或者感官性状异常的食用农产品。销售者贮存食用农产品，应当如实记录食用农产品名称、产地、贮存日期、生产者或者供货者名称或者姓名、联系方式等内容，并在贮存场所保存记录。记录和凭证保存期限不得少于 6 个月。

2. 集中交易市场开办者

集中交易市场开办者应当建立健全食品安全管理制度，督促销售者履行义务，加强食用农产品质量安全风险防控。主要负责人应当落实食品安全管理制度，对本市场的食用农产品质量安全工作全面负责。应当配备专职或者兼职食品安全管理人员、专业技术人员，明确入场销售者的食品安全管理责任，组织食品安全知识培训。应当制定食品安全事故处置方案，根据食用农产品风险程度确定检查重点、方式、频次等，定期检查食品安全事故防范措施落实情况，及时消除食用农产品质量安全隐患。应当按照食用农产品类别实行分区销售。销售和贮存食用农产品的环境、设施、设备等应当符合食用农产品质量安全的要求。

集中交易市场开办者应当建立入场销售者档案，如实记录销售者名称或者姓名、社会信用代码或者身份证号码、联系方式、住所、食用农产品主要品种、进货渠道、产地等信息。销售者档案信息保存期限不少于销售者停止销售后 6 个月。应当对销售者档案及时更新，保证其准确性、真实性和完整性。应当如实向所在地县级食品药品监督管理部门报告市场名称、住所、类型、法定代表人或者负责人姓名、食品安全管理制度、食用农产品主要种类、摊位数量等信息。

集中交易市场开办者应当查验并留存入场销售者的社会信用代码或者身份证复印件、食用农产品产地证明或者购货凭证、合格证明文件。销售者无法提供食用农产品产地证明或者购货凭证、合格证明文件的，集中交易市场开办者应当进行抽样检验或者快速检测；抽样检验或者快速检测合格的，方可进入市场销售。

关于产地证明、合格证明的范围。食用农产品生产企业或者农民专业合作经济组织及其成员生产的食用农产品，由本单位出具产地证明，其自行检测、委托检测出具的检测合格证明可作为质量合格证明；其他食用农产品生产者或者个人生产的食用农产品，由村民委员会、乡镇政府等出具产地证明；无公害农产品、绿色食品、有机农产品以及农产品地理标志等食用农产品标志上所标注的产地信息，可以作为产地证明，其证书可作为质量合格证明。食用农产品上加贴的二维码、条形码或附加的标签、标示带、说明书等可以作为产地证明。

集中交易市场开办者应当建立食用农产品检查制度，对销售者的销售环境和条件以及食用农产品质量安全状况进行检查。发现存在食用农产品不符合食品安全标准等违法行为的，应当要求销售者立即停止销售，依照集中交易市场管理规定或者与销售者签订的协议进行处理，并向所在地县级食品药品监督管理部门报告。应当在醒目位置及时公布食品安全管理制度、食品安全管理人员、食用农产品抽样检验结果以及不合格食用农产品处理结果、投诉举报电话等信息。

3. 批发市场开办者

批发市场开办者应当与入场销售者签订食用农产品质量安全协议，明确双方食用农产品质量安全权利义务；未签订食用农产品质量安全协议的，不得进入批发市场进行销售。

批发市场开办者应当配备检验设备和检验人员，或者委托具有资质的食品检验机构，开展食用农产品抽样检验或者快速检测，并根据食用农产品种类和风险等级确定抽样检验或者快速检测频次。

批发市场开办者应当印制统一格式的销售凭证，载明食用农产品名称、产地、数量、销售日期以及销售者名称、地址、联系方式等项目。销售凭证可以作为销售者的销售记录和其他购货者的进货查验记录凭证。销售者应当按照销售凭证的要求如实记录。记录和销售凭证保存期限不得少于 6 个月。

与屠宰厂（场）、食用农产品种植养殖基地签订协议的批发市场开办者，应当对屠宰厂（场）和食用农产品种植养殖基地进行实地考察，了解食用农产品生产过程以及相关信息，查验种植养殖基地食用农产品相关证明材料以及票据等。

4. 贮存服务提供者

贮存服务提供者应当按照食用农产品质量安全的要求贮存食用农产品，履行下列义务：如实向所在地县级食品药品监督管理部门报告其名称、地址、法定代表人或者负责人姓名、社会信用代码或者身份证号码、联系方式以及所提供服务的销售者名称、贮存的食用农产品品种、数量等信息；查验所提供服务的销售者的营业执照或者身份证明和食用农产品产地或者来源证明、合格证明文件，并建立进出货台账，记录食用农产品名称、产地、贮存日期、出货日期、销售者名称或者姓名、联系方式等。进出货台账和相关证明材料保存期限不得少于 6 个月；保证贮存食用农产品的容器、工具和设备安全无害，保持清洁，防止污染，保证食用农产品质量安全所需的温度、湿度和环境等特殊要求，不得将食用农产品与有毒、有害物品一同贮存；贮存肉类冻品应当查验并留存检疫合格证明、肉类检验合格证明等证明文件；贮存进口食用农产品，应当查验并记录出入境检验检疫部门出具的入境货物检验检疫证明等证明文件；定期检查库存食用农产品，发现销售者有违法行为的，应当及时制止并立即报告所在地县级食品药品监督管理部门；法律、法规规定的其他义务。

第五章　餐饮服务食品安全基本要求和规范管理

2011 年 8 月，国家食品药品监督管理局正式发布施行了《餐饮服务食品安全操作规范》（以下简称《规范》），该《规范》分为主体和附件两部分内容。主体部分包括总则、机构及人员管理、场所与设施设备、过程控制和附件，共 5 章节 46 条。附件部分包括餐饮服务提供者场所布局要求等 6 个附件。《规范》基本的核心构成主要有 4 个部分：①机构及人员管理。②场所与设施、设备。③过程控制。④附件。特别强调的是由于我国餐饮服务行业业态较多，发展规模参差不齐，不同业态、不同规模的餐饮服务单位食品安全差异较大，因此，《规范》将强制性要求与推荐性要求相结合，明确了"应"的要求是必须执行；"不得"的要求是禁止执行或发生；"宜"的要求是推荐执行，餐饮服务单位可根据自身的实际情况决定是否执行。

《规范》鼓励有条件的餐饮服务单位，在满足法律法规要求的前提下，可引进先进的管理技术，如 HACCP 管理体系、5S 管理、6T 实务等，从而达到提升餐饮服务单位食品安全管理水平的目的。

第一节　餐饮服务食品安全基本要求

餐饮服务食品安全管理的基本要求主要包括：食品安全管理机构与管理人员的要求、从业人员要求、场所要求、设施要求、清洁消毒与病媒生物防控管理、加工过程管理等方面，这是餐饮服务单位食品安全控制的基础。

一、食品安全管理机构与管理人员的要求

（一）需设置配备的单位

需要设置配备食品安全管理机构与管理人员的餐饮服务单位：①大型以上餐馆（含大型餐馆）；②学校食堂（含托幼机构食堂）；③供餐人数 500 人以上的机关及企事业单位食堂；④餐饮连锁企业总部；⑤集体用餐配送单位；⑥中央厨房。

这些餐饮服务单位具有就餐人数多、社会影响大、食品安全风险突出等特点，不仅要设置食品安全管理机构，而且要配备专职的食品安全管理人员，以便有足够的时间和精力对企业从原料采购到成品供应的全过程实施管理。

上述六类以外的餐饮服务单位如无条件，可以配备兼职的食品安全管理人员。

（二）食品安全管理机构的组成、职责

1. 食品安全管理机构的组成

餐饮服务单位设立的食品安全管理机构不一定是一个专门成立的部门，它可以是一个构建在各相关部门（如原料采购、粗加工、烹调加工、供餐服务、工程部门等）基础上的管理组织，其成员由各相关部门的人员组成。需要强调的是，食品安全管理机构组成人员

中应包括法定代表人、主要负责人或业主，其主要职责和作用是最终决定食品安全控制所采取的措施，并督促、协调有关部门予以落实。

2. 食品安全管理机构应当承担的具体职责

（1）健全制度，明确责任。建立健全食品安全管理制度，明确并落实各岗位责任制。

（2）制定实施培训计划。制定从业人员食品安全知识培训计划并加以实施，组织学习食品安全法律、法规、规章、规范、标准、加工操作规程和其他食品安全知识，加强诚信守法经营和职业道德教育。

（3）组织实施健康检查。组织从业人员进行健康检查，依法将患有有碍食品安全疾病的人员调整到不影响食品安全的工作岗位。

（4）制定实施自查计划。制定食品安全检查计划，明确检查项目及考核标准，并做好检查记录。

（5）制定应急实施预案。组织制定食品安全事故处置方案，定期检查食品安全防范措施的落实情况，及时消除食品安全事故隐患。

（6）建立管理档案。如建立食品安全检查及从业人员健康、培训等管理档案。

（7）其他。承担法律、法规、规章、规范、标准规定的其他职责。

3. 餐饮服务单位应建立的食品安全管理制度

（1）从业人员健康管理制度。（2）从业人员培训管理制度。（3）加工经营场所清洁、消毒和维修保养制度。（4）设施设备清洁、消毒和维修保养制度。（5）采购索证索票制度（包括采购的食品、食品添加剂、食品相关产品）。（6）进货查验制度（包括采购进货的食品、食品添加剂、食品相关产品）。（7）台账记录制度（包括食品、食品添加剂、食品相关产品）。（8）关键环节操作规程。（9）餐厨废弃物处置管理制度。（10）食品安全突发事件应急处置方案。（11）投诉受理制度。（12）食品储藏管理制度。（13）虫害控制制度。（14）食品药品监督管理部门规定的其他制度。

（三）食品安全管理人员

1. 基本要求

餐饮服务单位食品安全管理人员必须具备的基本条件是：

（1）身体健康并持有效健康证明。（2）具备两年以上餐饮服务食品安全工作经历。（3）持有效的培训合格证明。（4）食品药品监督管理部门规定的其他条件。

2. 具体职责

餐饮服务单位食品安全管理人员是食品安全管理工作的具体实施者，承担着八项具体职责：

（1）采购进货安全管理。餐饮服务单位食品、食品添加剂、食品相关产品采购索证索票、进货查验和采购台账记录管理。（2）场所环境卫生管理。（3）设施设备清洗消毒管理。（4）人员健康状况管理。（5）加工制作过程管理。（6）食品添加剂贮存、使用管理。（7）餐厨垃圾处理管理。（8）其他食品安全管理。

这八项职责为食品安全管理人员的责、权提供了依据。为此，必须首先赋予食品安全管理人员充分、合理的管理权限，以便其能切实督促检查各项食品安全制度和要求的执行情况，发现违反要求的行为时有权直接纠错。食品安全管理人员的有关具体职责应由餐饮服务单位高层管理者授权并以签署文件的形式明确规定并予以公布，以便操作执行和监督实施。这八项职责也成为考核食品安全管理人员是否称职的标准。

（四）餐饮服务单位食品安全管理人员的培训与考核

依照国家食品药品监督管理局发布施行的《餐饮服务单位食品安全管理人员培训管理办法》要求，餐饮服务单位食品安全管理人员每年应接受不少于 40 小时的餐饮服务食品安全集中培训。培训的内容主要包括：

（1）与餐饮服务有关的食品安全法律、法规、规章、规范性文件和标准；（2）餐饮服务食品安全基本知识；（3）餐饮服务食品安全管理技能；（4）食品安全事故应急处置知识；（5）其他需要培训的内容。

餐饮服务单位食品安全管理人员须经培训、考核，取得培训合格证明，方可从事食品安全管理工作。餐饮服务单位食品安全管理人员的培训由各省、自治区、直辖市食品药品监督管理部门确定的培训机构具体实施，培训机构负责颁发"培训证明"。食品安全管理人员完成培训后应参加食品药品监督管理部门组织的考核，考核不得收取任何费用，考核合格者由食品药品监督管理部门颁发"餐饮服务单位食品安全管理人员培训合格证明"。培训合格证明有效期为三年，样式由各省、自治区、直辖市食品药品监督管理部门规定。餐饮服务单位必须设立 1 名餐饮服务食品安全管理人员（根据上述条件设置专职或兼职），负责本单位的食品安全管理工作。

餐饮服务单位负责人应高度重视员工培训，要充分认识到加强培训是企业长远发展的基础，是保障食品安全的有效措施。餐饮服务单位食品安全管理人员通过系统学习食品安全法律法规、基础知识及食品安全管理方法，对建立和完善餐饮服务单位食品安全管理制度和各项操作规程，全面掌握食品安全控制点，保障食品安全具有极其重要的作用。

二、场所要求

（一）选址

餐饮服务单位的选址不仅要考虑经营问题，还要重点考虑食品安全控制因素和周边环境污染源两方面问题。

1. 地势干燥、有给排水条件和电力供应

潮湿的环境为微生物在食品上的生长繁殖提供了良好基础，食品加工及清洗、消毒操作离不开水，餐饮服务单位设施设备大多需要电力供应。因此，餐饮服务单位选址应考虑选择地势干燥、有给排水条件和电力供应的地区。

2. 与污染源保持距离

餐饮服务单位不得设在易受到污染的区域（如图 5-1 所示）。影响食品安全的污染源有两类：

（1）生物性污染源。包括粪坑、污水池、暴露垃圾场（站）、旱厕、禽畜类动物圈养场所、宰杀场所等。此类污染源对食品安全的主要影响是：在污染源中滋生的有害昆虫可能会污染食品及其加工操作环境。考虑到昆虫通常的飞行距离，规定防护距离为 25m，符合规定的水冲式卫生间，通常不会有昆虫滋生，因此，规定不设在食品处理区内即可。

（2）物理化学污染源。包括粉尘、有害气体、放射性物质和其他扩散性污染源，此类污染源具有扩散性，且污染的严重程度与其性质、规模都有关系，较难统一规定防护距离。因此，规定餐饮服务单位应设置在这些扩散性污染源影响范围之外，具体的防护距离

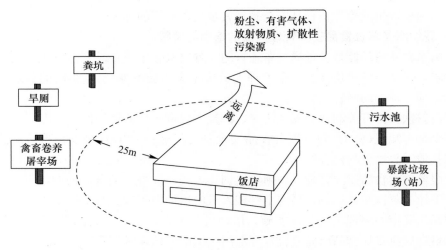

图 5-1　餐饮服务单位应远离污染区

应综合考虑污染源情况及采取的防护措施等因素。餐饮服务单位选址除符合上述规定外，同时还应符合当地规划、环保和消防等有关要求。

（二）建筑结构

加工经营场所良好的建筑结构是保障食品安全最基本的条件，餐饮服务单位的建筑结构应采用混凝土、砖木、钢构架等坚固耐用的形式，且易于维修、易于保持清洁，能有效与外界隔开，避免老鼠、昆虫等有害动物的侵入和鸟类的栖息。

（三）布局

食品处理区是进行食品安全控制的主要区域，因此，食品处理区应设置在室内，避免外界的污染。食品处理区的布局是有效防止食品污染的基础，其布局的设计应当依据两个原则：

（1）依据各项作业流程设计布局的原则。餐饮服务单位总体的食品加工流程一般为：原料进入、贮存、原料加工、半成品加工、烹调、成品供应。餐饮具的清洁消毒作业一般为：餐饮具回收、清洁消毒、保洁、供应使用。食品处理区内针对上述的各环节设置操作场所，各操作场所的设置应当依照上述流程从原料的进入至成品的供应依次成单一流向，也就是使食品处理区内的物流过程成单一流向，不能存有逆流环节，以防止食品在存放、操作中发生交叉污染。餐饮具的回收、消毒、保洁也应依照此原则。

（2）"三分开"的原则。该原则为推荐性原则，即原料通道及入口、成品通道及出口、使用后的餐饮具回收通道及入口，最好分开设置。

以上两个原则是从空间上隔开以防止交叉污染，它是餐饮服务单位食品处理区布局的基本原则。由于各单位建筑条件的限制，布局的设计管理极为复杂。当不能满足时还应考虑使用"时间错位"的方法，即在不同的时段分别运送原料、成品、使用后的餐饮具，或者将运送的成品加以无污染覆盖。使用"时间错位"的方法必须保证具有较强的可实施性。烹饪场所加工食品如使用固体燃料（如煤）的，炉灶应为隔墙烧火的外扒灰式，避免粉尘污染食品，这一点在布局设计时应予以考虑。

1）基本加工操作场所

食品处理区内应设置专用场所的加工环节，有以下方面：①原料贮存；②粗加工（全部使用半成品的可不设置）；③切配；④半成品贮存；⑤烹饪（单纯经营火锅、烧烤的可不设置）；⑥备餐（饮品店可不设置）；⑦餐用具清洗消毒的场所。餐饮服务单位还应根据《餐饮服务食品安全操作规范》附件 1 提出的食品处理区为独立隔间的场所，将场所设为隔间。设置的原则是规模越大的餐饮服务单位，功能分区越细分，设置为独立隔间的场所越多。

清洁工具（如拖把、抹布等）是清洁食品加工操作场所必不可少的工具，但处理不当也可污染食品及其加工场所。因此，清洁工具的存放场所应与食品加工操作场所分开，应以不污染食品和加工环境为原则，设置清洁工具的存放场所。大型以上（含大型）的餐馆、加工经营场所面积 500m² 以上的食堂、集体用餐配送单位和中央厨房应设置独立存放的隔间。

2）清洁加工操作场所

餐饮服务单位制作现榨饮料、水果拼盘及加工生食海产品的，应分别设置相应的专用操作场所。

要求：与其他场所设置物理隔断；场所内无明沟，地漏带水封；设清洗消毒设施和专用冷藏设施；入口处设置洗手、消毒设施。

3）专间

进行凉菜配制、裱花操作、集体用餐配送单位的食品分装操作应分别设置相应专间。以上加工的食品均为直接入口食品，且食品安全风险性极高，是造成食物中毒的主要食品。因此，对其加工操作的控制最为严格，必须在专间内操作，并符合专间的相关要求。食堂和快餐店有集中备餐操作的，也应设置相应专间。但如果以自助餐形式供餐的餐饮服务单位或没有集中备餐操作的食堂和快餐店，其供应的食品基本上是裸露的。因此，要求就餐场所窗户应为封闭式或装有防蝇、防尘设施，门应设有防蝇、防尘设施，宜设空气风幕设施。以保证整个就餐场所的环境能够达到较为清洁的水平。中央厨房凉菜配制以及待配送食品贮存，应分别设置凉菜配制专间和待配送食品贮存专间。中央厨房的食品冷却、包装操作应设置食品加工专间或专用设施。

要求：专间内无明沟，地漏带水封；设置可开闭式食品传递窗口，除传递窗口和人员通道外，原则上不设置其他门窗；专间门采用易清洗、不吸水的坚固材质，能够自动关闭；专间内应设有独立的空调设施（备餐间除外）、清洗消毒设施、专用冷藏设施和与专间面积相适应的空气消毒设施；专间内的废弃物容器盖子应当为非手动开启式；专间入口处应当设置独立的洗手、消毒、更衣设施的通过式预进间；不具备设置预进间条件的其他餐饮服务提供者，应在专间入口处设置洗手、消毒、更衣设施。

（四）面积

餐饮服务单位食品处理区的面积直接决定了食品的供应量。在通常情况下，食品处理区的面积与食品供应量基本达到平衡。在一些特殊情况下，如承接婚宴等大型聚会时，食品供应量急剧上升，超过所能够承担的最大供应量，从业人员在紧张的工作压力下，难以按照安全规范操作，不可避免地会出现一系列的食品安全问题，例如：食品加热不彻底、存放时间过长（尤其是凉菜）、生熟交叉污染等。鉴于这些原因，食品处理区的面积应与就餐场所面积、供应的最大就餐人数相适应（详见表 5-1）。餐饮服务单位如配有甜品站的，面积原则上不少于 6m²。

餐饮服务提供者场所布局面积要求　　　　　　　　　　　　　表 5-1

	加工经营场所面积（m²）或人数	食品处理区与就餐场所面积之比（推荐）	切配烹饪场所面积	凉菜间面积	食品处理区为独立隔间的场所
餐馆	≤150m²	≥1∶2.0	≥食品处理区面积50%	≥食品处理区面积10%	加工烹饪、餐用具清洗消毒
	150～500m²（不含150m²，含500m²）	≥1∶2.2	≥食品处理区面积50%	≥食品处理区面积10%，且≥5m²	加工、烹饪、餐用具清洗消毒
	500～3000m²（不含500m²，含3000m²）	≥1∶2.5	≥食品处理区面积50%	≥食品处理区面积10%	粗加工、切配、烹饪、餐用具清洗消毒、清洁工具存放
	>3000m²	≥1∶3.0	≥食品处理区面积50%	≥食品处理区面积10%	粗加工、切配、烹饪、餐用具清洗消毒、餐用具保洁、清洁工具存放
快餐店	/	/	≥食品处理区面积50%	≥食品处理区面积10%，且≥5m²	加工、备餐
小吃店饮品店	/		≥食品处理区面积50%	≥食品处理区面积10%	加工、备餐
食堂	供餐人数50人以下的机关、企事业单位食堂		≥食品处理区面积50%	≥食品处理区面积10%	备餐、其他参照餐馆相应要求设置
	供餐人数300人以下的学校食堂，供餐人数50～500人的机关、企事业单位食堂	/	≥食品处理区面积50%	≥食品处理区面积10%，且≥5m²	备餐、其他参照餐馆相应要求设置
	供餐人数300人以上的学校（含托幼机构）食堂，供餐人数500人以上的机关、企事业单位食堂	/	≥食品处理区面积50%	≥食品处理区面积10%	备餐、其他参照餐馆相应要求设置
	建筑工地食堂	布局要求和标准由各省级食品药品监管部门制定			/
集体用餐配送单位	食品处理区面积与最大供餐人数相适应，小于200m²，面积与单班最大生产份数之比为1∶2.5；200～400m²，面积与单班最大生产份数之比为1∶2.5；400～800m²，面积与单班最大生产份数之比为1∶4；800～1500m²，面积与单班最大生产份数之比为1∶6；面积大于1500m²的，其面积与单班最大生产份数之比可适当减少。烹饪场所面积≥食品处理区面积15%，分餐间面积≥食品处理区10%，清洗消毒面积≥食品处理区10%				粗加工、切配、烹饪、餐用具清洗消毒、餐用具保洁、分装、清洁工具存放
中央厨房	加工操作和贮存场所面积原则上不小于300m²；清洗消毒区面积不小于食品处理区面积的10%		≥食品处理区面积15%	≥10m²	粗加工、切配、烹饪、面点制作、食品冷却、食品包装、待配送食品贮存、工用具清洗消毒、食品库房、更衣室、清洁工具存放

注：1. 各省级食品药品监管部门可对小型餐馆、快餐店、小吃店、饮品店的场所布局，结合本地情况进行调整，报国家食品药品监督管理局备案。

2. 全部使用半成品加工的餐饮服务提供者以及单纯经营火锅、烧烤的餐饮服务提供者，食品处理区与就餐场所面积之比在上表基础上可适当减少，有关情况报国家食品药品监督管理局备案。

三、设施设备要求

餐饮服务单位的设施设备是保障食品安全的基础条件，对于设施的总体要求应满足以下基本原则：便于操作、坚固、易清洗，有效避免交叉污染、防止虫害侵入、缩短食品处在危险温度范围的时间，并能满足最大供应量的需求。

（一）地面与排水

1. 地面

食品处理区地面材料应使用无毒、无异味、不透水、不易积垢、保持平整、无裂缝、耐腐蚀、防滑的材料。粗加工、切配、烹饪和餐用具清洗消毒等需经常冲洗的场所及易潮湿的场所，其地面应有一定的坡度（3%为宜），以便排水，其最低处应设在排水沟或地漏的位置。

2. 排水

排水沟内排水的流向应由清洁操作区流向非清洁操作区，并有防止污水逆流的设计，最常用的设计就是排水沟有一定坡度或者使用排水设备。排水沟内侧面和底面接合处应有一定弧度以保障排水通畅和清洗。排水沟是污水排放的通道，需要经常进行清洗，因此，应设置可拆卸的盖板便于清洗。清洁操作区内不得设置明沟，应使用带水封的地漏排水，防止废弃物流入及浊气逸出。排水沟应有防止有害动物侵入的设施。

（二）墙壁与门窗

1. 墙壁

材质方面除应达到与地面相同的无毒、无异味、不透水、不易积垢的要求外，还应平滑并采用浅色材料，以便能及时发现污垢，并易于清洁。粗加工、切配、餐用具清洗消毒和烹调等场所经常要用到水，这些场所应有1.5m以上的墙裙，各类专间的墙裙应铺设到墙顶。墙裙使用浅色、不吸水、易清洗和耐用的材料。

2. 门窗

各类门窗应采用易清洗、不吸水的坚固材料（如塑钢、铝合金等）制作。如使用木质门，应坚固、油漆良好且不吸水，不要使用未经油漆的木门，以免长时间使用后因受潮引起发霉或变形。

餐饮服务单位的各门窗应装配严密，门窗关闭时食品处理区与外环境之间，以及食品处理区内的不同区域之间能够有效地分隔。与外界直接相通的门和可开启的窗应设有易于拆洗且不生锈的防蝇纱网，或使用防蝇软门帘或空气幕。与外环境直接相通的门和各类专间的门应能自动关闭，如采用自闭门的形式。窗台是室内易积聚灰尘和操作人员随意放置物品的地方，为减少灰尘积聚和物品放置，室内窗台下斜45°以上或采用无窗台结构。

（三）屋顶与天花板

清洁操作区、准清洁操作区及其他半成品、成品暴露场所的屋顶若为不平整结构或有管道通过时，应加设平整易于清洁的吊顶。食品处理区内顶棚材质的要求基本与墙壁相同，应选用无毒、无异味、不吸水、不易积垢、耐腐蚀、耐温、浅色材料涂覆或装修。吊顶一般采用塑料、铝合金材料。石膏材料吊顶因易于吸附水汽不宜使用。顶棚与横梁或墙壁结合处有一定弧度，以防止积聚灰尘。水蒸气较多场所的顶棚应有适当坡度，在结构上使冷凝水能顺势从墙边流下，减少凝结水滴落，污染食品。在这些场所设置的吊顶，材料应有较好的防霉效果，应注意材料之间的缝隙要做到严密封闭，防止水蒸气通过缝隙钻入吊顶中，导致吊顶内部严重霉变。烹饪场所天花板离地面宜 2.5m 以上，小于 2.5m 的应采用机械排风系统，排出蒸汽、油烟、烟雾等。

（四）卫生间

餐饮服务单位卫生间不得设在食品处理区内，必须采用水冲式，且地面、墙壁、便槽等应采用不透水、易清洗、不易积垢的材料。同时应安装有效排气装置，并有适当照明。卫生间的排污管道应与食品处理区的排水管道分开设置，且应有有效的防臭气水封。在卫生间出口附近宜设置洗手设施，便于人员洗手。应当注意的是，食品加工操作人员不得穿工作服上卫生间。

（五）更衣场所和洗手消毒设施

1. 更衣场所要求

更衣场所与加工经营场所应在同一建筑物内，宜为独立隔间，最好设置在食品处理区入口处，以便更衣后直接进入食品处理区，更衣场所应有足够大的空间，可以存放足够更衣设施和进行更衣活动。

2. 洗手消毒设施要求

（1）设施的结构、材料要求。为保持洗手池的清洁卫生，其材质应为不透水材料（如不锈钢或陶瓷等），结构应不易积垢并易于清洗。水龙头宜采用脚踏式、肘动式或感应式等非手动式开关，防止清洁消毒过的手再次受到污染。需要强调的是，中央厨房专间的水龙头应为非手触动式开关。洗手最好使用温水，因为温水能提高洗涤剂的活性，去污能力比冷水强，温水洗手还可以给人带来舒适感，以避免因水冷而不洗手或洗手不彻底。洗手用水也应符合生活饮用水的卫生要求。洗手设施的排水要通畅，应具有防止逆流、有害动物侵入及臭味产生的装置，例如 U 形管。洗手消毒设施附近应设有相应的清洗、消毒用品和干手用品或设施。员工专用的洗手消毒设施附近应有洗手消毒方法标志，引导从业人员正确洗手消毒，如图 5-2 所示。

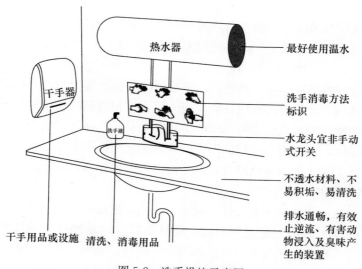

图 5-2　洗手设施示意图

（2）洗手消毒设施位置要求。操作前手部应洗净，操作时应保持清洁，手部受到污染后应及时洗手。为满足这一要求，卫生间出口处、更衣场所出口处或食品处理区的人员入口处、专间入口设置足够数量的洗手设施，以保障操作前手部洗净。水龙头设置的数目至少一个，宜按每增加 10 人增设一个的原则配置。在食品处理区内便于操作人员洗手的位置也应设置洗手设施。就餐场所应设有供就餐者使用的专用洗手设施。

（六）库房设施

餐饮服务单位库房构造应用无毒、坚固的材料建成，并应有防止动物侵入的装置，如挡鼠板、粘鼠板、鼠笼等。食品贮存库房按照贮存温度要求可分为：常温库、冷藏库、冷冻库三类。所有餐饮服务单位都需要设置常温库房（主要储存粮油类、调味料等），冷冻（藏）库房是否设置，应根据其生产量决定。通常生产量较大的餐饮服务单位（如：大型以上餐饮服务单位、集体用餐配送单位、中央厨房等），需设冷藏库（主要储存果蔬类、蛋类等）、冷冻库（主要储存畜禽肉类、水产品等）。生产量小的餐饮服务单位只需配备冷藏和冷冻冰箱即可满足其生产加工的需求。食品和非食品库房应分开设置。

（七）供水设施

1. 水质的要求

水是餐饮食品加工的重要食品原料，几乎涉及所有操作。用水的安全性直接关系到食品的安全。因此，餐饮服务单位应有充足的水源，供水应能保证加工需要，使用自备水源（如：自备井水、二次供水等）的水质也应符合《生活饮用水卫生标准》GB 5749 的规定。

2. 供水管道的要求

输水管道、水箱、水池等和供水设施的材质、内壁涂料应当无毒无害。食品加工用水与其他用水的管道系统，其可见部分以不同颜色明显区分，并以完全分离的管路输送，不得有逆流或相互交接现象。

（八）通风排烟设施

食品处理区应保持良好通风，及时排除潮湿和污浊的空气。空气流向应由清洁操作区流向其他操作区，防止食品、餐饮具、加工设备设施受到污染。食品处理区内的烹饪场所是产生油烟的重点场所，应采用机械排风，即在产生油烟的设备上方加设附有机械排风及油烟过滤的排气装置，且过滤器应便于经常清洗和更换。食品处理区内主食加工、蒸汽消毒等蒸煮操作设备是产生蒸汽的重点，这些产生大量蒸汽的设备上方应加设机械排风排气装置，宜分隔成小间（以减少蒸汽扩散），防止结露并做好凝结水的引泄。同时排气口应装有易清洗、耐腐蚀并可防止有害动物侵入的网罩。

采用机械通风使换气量的要求：①机械通风的换气量应做到排风量的 65% 由排风罩排至室外。②排气罩口吸气速度一般不应小于 0.5m/s，排风管内速度不应小于 10m/s。③补风量宜为排风量的 70% 左右，房间负压值不应大于 5Pa。

（九）采光照明设施

加工经营场所应有充足的自然采光和（或）人工照明。食品处理区工作面照度不应低于 220Lux（相当于一般晴天时室外无遮挡漫射光亮度），其他场所照度不低于 110Lux（相当于一般阴天时室外无遮挡漫射光亮度）。光源应不改变所观察食品的天然颜色。安装在暴露食品上方的照明设施应使用防护罩，冷冻（藏）库房应使用防爆灯，以防止爆裂时玻璃碎片污染食品。

（十）清洗消毒和保洁设施要求

设置的清洗、消毒、保洁设备设施的大小和数量应能满足需要。采用自动清洗消毒设备的，设备上应有温度显示和清洗消毒剂自动添加装置。

1. 清洗消毒设施

接触直接入口食品的器具（包括餐饮具）其清洁消毒要有固定的场所，有专用水池。与食品原料、清洁用具及接触非直接入口食品的工具、容器清洗水池分开。水池应使用不透水、不易积垢并易于清洗的构造。采用化学消毒的，至少设有 3 个专用水池，分别为洗涤剂清洗水池、消毒浸泡水池和冲洗水池。如有条件可在此基础上按照操作工序增加 1～2 个水池，以便于操作更加顺畅。采用人工清洗热力消毒的，至少设有两个专用水池，洗涤剂清洗水池和冲洗水池。各类水池应以明显标志标明其用途。

2. 保洁设施

餐用具使用后应及时清洁消毒，经过消毒的餐用具要做好保洁工作，防止再污染，否则就失去了消毒的意义。因此，应设专供存放消毒后餐用具的保洁设施，已经消毒的应及时放入专用保洁设施中备用。保洁设施结构应密闭并易于清洁，并有明显标志，保洁设施内不得存放其他物品，已消毒和未消毒的应分开存放。

（十一）废弃物暂存设施

食品处理区内可能产生废弃物或垃圾的场所均应设有废弃物容器。废弃物容器应配有盖子，用坚固及不透水的材料制造，能防止对食品、食品接触面、水源及地面的污染，防止有害动物侵入，防止不良气味或污水的溢出。在加工经营场所外适当地点宜设置废弃物临时集中存放设施，以便将位于食品处理区的垃圾及时运出。废弃物临时集中存放设施结构应密闭，能防止害虫进入、滋生及垃圾外溢。中型以上餐馆（含中型餐馆）、食堂、集体用餐配送单位和中央厨房，建议安装油水隔离池、油水分离器等设施。

（十二）设备、工具和容器要求

餐饮服务单位使用的设备、工具、容器、包装材料等应符合食品安全的要求及标准。食品接触面尽可能不使用木质材料，必须使用木质材料的工具，应保证不会对食品产生污染。与食品的接触面应易于清洗、消毒，即接触面应平滑、无凹陷或裂缝，内部角落部位应避免有尖角，以避免食品碎屑、污垢等的聚积。还应便于检查，避免因润滑油、金属碎屑、污水等引起的食品污染。

（十三）配送容器和车辆

集体用餐配送单位和中央厨房配送的食品需要提前制备，供餐时间较长，贮存、运输环境条件变化大，盛装食品的容器、运输工具及温度、湿度等环境因素对食品安全有很大的影响，容易使食品受到污染，甚至引发食物中毒。因此，集体用餐配送单位和中央厨房配送过程中所使用的容器应专用、密闭、有保温措施、便于清洗消毒。运送产品应使用专用封闭式的车辆，内部结构应平整，便于清洁，设有温度控制设备，以保障食品配送的温度要求。

第二节 餐饮服务食品安全规范管理

餐饮服务单位的食品安全主要从人员、硬件设施、设备、布局、加工过程等方面进行管理。

一、从业人员的管理

从业人员是指餐饮服务提供者中从事食品采购、保存、加工、供餐服务等工作的人员。我国餐饮服务行业食品加工的机械化、标准化程度普遍不高，从业人员在加工过程中与食品直接接触的几率较大，加大了食品被污染的风险。由于从业人员患病与不良的卫生操作习惯是导致食源性疾病的关键因素之一，因此，加强从业人员管理是餐饮服务单位食品安全管理的有效措施之一。

（一）从业人员的健康管理

餐饮服务单位应建立并执行从业人员健康检查制度。食品在加工过程中容易受到致病菌污染，成为食源性疾病特别是肠道传染病的传播媒介。因此，食品安全管理人员应对本单位从业人员的健康状况进行管理，每年对从业人员进行一次健康检查，所有从业人员（包括新参加和临时参加工作的人员）必须持有效健康合格证明方可上岗，否则不得从事食品加工操作。健康体检证明有效期为一年，从业人员应在健康证明过期之前重新体检。对患痢疾、伤寒、病毒性肝炎等消化道传染病，以及患有活动性肺结核、化脓性或者渗出性皮肤病等有碍食品安全疾病的人员应调离直接接触食品的岗位工作。

餐饮服务单位应建立每日晨检制度。食品安全管理人员如发现有发热、腹泻、皮肤伤口或感染、咽部炎症等有碍食品安全病症的人员，应立即禁止其上岗工作，待查明原因并将有碍食品安全的病症治愈后，方可重新上岗。

餐饮服务单位应建立并执行从业人员健康档案制度。食品安全管理人员应当对每一名从业人员建立一份健康档案，包括从业人员的疾病历史、每一份体检合格证明、每日的晨检结果等均应记录入档。

（二）个人卫生及工作服的管理

1. 从业人员的卫生管理

主要有八个方面：

（1）从业人员应勤洗澡，保持良好的个人清洁卫生，以减少致病菌通过人体污染食品的机会。

（2）操作时应穿戴清洁的工作服，以防止食品处理区以外服装对食品的污染。

（3）应戴工作帽，头发不得外露，以防止头发或者头皮屑在操作中掉入食品中。

（4）不得留长指甲，涂指甲油。员工手指甲的长度不能超过指端，指甲如果超过指端，内部容易存有污物，有可能污染食品。指甲油的成分为非食用的化学物质，从业人员操作中手与食品接触，有可能将指甲油带入食品中。

（5）员工在操作时不得佩戴饰物（含手表），以防掉入食品中而造成食品污染，或是饰物上的致病菌污染食品。

（6）不得将私人物品带入食品处理区，如：手机、水杯、打火机、香烟等。

（7）不得在食品处理区内吸烟、饮食或从事其他可能污染食品的行为。

（8）进入食品处理区的非加工操作人员（如：参观人员、监督检查人员等），应符合现场操作人员卫生要求，按照操作人员的要求更衣、洗手、消毒。

2. 工作服帽管理

每名从业人员不得少于两套工作服，以便于清洗更换。工作服、发帽、口罩等尽可能使用白色或浅色布料制作，便于辨别清洁程度，及时清洗。工作服应有做到定期更换，及时清洗，保持清洁。待清洗的工作服应远离食品处理区，以防止对食品的污染，不同区域员工的工作服应分别清洗消毒，按照清洁操作区和非清洁操作区的顺序依次、分开清洗，并有清洁的放置场所。

接触直接入口食品的操作（如：凉菜配置、裱花制作、分餐、备餐等专间操作，生食海产品制作，饮料现榨及水果拼盘制作等）应该佩戴口罩。从业人员离开食品处理区域前（如上卫生间或从事其他与加工食品无直接关系的工作）应在食品处理区内脱去工作服。

（三）从业人员个人手部的清洁与消毒

1. 需要洗手的情形

（1）操作前手部应洗净。即进入或是返回食品处理区从事任何操作之前都应洗手，防止手部将食品处理区以外的不洁物带入。

（2）操作过程中手部受到污染后应洗手。在食品加工过程中手部经常会受到污染，例如：上卫生间、倒垃圾、处理落地的工具和食品、接触不洁的工作服和设备、擤鼻涕、手捂着口打喷嚏等行为。

2. 需要手消毒的情形

接触直接入口食品的操作人员工作前，手部不仅需要清洗还应进行消毒。有下列情形之一的，应重新洗手消毒：①处理食物前；②使用卫生间后；③接触生食物后；④接触受到污染的工具、设备后；⑤咳嗽、打喷嚏或擤鼻涕后；⑥处理动物或废弃物后；⑦触摸耳朵、鼻子、头发、面部、口腔或身体其他部位后；⑧从事任何可能会污染双手的活动后。

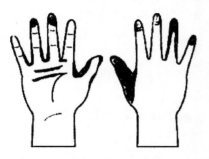

图 5-3　手心与手背

3. 手部清洗、消毒方法

（1）洗手。手的手心与手背，如图 5-3 所示的阴影部位，在日常生活中并非主要清洗的部位，但这些部位，恰恰是"藏污纳垢"的地方，也正是从业人员洗手时应重点清洗的部位。

（2）推荐的洗手程序（见图 5-4）：①在水龙头下先用水（最好是温水）把双手弄湿；②双手涂上洗涤剂；③双手互相搓擦 20 秒，互相搓擦的步骤如图（必要时，以干净卫生的指甲刷清洁指甲）；④用清水彻底冲洗双手，工作服为短袖的宜洗到肘部；⑤关闭水龙头；⑥用一次性纸巾或干手器干燥双手。

1.掌心对掌心搓擦

2.手指交错掌心对手背搓擦

3.手指交错掌心对掌心搓擦

4.两手互握互搓指背

5.拇指在掌中转动搓擦

6.指尖在掌心中搓擦

图 5-4　推荐的洗手程序

（四）从业人员的培训

餐饮服务单位食品安全管理人员必须依照法律法规的要求，制定从业人员培训计划并确保其有效实施。新参加工作和临时参加工作的从业人员无论在单位工作一天还是几年，都必须参加食品安全培训，了解食品安全的重要性，掌握本单位的食品安全控制要求，经培训合格后方能上岗。

1. 培训对象、培训目标及内容

参加培训人员应包括餐饮服务单位各部门负责人和从业人员（包括新参加和临时参加工作的人员），培训包括岗前培训和在职培训，其中岗前培训是初始上岗的基本条件，而在职培训则属于继续教育的范畴，目的是为了强化补充新的食品安全知识，掌握新的加工形式和安全要求。培训内容应根据员工的培训需求而定，对于新参加工作和临时参加工作的加工操作人员，他们的培训需求显而易见。主要有以下方面：①个人卫生：可能会污染食品的不良行为、手的清洗消毒、个人清洁、正确的工作着装、必须报告的健康问题；②安全的食品加工操作：采购食品的验收、食品的贮存要求、食品温度与时间的要求、确认污染物类型、交叉污染的预防；③清洁与消毒食品接触面：本单位各类清洁消毒方法及清洁消毒对象；④化学剂的安全使用：食品添加剂及其他化学品的储存使用等。对于在职员工的培训，应首先对其进行食品安全知识的测试，再考察其执行情况，找出其知识薄弱点，进行针对性的培训。

2. 培训方式

（1）信息搜索。利用人们的好奇心与独立探索事物的能力，可以在不直接提供信息的情况下，让从业人员自行搜索食品安全信息。

（2）指导讨论。这种培训的方法是询问员工问题，以增长他们的知识和经验。

（3）示范。针对个人或小组示范某一特定食品安全操作，以使学员记忆深刻。

（4）角色扮演。处理得当，角色扮演会非常有效。

（5）拼图式教学法。"教会别人的同时，自己也在学习"。拼图式教学法就是采用了这个原则。

（6）培训视频教材。在培训中，视频教材对教导动态技能的培训效果极好，例如食品中心温度计的使用。

3. 培训结果的考评

对从业人员进行培训的目的是强化食品安全意识，规范加工操作行为。因此，对培训结果的考评，应重点考察操作人员在日常工作中的加工操作行为是否符合规范要求，对其食品安全知识掌握程度的考评次之。培训结果的考评不仅是考评培训效果，也是考评本单位食品安全控制措施的有效性和可操作性，同时，也是考评从业人员培训需求的内容能否达到培训的目标。应根据考评结果分析，及时调整培训计划。

二、食品加工过程管理

（一）采购验收

餐饮服务单位采购时应选择遵守相关法律法规，并且信誉良好、食品安全有保障、质量稳定的供应商。

1. 采购查验

（1）查验是否为禁购食品：餐饮服务单位采购食品、食品添加剂、食品相关产品等应符合国家有关食品安全法律法规和标准的规定，不得采购禁止生产经营的食品。验收时应检查采购的食品中是否有法律法规明确禁止采购的食品。同时还应将发芽的土豆、鲜黄花菜、不能识别的野蘑菇等列为禁购食品，还可以根据自身的条件扩大禁购食品的范畴。

（2）票证查验：餐饮服务单位应当查验供货者的许可证和食品出厂检验合格证或者其他合格证明，许可证、营业执照应检查其单位名称、许可经营范围及有效期。产品合格证明应检查是否为该批食品、应用的标准及各项指标是否符合国家的标准要求。购物凭证应检查是否与所购食品的品种、数量相符。

（3）温度查验：采购需要冷藏或冷冻运输的食品，应冷链运输。餐饮服务单位应使用食品的中心温度计，测量食品的中心温度。冷藏温度的范围应在0～10℃之间，冷冻温度的范围应在－20～－1℃之间。

（4）包装查验：包装的主要目的是保护食品或食品接触面不受污染，应该保持完整和清洁。发生下列情况应拒收：包装有破损（纸箱或密封包装破损可有条件接收，但需确保销售单体食品包装良好）、破洞或刺空；罐头包装边缘膨胀、生锈或凹痕；食品外包装有水渍、潮湿或渗透；有虫害迹象；包装标志不符合要求等情况。

（5）感官查验：验收人员应学习常用的食品感官鉴别知识，通过食品颜色、质感、味道等初步判断食品质量。

2. 如实记录

餐饮服务单位应当如实记录产品的名称、规格、数量、生产批号、保质期、供应单位名称及联系方式、进货日期等。当供货商固定，每笔供应清单中上述信息齐全，可不再重新登记记录。餐饮服务单位应当按产品类别或供应商、进货时间顺序整理并妥善保管索取的相关证照、产品合格证明文件和进货记录，不得涂改、伪造，记录和凭证保存期限不得少于产品保质期满后6个月；没有明确保质期的，保存期限不得少于两年。

（二）食品贮存管理

良好有效的食品贮存制度不仅可以保障食品的安全，还可以维护食品质量。贮存的食品应做到"隔地离墙"，即距离墙壁、地面均在10cm以上，以利空气流通及物品搬运。餐饮服务单位常使用的杀虫剂、鼠药、清洗剂、消毒剂等化学品不可储存在食品库房。但不会导致食品污染的食品容器、包装材料、工具等非食品物品可以储存在食品库房内。各类存放条件相同的食品可在同一库房内贮存，同一库房内贮存不同类别食品和物品应区分存放区域，如粮谷食品区、调味品区、饮料区、工具区等，不同区域应有明显的标志。不符合要求的退货食品存放区域应单独设置，并有醒目标记，防止与正常食品混淆。

1. 贮存环境卫生

贮存场所的环境、设备应保持清洁、干燥。定期清洗地面、墙壁和储物架，以减少食品受微生物或虫害污染，减少食品的腐败变质。定期检查是否有霉斑、鼠迹、苍蝇、蟑螂，一经发现及时清除。保持贮存场所的清洁要做到：①定期清洁；②保持通风、干燥；③防鼠、防蟑、防蝇设施齐全；④贮存的物品在保质期内，并处于良好状态，无腐败变质、油脂酸败和其他异味等。

2. 食品周转

应遵循先进先出的原则。各类食品应分类、分架，按照保质期或使用期限的次序摆放。首先确认食品的保质期或使用期限，其次将距保质期时间长的食品放在距保持期时间短的后面。食品出库时应做好出库记录。变质和过期的食品及时进行清理销毁，如是散装食品其容器使用前应清洗消毒。

3. 低温贮存

低温可降低食品中微生物的增殖速度、食品中的酶活力，停止绝大多数的食品生化反应。冷藏、冷冻柜（库）应有明显区分标志，宜设外显式温度（指示）计以便于对内部温度进行监测。冷藏、冷冻的温度应分别符合相应的温度范围要求。即冷藏食品的温度范围0～10℃之间，冷冻食品的温度范围－20～－1℃之间。冷冻柜（库）应定期除霜、清洁和维修，校验温度（指示）计，以保持良好卫生状况和运行状态。

（三）粗加工与切配

任何岗位的操作人员在加工食品前均应认真检查待加工食品，发现有腐败变质迹象或者其他感官性状异常的，不得加工和使用。

食品原料在使用前应洗净，动物性食品原料、植物性食品原料、水产品原料应分池清洗。还应特别注意的是，禽蛋在使用前应对外壳进行清洗，必要时还须进行消毒。

为防止交叉污染，切配好的半成品应与原料分开，并根据性质分类存放。用于盛装食品的容器不得直接放置在地面上，以防止食品受到污染。在常温下食品容易腐败变质和招引虫害，因此，切配好的半成品应按照加工操作规程，在规定时间内使用。易腐烂变质食品尽量缩短在常温下的存放时间，加工后应及时使用或冷藏。

（四）烹饪要求

烹饪前应认真检查待加工食品以及菜点用的围边、盘花等，发现有腐败变质或者其他感官性状异常的，不得进行烹饪加工。不得将回收后的食品经加工后再次销售，此种行为不仅违法，而且违反职业道德，应坚决禁止和打击。

1. 中心温度

中心温度指块状或有容器存放的液态食品或食品原料中心部位的温度。需要熟制加工的食品应烧熟煮透，其加工时食品中心温度应不低于70℃。对于大部分的中餐而言，菜肴加工的工艺要求也是烧透，此时其温度已高于70℃，但在实际加工操作中发生未烧熟煮透的案例屡见不鲜。其主要原因是：

（1）同一锅烹调的食品较多，或是食品体积过大，受热不均匀，使部分食品未烧熟煮透。这种情况在食堂（尤其是工地食堂）、集体用餐配送单位等采用大锅烹调的单位较易发生。

（2）烹调加工设备发生故障。

（3）原料或半成品未彻底解冻，按常规时间烹调不足以杀灭食品中所有的致病微生物，存在外熟内生的现象。

（4）过于追求食品的鲜嫩，致使烹调时间不足。

（5）为缩短消费者的等候时间，事先将食品制成半熟的半成品，供应前再进行烹调，则易造成加热不彻底现象。

2. 冷却

烹调后的食品如果不立即供应，应使食品远离10～60℃的温度区域。这一温度区域是病菌生长繁殖最快的温度，也称为食品的危险温度带。因此，需要冷藏的熟制品，应尽快冷却，尽可能在2小时内使食品基本接近室温，然后再冷藏。冷却应在清洁操作区内进行，并标注加工时间。

烹饪结束后还应注意盛放调味料的器皿清洁，宜每天做好清洁。使用后随即加盖，不得与地面或污垢接触。

3. 食品再加热

熟食品在危险温度带（10～60℃）内存放时间超过2小时，该食品就具有较大的食品安全风险。因此，再次食用时应充分加热（加热前应确认食品未变质），冷冻熟食品应彻底解冻后经充分加热方可食用，应注意其中心温度是否达到70℃。

食品再加热时还应注意：①不可与生食品一起加热烹调，以防止对其他食品的污染。②由于再加热食品的风险较高，食品的再加热只可进行1次，避免食品反复通过危险温度带。

（五）备餐及供餐

餐饮服务行业供餐的方式较多，食品烹调后立即供餐是保障食品安全的最佳选择。以自主形式供餐的单位由于加工的食品需要保存一段时间，食品安全风险较大，尤其加以重视。如果不能做到立即供餐，则必须做到熟食品在危险温度带（10～60℃）内存放的时间不超过2小时。如果超过2小时，应使食品在高于60℃或低于10℃的条件下存放。餐饮服务单位应配备使用保障食品温度的设施和方法，如：酒精炉加热、冰柜、冰镇等。餐饮服务单位还应注意对日常供应量的估算，适当备餐，避免食品存放时间过长带来的风险。

设置备餐专间的餐饮服务单位，其操作应符合专间的操作要求。备餐操作直接接触入口食品，人员操作时应当特别注意：①手部应清洗消毒；②分派菜肴或整理造型的用具使用前应进行消毒；③用于菜肴装饰的原料使用前应洗净、消毒，且不得反复使用。

（六）面点制作

餐饮服务单位的面点制作要求主要是对食品的温度要求：①需进行热加工的面点其中心温度也应不低于70℃。②未用完的点心馅料、半成品应冷藏或冷冻，并在规定存放期限内使用。③奶油类原料应冷藏存放。含奶、蛋的点心等水分含量较高，应当在高于60℃或低于10℃的条件下贮存。

（七）烧烤加工

烧烤食品作为一种特殊的风味食品广受消费者的喜爱，但是加工过程中会因食品直接接触火焰和油脂滴落到火焰上，致使食品中的化学致癌物剧增，危害人体安全。因此，操作人员应通过下列措施避免此类问题：①尽可能使用电烤炉、煤气炉法烤制，避免用明火与食物接触。②做好脂滴的回收。③烤制时使用文火。④尽量在低温下较长时间烤熟。同时，操作人员还应特别注意避免半成品与成品发生直接接触，产生交叉污染。

（八）甜品站要求

餐饮服务单位在其餐饮主店经营场所内或附近开设，具有固定经营场所，直接销售或经简单加工制作后销售由餐饮主店配送的以冰激凌、饮料、甜品为主的食品的附属店面。甜品站销售的食品应由餐饮主店配送，不得自行采购。食品配送应使用封闭的恒温或冷冻、冷藏设备设施。主店应建立配送台账。

（九）食品留样

餐饮服务单位留样的目的：①如果发生可疑食物中毒或食品污染事故后，为能及时了解事件的原因提供线索；②为了监测和验证所加工食品的安全性，便于餐饮服务单位自身掌握情况。

1. 留样单位及频率

学校食堂（含托幼机构食堂）、集体用餐配送单位、中央厨房、重大活动餐饮服务、超过100人的建筑工地食堂和超过100人的一次性聚餐，这六类餐饮服务单位每餐次食品应留样。明确留样的情形、采用的方法、采样负责人、样品的保存及保存时间、处理方式等内容。

2. 规范留样操作

留样品种应包括所有加工制作的食品成品，不得特殊制作。对于配送单位，可在配送箱内采集独立包装的成品作为样品。食堂和其他餐饮服务单位应在备餐中采集食品样品。样品应以随机采样的方法采集。每个品种留样量不少于100g，不同食品分别用不同容器盛装留样，防止样品之间污染。留样容器应专用并消毒。样品应密闭保存在留样容器里。做好留样记录和样品标记，记录留样食品名称、留样量、留样时间、留样人员、审核人员等，每份样品上也应作出明显标记（如编号，或标注食品名称、留样时间等），以确保记录与样品一一对应。采集完成后应及时存放在专用冰箱内10℃以下冷藏储存，保存48小时以上。

留样的采集和保管技术要求较高，必须有专人负责，配备专用取样工具和专用冷藏冰箱，留样冰箱最好上锁。

餐饮服务单位除对成品留样外，也可为了解各加工环节安全控制状况而进行采样检验，实施动态监测，从中发现问题，筛选关键控制环节，为提高产品质量提供依据。

（十）食品添加剂备案与公示

为加强食品添加剂的监督管理，保障消费者的知情权，使消费者了解所购食品中使用的食品添加剂，餐饮服务单位应对所使用的食品添加剂进行备案与公示。

（1）自制火锅底料、饮料、调味料时使用食品添加剂的，应向监管部门备案，并在店堂醒目位置或菜单上公示食品添加剂的名称。对消费者询问食品添加剂使用情况的，餐饮服务单位必须如实告知，由消费者自主选择是否购买。

（2）采取调制、配制等方式自制火锅底料、饮料、调味料等食品的餐饮服务提供者，应在店堂醒目位置或菜单上公示制作方式。

（十一）食品检验

集体用餐配送单位和中央厨房这两类餐饮服务单位规模大，同一批次食品加工量大，就餐人员多，原料来源又多是定点供应，便于检验和反馈控制。因此，这两类餐饮服务单位应设置检验室。

三、设施设备及场所管理

（一）设施设备管理

食品加工经营场所的地面、墙壁、顶棚以及食品用储存、冷藏、粗加工、清洗、烹调、供餐等设施，都会在加工和供餐过程中与食品发生直接或间接的接触，其卫生状况可直接影响菜肴的安全，尤其是加工和储存设施。因此，餐饮服务单位应认真做好针对加工经营场所及设施的管理工作。

1. 建立并有效执行清洁、消毒制度

针对加工经营场所不同的设施、设备建立相应的清洁、消毒制度。制度中至少应明确的内容有：①项目，即清洁消毒的对象是谁；②频率，即什么时候清洁消毒；③使用物品，即使用什么进行清洁消毒；④方法，即怎样进行清洁消毒；⑤人员，即谁负责此项工作；⑥检查，即验证清洁消毒的效果。通过清洁、消毒制度的实施，以达到各项设施设备随时保持清洁的目的。

2. 建立并有效执行设施设备维修保养制度

餐饮服务单位的各项设施、设备随时可能出现破损情况，影响正常的食品加工和安全控制措施的实施。因此，应制定日常维护保养制度和维修制度。为不影响正常工作，维修制度的报修过程应尽可能简化。同时维修工作也应与餐饮服务单位的应急工作紧密结合，以防止因维修时间过长而影响正常工作。通过维修保养制度的实施应使设施设备保持良好的运行状况。

3. 设施设备使用管理

经过烹调加热的食品或是其他直接入口食品视为"洁净的"，其他生食品（待烹调食品）视为"不洁净的"。餐饮服务单位在食品加工过程中设备、工具和容器易成为食品交叉污染的"媒介"，使病菌由"不洁净的"食品通过食品接触表面污染到"洁净的"食品（尤其是直接入口食品）。如：使用案板和刀具处理生肉后，又直接使用该案板和刀具切熟食品。因此，餐饮服务单位的工具和容器应当按下面的原则分开使用：

（1）用于原料、半成品（经初步加热后仍需进一步烹调）、成品的工具和容器应分开使用。在原料的加工中切配动物性食品和植物性食品、水产品的工具和容器应分开使用。即：①切配的动物性食品原料；②切配的植物性食品原料；③切配的水产品原料；④半成品（经初步加热后仍需进一步烹调）；⑤直接入口的成品。以上五类应分开使用工具和容器。工具和容器的分开使用应以明显的标志加以区分。

（2）各类水池分别设置，并保持适当的距离。各类水池按照其清洗的对象，基本分为：①动物性食品清洗水池；②植物性食品清洗水池；③水产品清洗水池；④清洁工具清洗水池；⑤洗手消毒水池；⑥餐用具清洗消毒水池，这六类水池在使用时，应当严格分开，不得相互混用。尤其是前三类水池，基本设在粗加工场所，并且彼此距离较近，极易混用。禽畜类、水产类和植物性食品原料中常带有不同的优势微生物，而植物性食品（主要是蔬菜）的烹饪时间较短，如污染了沙门氏菌（禽畜类中常见）等耐热能力相对较强的致病菌，即有可能因未能完全杀灭致病菌而引起食物中毒。第四类清洁工具清洗水池，其位置应远离食品加工操作场所，以防止清洗操作中污水污染食品或食品接触表面。以上六类水池应以明显标志标明其用途，防止混用，造成交叉污染。

（二）场所管理

为防止设施设备挪作他用而受到污染，防止与食品加工无关的物品（如雨伞、维修工具、鼠药等）放在食品处理区污染食品，应注意食品处理区内的各项设施设备必须做到专用，不得存放或用于与加工制作食品无关的场所。同时，与食品加工无关的物品也不得带入食品处理区。使用的各类洗涤剂、消毒剂应存放在专用的设施内，避免混用或挪为他用。各贮存场所和设备不得存放有毒、有害物品（如鼠药、杀虫剂、洗涤剂、消毒剂等）及私人生活用品，以防止误用或其他因素使食品受到污染（尤其是受到化学性有毒有害物的污染）而危害人体健康。

四、餐厨废弃物管理

废弃物应及时清除，清除后的容器及时清洗。废弃物容器内壁应光滑，以便于清洗。当垃圾外溢，废弃物容器油腻过多或其他认为有必要时应进行消毒。应当强调的是，废弃物容器应与加工用容器有明显的区分标志，以防止混用。区分标志建议使用颜色、材质、形状等特征与其他容器分开。主要做好以下几点：

（1）建立收运台账，要详细记录餐厨废弃物处置的种类、数量、去向和用途等情况，定期向监管部门报告。（2）将餐厨废弃物分类放置。（3）加工结束及时清除，做到日产日清。（4）设置油水分离器、隔油池、密闭的废弃物容器等设施。（5）餐厨废弃物应由经相关部门许可或备案的餐厨废弃物收运、处置单位或个人处理。餐饮服务单位应与处置单位或个人签订收购合同，索取并存留其经营资质证明文件复印件。

五、记录、资料管理

餐饮服务单位食品安全管理的关键是要制定有效的食品安全管理制度并正确执行。通过食品安全管理人员培训使餐饮服务单位了解应当制定哪些制度，制度应包含的内容，最后还要落实到制度的执行。记录管理的目的是通过对操作进行记录，提出明确的要求，督促具体操作人员在实际工作中自觉执行操作制度。所以，做好记录管理是餐饮服务单位食品安全管理的具体措施。

1. 实行记录管理的有关操作环节

餐饮食品加工涉及的环节较多，实施记录应包括：人员健康状况、培训情况、原料采购验收、加工操作过程关键项目、食品安全检查情况、食品留样、检验结果及投诉情况、处理结果、发现问题后采取的措施等。

2. 记录管理事项

（1）各项记录均应有执行人员和检查人员的签名。双重签名的作用就是为了复核，保证记录的真实。

（2）各岗位负责人应督促相关人员按要求进行记录，并每天检查记录的有关内容。食品安全管理人员应定期检查相关记录，记录中如发现异常情况，应立即督促有关人员采取改正措施。如果发现的问题会直接影响到食品安全，则应立即停止食品加工和供应，直到问题解决。只有这样才能保证记录真正起到督促落实和及时改正的作用。

（3）各种记录应保存不少于 2 年。资料留存的目的是便于定期对既往操作状况进行阶段性分析，为持续改进提供参考。记录表格在设计上要尽可能把本环节所涉及的所有操作项目都涵盖其中，以便能较全面、真实地反映各环节、各岗位履行操作要求的实际情况。

六、投诉受理要求

食品安全的投诉是消费者对自身权益的依法维护，也是消费者对食品安全状况最直接的反映。应该意识到，一个投诉后面还可能隐藏着数十个甚至上百个潜在的投诉或不满。因此，餐饮服务单位应建立投诉受理制度，对消费者提出的投诉，立即核实，妥善处理。

1. 投诉管理制度

应建立完善的投诉管理制度。一般应包括如下内容：投诉的受理接待部门（人）、处理权限、处理程序和处理方式，处理方式又包括投诉的传达、分类统计、调查、分析、制定对策、反馈以及预防再次发生等内容。

2. 受理投诉

任何投诉，不论能否确定起因，必须先受理并记录下来。要详细了解并记录消费者投诉的要点，如：投诉内容、投诉事件、投诉的食品、食品价格、涉及的人员、消费者希望的解决方式等。受理记录人员应特别注意自身的态度，不要急于解释（或辩解）事发原因。

（1）及时核实原因。受理投诉后尽快做出反应，对投诉的问题开展调查。食品安全管理人员（有条件的单位可设置专门的内部组织机构）负责开展独立不受干扰的调查，以便查找出真实原因，得出真实结论。

（2）答复投诉者。尽快答复投诉者，并做好妥善的处理。问题原因清楚，当场能给消费者答复的应当场答复，一时答复不了的，调查完成后要当面或以电话等直接的方式答复。属于餐饮服务单位责任的，应提出合理的补偿方案，同时告知消费者补救和防范措施，这是餐饮服务单位应尽的法律义务。

（3）防范机制。针对消费者投诉反映的食品安全问题，应采取切实可行的"制度性"防范措施，防止此类问题再次出现，并督促落实。

（4）记录。对投诉及处理的全过程应进行全面记录。

七、有毒有害物和病媒生物防控管理

（一）有毒有害物管理

使用的各类洗涤剂、消毒剂应存放在专用的设施内，避免混用或挪为他用。各贮存场所和设备不得存放有毒、有害物品（如鼠药、杀虫剂、洗涤剂、消毒剂等）及私人生活用品。以防止误用或其他因素使食品受到污染（尤其是受到化学性有毒有害物的污染）而危害人体健康。

（二）病媒生物防控管理

餐饮服务单位中存在的病媒生物主要是指老鼠、苍蝇、蟑螂等。加工经营场所内的食物、场所、温度等具备了这些生物生存所需的基本条件。由于它们身上携带大量的病原微生物，是食品受到生物性污染的重要来源之一，所以餐饮服务单位应定期从以下几个方面进行除虫灭害的防控。

1. 防止虫害侵入

（1）进货检查。采购的任何货物在进入食品处理区之前应先检查，如有虫害或虫害迹象（如卵囊、虫害肢体等）的货物，拒绝接收。

（2）门窗。食品处理区的门、窗应装配严密，与外界直接相通的门和可开启的窗应设有易拆洗且不生锈的防蝇纱网或设置空气幕。纱窗规格应至少每平方厘米 2.5 个筛孔，防止苍蝇通过。与外界直接相通的门和各类专间的门应能自动关闭。应使门框缝隙小于6mm（小鼠可钻 6mm 的缝隙，大鼠则可钻 13mm 的缝隙）。室内窗台下斜 45 度以上或采用无窗台结构。供应自助餐的就餐场所窗户应为封闭式或装有防蝇、防尘设施，门应设有防蝇、防尘设施，宜设空气幕。

（3）排水沟出口和排气口应有网眼孔径小于 6mm 的金属隔栅或网罩，以防鼠类侵入。使用水泥或金属板覆盖各类管道周边的开口和墙壁的裂缝。

2. 清除滋生条件

虫鼠通常喜欢在潮湿、阴暗、不洁的地方栖息和繁殖，在明亮干净的环境里它们难以找到食物和巢穴。所以餐饮服务单位应注意加工经营场所的环境卫生，这对虫鼠的防控是极其必要的。

（1）垃圾处理。餐饮服务单位应建立餐厨废弃物处置管理制度，将餐厨废弃物分类放置，做到日产日清。垃圾废弃物容器应配有盖子，使用坚固及不透水的材料，防止垃圾、不良气味或污水溢出。内壁应光滑，便于清洗。

（2）食品处理。库房内应设置数量足够的存放架，其结构及位置应能使贮存的食品和物品距离墙壁、地面均在 10cm 以上；已开包装的食品贮存尽可能密封起来，散装食品的储存必须放在有盖的金属容器中；富含蛋白质、碳水化合物、脂肪的食品如不能密封需放在低温条件下储存。

（3）污水处理。食品处理区地面应整洁，不存污水，加工经营场所内应保障排水的通畅，应定期对排水沟和排水管道清洁。

（4）湿度处理。食品处理区内不加工食品时尽可能排风、通气，降低空气湿度。有条件的餐饮服务单位可使用除湿机，让湿度保持在 50% 以下，防止蟑螂卵孵化。

3. 捕杀虫害

餐饮服务单位应定期检查加工经营场所是否有虫鼠痕迹。如发现有害动物存在，应追查并杜绝其来源，杀灭方法不得污染食品、食品接触面及包装材料等。

使用灭蝇灯的，应悬挂于距地面 2m 左右高度，应与食品加工操作保持一定距离。加工经营场所对老鼠应采用物理捕杀的方式，如粘鼠板、鼠夹、鼠笼等。使用化学药剂除虫灭害，不能在食品加工操作时进行，实施时应对各种食品、设备、实施器具等进行保护，由专人按照规定的使用方法进行，不得污染食品、食品接触面及包装材料，使用后应将所有设备、工具及容器彻底清洗。宜选择具备资质的有害动物防治机构进行除虫灭害。

八、餐饮服务行业常用管理方法

（一）5S 管理

5S 即 SEIRI（整理）、SEITON（整顿）、SEISO（清扫）、SEIKETSU（清洁）、SHITSUKE（素养）。因其五项内容日语的罗马拼音都以"S"开头，故称为 5S。

1. 整理（SEIRI）。区分必需品和非必需品，非必需品不在现场放置。将工作场所的任何物品区分为两类：必需品和非必需品。必需品留下，非必需品全部清除。要有决心，非必需物品应断然地加以处置，这是 5S 的第一步。

2. 整顿（SEITON）。把留下来的必需品依规定位置整齐摆放，加以标志。

3. 清扫（SEISO）。将工作场所内的污物、灰尘彻底清扫，营造干净整洁的环境，并加以保持。

4. 清洁（SEIKETSU）。将整理、整顿、清扫制度化，管理标准化，维持上面 3S 的成果。在清洁工作开展过程中，将采取多种管理方法，同时制定有效的管理文件和评估检查表格。对经过整理、整顿、清扫以后的整洁状态进行保持，这是第四项 S 清洁活动，这里的保持是指良好状态的持之以恒、不变化、不倒退。

5. 素养（SHITSUKE）。通过前面 4S 的活动，使员工自觉遵守各项规章制度，养成良好的习惯，从而提高员工的整体素养，提升企业的核心竞争力。

（二）五常法

在我国的香港、台湾地区，5S 管理方法被形象地称作"五常法"，被广泛应用在大型餐馆、连锁快餐店等，以加强本单位在"安全、卫生、品质、效率及形象"方面的管理。"五常法"是一种基础或基本的管理技能，非常适合餐饮服务行业的食品安全管理，尤其是中小型餐饮企业的日常食品安全管理。

1. 常组织。这里所说的常组织，其对象不是人而是物品。指的是判定完成工作任务的必需物品，将其与非必需物品分离；使必需物品的数量降低到最低限度，并把它放在一个方便的地方。常组织的核心功能是减少消耗，降低成本，扩展空间。

2. 常整顿。常整顿核心功能是提高效率，是在常组织的基础上，把需要的人、事、物加以定量、定位。对完成各项工作任务必需的物品实行分类标志、科学合理的布置和存放，使其存取方便，保证工作时能在最短的时间内（30 秒）取出或放回原处。

3. 常清洁。常清洁是指定期进行清扫活动，保持个人卫生和环境卫生的整洁。

4. 常规范。常规范核心功能是保持良好的品质和形象，是指连续、反复要求坚持常组织、常整顿、常清洁的活动，并做好考核验收评估。

5. 常自律。常自律核心功能是创造一个具有良好习惯的工作场所。就是每名人员应具备按规章制度操作的意识和能力，是主动性自律行为而不是被动性的纪律约束。

通过常自律，使员工加强自身的约束，自觉克服不良习惯，摈弃工作中的随意性，把日常工作落实到一个"常"字上。同时还要加强员工自身素养的提高，养成严格遵守规章制度的习惯和作风，这是"五常法"的核心。没有人员素质的提高，各项活动就不能顺利开展。所以，推行"五常法"，要始终着眼于人员素质的提高。

（三）6T 实务

6T 实务是针对餐饮服务行业提出的管理方法。其目的是改善卫生、安全、质量、效益、形象、综合竞争力。

1. 天天处理。尽可能精练地区分出哪些是完成工作所必需的物品并把它们与非必需物品分开放置，进行分层管理。

2. 天天整合。就是将必需的物品放置于任何人都能立即取到的位置，即寻找的时间为零，工作场所一目了然，消除找寻物品的时间。

3. 天天清扫。组织所有成员共同完成每天清扫的工作，使工作现场干净整洁、无尘无污物，达到《餐饮服务食品安全操作规范》的要求。

4. 天天规范。天天规范就是将前 3T 的做法制度化、规范化，坚持执行以巩固成果并将其成果扩大到各个管理项目。

5. 天天检查。天天检查就是创造一个具有良好习惯的工作场所，自觉、持续执行上述 4T 要求，养成制定和遵守规章制度的习惯。

6. 天天改进。6T 实务并不是达标后一劳永逸，而是一个螺旋向上、不断改进、不断上升的过程。单位内外环境在变化，原材料在变化，消费者口味在变化，烹制工艺在变化，经营方式也在变化。因此，必须天天改进，要在完成前 5T 之后及时提出新一轮的目标。

第六章　食品标签标识及广告要求

第一节　食品标签、说明书、广告基本要求

一、预包装食品标签

1. 有关食品标签的主要法律及标准：

（1）《食品安全法》（第 67 至第 73 条）

（2）《预包装食品标签通则》GB 7718—2011

（3）《预包装食品营养标签通则》GB 28050—2011

（4）《预包装特殊膳食用食品标签通则》GB 13432—2013

（5）部分食品强制性国家标准中涉及特别标签标识的内容

（如：GB 18186—2000《酿造酱油》：产品名称应标明"酿造酱油"；还应标明产品类别、氨基酸态氮的含量、质量等级、用于佐餐和/或烹调。GB 2757—2012《食品安全国家标准蒸馏酒及其配制酒》：应标示"过量饮酒有害健康"，可同时标示其他警示语）

2.《食品安全法》第 67 条规定：预包装食品的包装上应当有标签。标签应当标明下列事项：

（1）名称、规格、净含量、生产日期；（2）成分或者配料表；（3）生产者的名称、地址、联系方式；（4）保质期；（5）产品标准代号；（6）贮存条件；（7）所使用的食品添加剂在国家标准中的通用名称；（8）生产许可证编号；（9）法律、法规或者食品安全标准规定应当标明的其他事项。

专供婴幼儿和其他特定人群的主辅食品，其标签还应当标明主要营养成分及其含量。

食品安全国家标准对标签标注事项另有规定的，从其规定。

3. 预包装食品定义：预先定量包装或者制作在包装材料和容器中的食品，包括预先定量包装以及预先定量制作在包装材料和容器中并且在一定量限范围内具有统一的质量或体积标识的食品。

4. 食品标签定义：食品包装上的文字、图形、符号及一切说明物。

注：存在形式：

（1）一种是把文字、图形、符号印制或压印在食品的包装盒、袋、瓶、罐或其他包装容器上。

（2）一种是单独印制纸签、塑料薄膜签或其他制品。

（3）吊牌、附签或商标。

5. 食品标签的基本功能：通过对被标识食品的名称、规格、生产者名称等进行清晰、准确的描述，科学地向消费者传达该食品的安全特性。

6. 食品标签的作用：明白消费、展示商品、保障安全。

（1）保护消费者的知情权。

（2）生产者通过标签宣传企业和产品。

（3）出口和国际食品行业技术交流的需要。

二、散装食品标识要求

散装食品是指预包装的食品、食品原料及加工半成品，但不包括新鲜果蔬，以及需清洗后加工的原粮、鲜冻畜禽产品和水产品等，即消费者购买后可不需清洗即可烹调加工或直接食用的食品，如熟食、干果、炒货等。

《食品安全法》第 67 条规定：

食品经营者销售散装食品，应当在散装食品的容器、外包装上标明食品的名称、生产日期或者生产批号、保质期以及生产经营者名称、地址、联系方式等内容。

三、转基因食品标识

转基因食品是利用基因工程技术改变基因组成而形成的食品。转基因食品主要分为三类：植物性转基因食品、动物转基因食品和微生物转基因食品。

转基因食品标识：对转基因食品实行标识制度，可以保障消费者的知情权，让消费者对转基因食品进行充分了解和自主选择。

我国《农业转基因生物安全管理条例》第 28 条第 1 款规定，在中华人民共和国境内销售列入农业转基因生物目录的农业转基因生物，应当有明显的标识。

农业转基因生物目录：《农业转基因生物标识管理办法》中规定，第一批实施标识管理的农业转基因生物目录有 5 大类 17 种，分别是：大豆种子、大豆、大豆粉、大豆油、豆粕；玉米种子、玉米、玉米油、玉米粉；油菜种子、油菜籽、油菜籽油、油菜籽粕；棉花种子；番茄种子、鲜番茄、番茄酱。

《食品安全法》第 68 条规定，生产经营转基因食品应当按照规定显著标示。

转基因食品标识应当醒目，并和产品的包装、标签同时设计和印制。具体标注方法：

（1）转基因动植物和微生物及其产品直接标注"转基因××"，如转基因大豆。

（2）转基因农产品的直接加工品，标注为"转基因××加工品（制成品）"或者"加工原料为转基因××"，如转基因大豆加工品或加工原料为转基因大豆。

（3）用农业转基因生物或用含有农业转基因生物成分的产品加工制成的产品，但最终销售产品中已不再含有或检测不出转基因成分的产品，标注为"本产品为转基因××加工制成，但本产品中已不再含有转基因成分"或者标注为"本产品加工原料中有转基因××，但本产品中已不再含有转基因成分"，如：本产品为转基因大豆加工制成，但本产品中已不再含有转基因成分。

四、食品添加剂标签标识

食品添加剂的标识，保证食品添加剂正确贮存和安全使用。《食品安全法》第 70 条规定，食品添加剂应当有标签、说明书和包装。标签、说明书应当载明本法第 67 条第一款第一项至第六项、第八项、第九项规定的事项，以及食品添加剂的使用范围、用量、使用方法，并在标签上载明"食品添加剂"字样。

食品添加剂说明书是指销售食品添加剂产品时所提供的除标签以外的说明材料。

五、标签、说明书的真实性要求

《食品安全法》第 71 条规定：

食品和食品添加剂的标签、说明书，不得含有虚假内容，不得涉及疾病预防、治疗功能。生产经营者对其提供的标签、说明书的内容负责。

食品和食品添加剂的标签、说明书应当清楚、明显，生产日期、保质期等事项应当显著标注，容易辨识。

食品和食品添加剂与其标签、说明书的内容不符的，不得上市销售。

六、预包装食品的销售要求

《食品安全法》第 72 条规定，食品经营者应当按照食品标签标示的警示标志、警示说明或者注意事项的要求销售食品。

食品标签标示的警示标志、警示说明或注意事项，指为引起人们对某些不安全因素的警惕或者注意，避免食品本身损坏或者危及人身、财产安全，而标示的图形标志或者说明。如：白酒应标示"过量饮酒有害健康"；玻璃瓶包装的啤酒应标示"切勿撞击、防止爆瓶"等警示语。

七、食品广告要求

《食品安全法》第 73 条规定，食品广告的内容应当真实合法，不得含有虚假内容，不得涉及疾病预防、治疗功能。食品生产经营者对食品广告内容的真实性、合法性负责。

县级以上人民政府食品药品监督管理部门和其他有关部门以及食品检验机构、食品行业协会不得以广告或者其他形式向消费者推荐食品。消费者组织不得以收取费用或者其他牟取利益的方式向消费者推荐食品。

保健食品还应当声明"本品不能替代药物"。

相关法律规定：

(1)《中华人民共和国食品安全法》第 73 条、第 79 条和第 80 条。

(2)《中华人民共和国广告法》第 4 条、第 18 条、第 19 条、第 28 条、第 55 条和第 69 条等。

(3)《中华人民共和国消费者权益保护法》第 38 条。

(4)《中华人民共和国药品管理法》第 60 条。

(5)《食品广告发布暂行规定》第 7 条。

第二节　《食品安全国家标准　预包装食品标签通则》GB 7718—2011

本标准 2011 年 4 月 20 日发布，2012 年 4 月 20 日实施。

标准的框架结构：名称、前言、范围、规范性引用文件、术语和定义、基本要求、标示内容、其他、附录 A、附录 B、附录 C。

（一）标准的适用范围和对象：提供给消费者"直接提供给消费者的所有预包装食品"和"非直接提供给消费者的预包装食品标签"。

直接提供是指在任何场所（如：商店、超市、零售摊点、宾馆客房、餐饮业的餐桌、集贸市场，以及飞机、火车、轮船等场所）经销者直接提供给消费者的预包装食品。

直接向消费者提供的预包装食品就像在超市买一包巧克力，非直接向消费者提供的预包装食品就比如食品原料，是交付给食品加工企业作进一步加工用的。

不适用预包装食品的储藏运输过程中提供保护的食品储运包装标签、散装食品和现制现售食品的标识。

（二）食品标签标示要点

1. 食品标签标示内容

（1）强制标示内容

食品名称；配料表（直接提供）；配料的定量标示（直接提供）；净含量及规格；生产者、经销者的名称、地址和联系方式（直接提供）；产地（食品标识管理规定第七条）；日期标示（生产日期、保质期）；贮存条件；食品生产许可证编号（国产食品、直接提供）；产品标准代号（国产食品、直接提供）；其他强制性标示内容如：辐照食品、转基因食品和营养标签等（直接提供）；质量（品质）等级。

备注：但非直接提供的未强制要求在包装上标示强制性内容若未在标签上标注，则应在说明书或合同中注明。

（2）推荐标示内容

批号、食用方法、致敏物质、其他特殊审批食品。

（3）标示内容的豁免

1）乙醇含量 10％或 10％以上的饮料酒；食醋；食用盐；固态食糖类；味精等可以免除标示保质期；

2）当包装物或包装容器的最大表面面积小于 10cm^2 时，可以只标示产品名称、净含量、制造者（或经销商）的名称和地址。

2. 食品名称

本标准中 4.1.2 规定，预包装食品应在食品标签的醒目位置，清晰地标示反映食品真实属性的专用名称。

当国家标准或行业标准中已规定了某食品的一个或几个名称时，应选用其中的一个，或等效的名称，"等效的名称"是指标签上的产品名称或配料表中的配料名称，可以采用与国家标准或行业标准同义、本质相同的名称，如用类可可脂或代可可脂制作的巧克力应命名为"类可可脂巧克力"或"代可可脂巧克力"。

无国家标准、行业标准或地方标准规定的名称时，应使用不使消费者误解或混淆的常用名称或通俗名称。

可以标示"新创名称"、"奇特名称"、"音译名称"、"牌号名称"、"地区俚语名称"或"商标名称"，但应在所示名称的邻近部位标示反映产品真实属性的专有名称。当"新创名称"、"奇特名称"、"音译名称"、"牌号名称"、"地区俚语名称"或"商标名称"含有易使人误解食品属性的文字或术语（词语）时，应在所示名称的邻近部位使用同一字号标示食品真实属性的专用名称。"新创名称"是指历史上从未出现而又令人费解的名称，如果茶、果珍等。

注:

◆"奇特名称"是指脱离食品范畴、稀奇古怪的名称。

◆"音译名称"是指根据外文发音直接译过来的名称,如士力架、芝士等。

◆"地区俚语名称"是指通行面极窄的方言名称,如"甘薯"有的地区称"山芋"。

◆"牌号名称"和"商标名称"是一个意思,是企业(公司)或经销者以注册或未注册的商标名称命名的食品名称,如皇上皇、健力宝、燕潮酩等。

◆ 按照本标准4.1.2.1的规定,在使用上述名称时,必须有与之对应的真实属性的名称,例如:果珍(速溶橙味固体饮料)。

当食品真实属性的专用名称因字号不同易使人误解食品属性时,也应使用同一字号标示食品真实属性的专用名称。如"橙汁饮料"中的"橙汁"、"饮料","巧克力夹心饼干"中的"巧克力"、"夹心饼干",都应使用同一字号。

为不使消费者误解或混淆食品的真实属性、物理状态或制作方法,可以在食品名称前或食品名称后附加相应的词或短语。如干燥的、浓缩的、复原的、熏制的、油炸的、粉末的、粒状的。如油炸花生米

3. 配料表

配料是指在制造或加工食品时使用的,并存在(包括以改性的形式存在)于产品中的任何物质,包括食品添加剂。食品标签上的配料表是一个产品的原料构成,包括名称和量化的信息。

"以改性形式存在"是指制作食品时使用的原料、辅料经过加工后,形成的产品改变了原来的性质。如用淀粉生产谷氨酸钠(纯味精),经过化学变化,淀粉转化为谷氨酸钠。谷氨酸钠的性质、成分与淀粉的性质、成分完全不同。

预包装食品的标签上应标示配料表。配料表中的各种配料应按本标准4.1.2要求标示具体名称。

(1)配料表应以"配料"或"配料表"作引导词。当加工过程中所用的原料已改变为其他成分(如酒、酱油、食醋等发酵产品)时,可用"原料"或"原料与辅料"代替。加工助剂不需要标示。

(2)各种配料应按制造或加工食品时加入量的递减顺序一一排列;加入量不超过2%的配料可以不按递减顺序排列。

(3)如果某种配料是由两种或两种以上的其他配料构成的复合配料(不包括复合食品添加剂),应在配料清单中标示复合配料的名称,再在其后加括号,按加入量的递减顺序标示复合配料的原始配料。当某种复合配料已有国家标准或行业标准,其加入量小于食品总量的25%时,不需要标示复合配料的原始配料。

(4)食品添加剂应当标示其在GB 2760中的食品添加剂通用名称。加入量小于食品总量25%的复合配料中含有的食品添加剂,若符合GB 2760规定的带入原则且在最终产品中不起工艺作用的,不需要标示。

(5)在食品制造或加工过程中,加入的水应在配料清单中标示。在加工过程中已挥发的水或其他挥发性配料不需要。

(6)可食用的包装物也应在配料清单中标示原始配料。如可食用的胶囊、糖果的糯米纸。

（7）下列食品配料，可以按表 6-1 标示类别归属名称。

食品配料类别归属名称表　　　表 6-1

配料	类别归属名称
各种植物油或精炼植物油，不包括橄榄油	"植物油"或"精炼植物油"；如经过氢化处理，应标示为"氢化"或"部分氢化"
各种淀粉，不包括化学改性淀粉	"淀粉"
食用香料、香精	"食用香料"、"食用香精香料"
胶基糖果的各种胶基物质制剂	"胶姆糖基础剂"、"胶基"
添加量不超过 10% 的各种果脯蜜饯水果	"蜜饯"、"果脯"
食用香料、香精	"食用香料"、"食用香精香料"

4. 配料的定量标示

本标准中 4.1.4.1 条规定：

（1）如果在食品标签或食品说明书上特别强调添加了或含有一种或数种有价值、有特性的配料或成分，应标示所强调配料或成分的添加量或成品中的含量。

（2）如果在食品的标签上特别强调一种或数种配料的含量较低时（糖），应标示所强调配料在成品中的含量。

（3）食品名称中提及的某种配料或成分而未在标签上特别强调，不需要标示某种配料在成品中的含量。

如：草莓味月饼，添加量很少，仅作为香料用的配料而未在标签上特别强调，也不需要标示香料在成品中的含量。

5. 净含量和规格

（1）净含量的标示应由净含量、数字和法定计量单位组成（标示形式参见附录 C）。如"净含量 450g"，或"净含量 450 克"。

（2）应依据法定计量单位，按以下方式标示包装物（容器）中食品的净含量：

1）液态食品，用体积——L（l）（升）、mL（ml）（毫升）；或用质量 g（克），kg（千克）；

2）固态食品，用质量——g（克），kg（千克）；

3）半固态或黏性食品，用质量或体积。

（3）净含量的计量单位应按表 6-2 标示。

净含量计量单位表　　　表 6-2

计量方式	净含量 Q 范围	计量单位
体积	$Q<1000mL$ $Q\geq1000mL$	mL（ml）（毫升） L（l）（升）
质量	$Q<1000g$ $Q\geq1000g$	g（克） kg（千克）

（4）净含量字符的最小高度应符合表 6-3 的规定。

净含量字符最小高度表　　　　　　　　　　　表 6-3

净含量 Q 范围	字符的最小高度/mm
$5mL<Q\leqslant50mL$ $5g<Q\leqslant50g$	2
$50mL<Q\leqslant200mL$ $50g<Q\leqslant200g$	3
$200mL<Q\leqslant1L$ $200g<Q\leqslant1kg$	4
$Q>1kg$ $Q>1L$	6

（5）净含量应与食品名称排在包装物或容器的同一展示版面。

（6）容器中含有固、液两相物质的食品（如糖水梨罐头），除标示净含量外，还应标示沥干物（固形物）的含量。用质量或质量分数表示。

如：糖水梨罐头

净含量：425 克；

沥干物（可标示为固形物或梨块）：不低于 255 克，或不低于 60%。

（7）同一预包装内含有多个单件预包装食品时，大包装在标示净含量的同时还应标注规格。不包括大包装内非单件销售小包装，如小块糖果。

（8）规格的标示应由单件预包装食品净含量和件数组成，或只标示件数，可不标示"规格"二字。如：

净含量：800 克（4×200 克；或内装 4 块）；

净含量：1 升（2×500 毫升；或内装 2 瓶）。

6. 生产者、经销者的名称、地址和联系方式

（1）应标示食品的生产者的名称、地址和联系方式。生产者名称和地址应当是经依法登记注册、能够承担产品安全责任的生产者的名称和地址。有下列情形之一的，应按下列规定予以标示。

1）依法独立承担法律责任的集团公司、集团公司的子公司，应标示各自的名称和地址。

2）依法不能独立承担法律责任的集团公司的分公司或集团公司的生产基地，可以标示集团公司和分公司（生产基地）的名称、地址，也可以只标示集团公司的名称、地址及产地，产地应当按照行政区划标注到地市级地域。

3）受其他单位委托加工预包装食品但不承担对外销售，应标示委托单位和受委托单位的名称和地址；或仅标示委托单位的名称和地址及产地，产地应当按照行政区划标注到地市级地域。

（2）进口预包装食品应标示原产国的国名或地区区名（指香港、澳门、台湾），以及在中国依法登记注册的代理商、进口商或经销商的名称和地址和联系方式，可不标示生产者的名称、地址和联系方式。

注：不能以制造商等模糊的概念代替原产国（或地区）。因同一制造商可在不同原产国（或地区）组织其产品的生产。

7. 日期标示和保质期

（1）应清晰地标示预包装食品的生产日期（或包装日期）和保质期，也可以附加标示

保存期；如日期标示采用"见包装物某部位"的形式，应标示所在包装物的具体部位。

（2）日期标示不得另外加贴、补印或篡改。

（3）当同一预包装内含有多个标示了生产日期及保质期的单件预包装食品时，外包装上标示的保质期应按最早到期的单件食品的保质期计算。生产日期应为最早生产的单件食品的生产日期，或外包装形成销售单元的日期；也可在外包装上分别标示各单件装食品的生产日期和保质期。

（4）应按年月日顺序标示日期，若不按此顺序，应注明具体顺序如×日×月×年。

（5）保质期是指预包装食品在标签指明的贮存条件下，保持品质的期限。在此期限内，产品完全适于销售，并保持标签中不必说明或已经说明的特有品质。

注：保持食品品质的期限是指最佳食用期限。·

8. 贮藏条件

预包装食品标签应标示贮存条件，贮存条件可以标示"贮存条件"、"贮藏条件"、"贮藏方法"等标题，或不标示标题。如："保存于阴凉干燥处，避免阳光曝晒"。

9. 产品标准代号

国内生产并在国内销售的预包装食品（不包括进口预包装食品）应标示产品所执行的标准代号和顺序号。

"代号"指"GB 19645—2010"《食品安全国家标准 乳粉》中的"GB"。

"顺序号"指"GB 19645"中的"19645"。

年代号（2010）可以不标示。

10. 辐照食品

（1）经电离辐射线或电离能量处理过的食品，应在食品名称附近标明"辐照食品"。

（2）经电离辐射线或电离能量处理过的任何配料，应在配料清单中标明。

第三节 《食品安全国家标准 预包装食品营养标签通则》GB 28050—2011

本标准 2011 年 10 月 12 日发布，2013 年 1 月 1 日实施。

营养标签作用：（1）鉴别产品。（2）认定含量。（3）识别欺骗。（4）提高产品的质量，推进生产线改进。（5）宣传食品营养知识，改善不良饮食习惯。（6）降低健康护理费用。

标准的框架结构：名称、前言、范围、规范性引用文件、术语和定义、基本要求、标示内容、强制标示内容、可选择标示内容、营养成分的表达方式其豁免强制标示营养标签的预包装食品、附录 A、附录 B、附录 C。

一、标准的适用范围和对象

适用于预包装食品营养标签上营养信息的描述和说明。

注：

1. 不适用范围：保健食品及预包装特殊膳食用食品的营养标签标示。

2. 营养标签是向消费者提供营养信息的手段，因此直接提供给消费者的预包装食品，应按照本标准的要求标示营养标签（豁免标示的食品除外）。

3. 非直接提供给消费者的预包装食品，可参照本标准执行，也可以按照双方约定或合同要求标注或提供有关营养信息。

4. 非定量包装的食品不属于本标准的范围。

二、常用术语

1. 核心营养素：营养标签中的核心营养素包括蛋白质、脂肪、碳水化合物和钠。

2. 营养成分表：标有食品营养成分名称、含量和占营养素参考值（NRV）百分比的规范性表格。

3. 营养素参考值（NRV）：专用于食品营养标签，用于比较食品营养成分含量的参考值。

4. 营养声称：对食品营养特性的描述和声明，如能量水平、蛋白质含量水平。营养声称包括含量声称和比较声称。

5. 含量声称：描述食品中能量或营养成分含量水平的声称。声称用语包括"含有"、"高"、"低"或"无"等。

6. 比较声称：与消费者熟知的同类食品的营养成分含量或能量值进行比较以后的声称。声称用语包括"增加"或"减少"等。

7. 营养成分功能声称：某营养成分可以维持人体正常生长、发育和正常生理功能等作用的声称。

8. 食部：去除其中不可食用的部分后的剩余部分。

9. 修约间隔：修约值的最小数值单位。

三、基本要求

1. 预包装食品营养标签标示的任何营养信息，应真实、客观，不得标示虚假信息，不得夸大产品的营养作用或其他作用。

2. 预包装食品营养标签应使用中文。如同时使用外文标示的，其内容应当与中文相对应，外文字号不得大于中文字号。

3. 营养成分表应以一个"方框表"的形式表示（特殊情况除外），方框可为任意尺寸，并与包装的基线垂直，表名为"营养成分表"。

4. 食品营养成分含量应以具体数值标示，数值可通过原料计算或产品检测获得。各营养成分的营养素参考值（NRV）见附录 A。

5. 营养标签的格式见附录 B，食品企业可根据食品的营养特性、包装面积的大小和形状等因素选择使用其中的一种格式。

6. 营养标签应标在向消费者提供的最小销售单元的包装上。

四、强制标示内容

1. 所有预包装食品营养标签强制标示的内容包括能量、核心营养素的含量值及其占营养素参考值（NRV）的百分比。当标示其他成分时，应采取适当形式使能量和核心营养素的标示更加醒目。

2. 对除能量和核心营养素外的其他营养成分进行营养声称或营养成分功能声称时，

在营养成分表中还应标示出该营养成分的含量及其占营养素参考值（NRV）的百分比。

3. 用了营养强化剂的预包装食品，除 GB 28050 4.1 的要求外，在营养成分表中还应标示强化后食品中该营养成分的含量值及其占营养素参考值（NRV）的百分比。

4. 食品配料含有或生产过程中使用了氢化和（或）部分氢化油脂时，在营养成分表中还应标示出反式脂肪（酸）的含量。

5. 上述未规定营养素参考值（NRV）的营养成分仅需标示含量。

五、可选择标示内容

1. 除上述强制标示内容外，营养成分表中还可选择标示 GB 28050 表 1 中的其他成分。

2. 当某营养成分含量标示值符合 GB 28050 表 C.1 的含量要求和限制性条件时，可对该成分进行含量声称，声称方式见 GB 28050 表 C.1。当某营养成分含量满足 GB 28050 表 C.3 的要求和条件时，可对该成分进行比较声称，声称方式见 GB 28050 表 C.3。当某营养成分同时符合含量声称和比较声称的要求时，可以同时使用两种声称方式，或仅使用含量声称。含量声称和比较声称的同义语见 GB 28050 表 C.2 和表 C.4。

3. 当某营养成分的含量标示值符合含量声称或比较声称的要求和条件时，可使用 GB 28050 附录 D 中相应的一条或多条营养成分功能声称标准用语。不应对功能声称用语进行任何形式的删改、添加和合并。

六、营养成分的表达方式

1. 预包装食品中能量和营养成分的含量应以每 100 克（g）和（或）每 100 毫升（mL）和（或）每份食品可食部中的具体数值来标示。当用份标示时，应标明每份食品的量。份的大小可根据食品的特点或推荐量规定。

2. 营养成分表中强制标示和可选择性标示的营养成分的名称和顺序、标示单位、修约间隔、"0"界限值应符合 GB 28050 表 1 的规定。当不标示某一营养成分时，依序上移。

注：营养成分标示"0"的界限值和营养成分的 NRV% 不足 1% 时如何标示

（1）当某营养成分含量低微或其摄入量对人体营养健康的影响微不足道时（即数值≤"0"界限值），其含量应标示为"0"。

（2）使用"份"的计量单位时，也要同时符合每 100g 或 100mL 的"0"界限值的规定。例如：某食品每份（20g）中含蛋白质 0.4g，100g 该食品中蛋白质含量为 2.0g，按照"0"界限值的规定，在产品营养成分表中蛋白质含量应标示为 0.4g，而不能为 0。

（3）某营养成分含量≤"0"界限值时，应按照本标准表 1 中"0"界限值的规定，含量值标示为"0"，NRV% 也标示为 0。

（4）当某营养成分的含量＞"0"界限值，但 NRV%＜1%，则应根据 NRV 的计算结果四舍五入取整，如计算结果＜0.5%，标示为"0"，计算结果≥0.5%，但＜1%，则标示为 1%。

3. 当标示 GB 14880 和卫生部公告中允许强化的除 GB 28050 表 1 外的其他营养成分时，其排列顺序应位于 GB 28050 表 1 所列营养素之后。

4. 在产品保质期内，能量和营养成分含量的允许误差范围应符合 GB 28050 表 2 的规定。

七、营养声称的要求和条件

1. 营养声称是对食品营养特性的描述和声明。包括含量声称和比较声称。

（1）含量声称：描述食品中能量或营养成分含量水平的声称。声称用语包括"含有"、"高"、"低"或"无"等。

（2）比较声称：与消费者熟知的同类食品的营养成分含量或能量值进行比较以后的声称。声称用语包括"增加"或"减少"等。所声称的能量或营养成分含量的差异必须大于等于 25%。

注：什么是基准食品或参考食品

目前企业可以自己选择同类、同种的普通食品做为参考。做为参考食品的条件必须符合以下三点：

1）普通食品或具有一般代表性、且被消费者熟知。

2）同类食品或同种食品。如"普通牛奶"可作为声称"加维生素 D 牛奶"的参考食品，"普通面包"可作为"增加膳食纤维面包"的参考食品等。

3）被比较的营养素含量不是异常的食品。这里强调正常或天然状态、常规加工过程。如果被比较的食品是特殊加工的，造成的营养素含量过高或过低，则导致做出错误的减少或增加 25% 的判断。

2. 营养成分功能声称是指某营养成分可以维持人体正常生长、发育和正常生理功能等作用的声称。

当某营养成分含量标示值符合含量声称或比较声称的要求和条件时，根据食品营养特性，选择 GB 28050 附录 D 中相应一条或多条营养成分功能声称标准用语。

GB 28050 附录 D 给出了：能量、蛋白质、脂肪（包括饱和脂肪和反式脂肪酸）、胆固醇、碳水化合物、膳食纤维、钠、维生素 A、维生素 D、维生素 E、维生素 B1、维生素 B2、维生素 B6、维生素 B12、维生素 C、烟酸、叶酸、泛酯、钙、镁、铁、锌、碘营养成分的功能声称标准用语。

注：不应对功能声称用语进行任何形式的删改、添加和合并。

如：碳水化合物的功能声称要求和条件如下。

项目	满足下列任一含量要求				功能声称用语（可选择一条或两条以上的用语）
	100g	100ml	420kJ	比较声称	
碳水化合物	糖≤5.0g	糖≤5.0g	—	碳水化合物含量减少或增加 25% 以上	碳水化合物是人类生存的基本物质和能量主要来源。
	乳糖≤2.0g	乳糖≤2.0g	—		碳水化合物是人类能量的主要来源。
	注：乳糖含量条件仅用于乳品类				碳水化合物是血糖生成的主要来源。膳食中碳水化合物应占能量的 60% 左右

八、豁免强制标示营养标签的预包装食品

下列预包装食品豁免强制标示营养标签：

——生鲜食品，如包装的生肉、生鱼、生蔬菜和水果、禽蛋等；

——乙醇含量≥0.5% 的饮料酒类；

——包装总表面积≤100cm² 或最大表面面积≤20cm² 的食品；

——现制现售的食品；

——包装的饮用水；

——每日食用量≤10g 或 10mL 的预包装食品；

——其他法律法规标准规定可以不标示营养标签的预包装食品。

注：豁免强制标示营养标签的预包装食品，如果在其包装上出现任何营养信息时，应按照本标准执行。

1. 关于生鲜食品

生鲜食品是指预先定量包装的、未经烹煮、未添加其他配料的生肉、生鱼、生蔬菜和水果等，如袋装鲜（或冻）虾、肉、鱼或鱼块、肉块、肉馅等。此外，未添加其他配料的干制品类，如干蘑菇、木耳、干水果、干蔬菜等，以及生鲜蛋类等，也属于本标准中生鲜食品的范围。

注：

（1）预包装速冻面米制品和冷冻调理食品不属于豁免范围，如速冻饺子、包子、汤圆、虾丸等。

（2）大米、面粉不属于生鲜食品，不属于豁免范围。

2. 关于乙醇含量≥0.5％的饮料酒类

酒精含量大于等于 0.5％的饮料酒类产品，包括发酵酒及其配制酒、蒸馏酒及其配制酒以及其他酒类（如料酒等）。上述酒类产品除水分和酒精外，基本不含任何营养素，可不标示营养标签。

3. 关于包装总表面积≤100cm² 或最大表面积≤20cm² 的预包装食品

（1）产品包装总表面积小于等于 100cm² 或最大表面面积小于等于 20cm² 的预包装食品可豁免强制标示营养标签（两者满足其一即可），但允许自愿标示营养信息。

（2）这类产品自愿标示营养信息时，可使用文字格式，并可省略营养素参考值（NRV）标示。

（3）包装总表面积计算可在包装未放置产品时平铺测定，但应除去封边及不能印刷文字部分所占尺寸。

（4）包装最大表面积的计算方法同《预包装食品标签通则》GB 7718—2011 的附录 A。

4. 关于现制现售食品

现制现售食品是指现场制作、销售并可即时食用的食品。但是，食品加工企业集中生产加工、配送到商场、超市、连锁店、零售店等销售的预包装食品，应当按标准规定标示营养标签。

5. 关于包装饮用水

（1）包装饮用水是指饮用天然矿泉水、饮用纯净水及其他饮用水，这类产品主要提供水分，基本不提供营养素，因此豁免强制标示营养标签。

（2）对于饮用天然矿泉水，依据相关标准标注产品的特征性指标，如偏硅酸、碘化物、硒、溶解性总固体含量以及主要阳离子（K^+、Na^+、Ca^{2+}、Mg^{2+}）含量范围等，不作为营养信息。

6. 关于每日食用量小于等于 10g 或 10mL 的预包装食品

指食用量少、对机体营养素的摄入贡献较小，或者单一成分调味品的食品，具体包括：

（1）调味品：味精、食醋等；

（2）甜味料：食糖、淀粉糖、花粉、餐桌甜味料、调味糖浆等；

（3）香辛料：花椒、大料、辣椒等单一原料香辛料和五香粉、咖喱粉等多种香辛料混合物；

（4）可食用比例较小的食品：茶叶（包括袋泡茶）、胶基糖果、咖啡豆、研磨咖啡粉等；

（5）其他：酵母，食用淀粉等。

注：对于单项营养素含量较高、对营养素日摄入量影响较大的食品，如腐乳类、酱腌菜（咸菜）、酱油、酱类（黄酱、肉酱、辣酱、豆瓣酱等）以及复合调味料等，应当标示营养标签。

九、营养标签的格式

GB 28050 附录规定了预包装食品营养标签的 6 种格式，应选择其中的一种进行营养标签的标示。

1. 营养成分表的基本要素

包括 5 个基本要素：表头、营养成分名称、含量、NRV％和方框。

（1）表头，以"营养成分表"作为表头；（2）营养成分名称，按标准表 1 的名称和顺序标示能量和营养成分；（3）含量指含量数值及表达单位，为方便理解，表达单位也可位于营养成分名称后，如：能量（kJ）；（4）NRV％指能量或营养成分含量占相应营养素参考值（NRV）的百分比；（5）方框，采用表格或相应形式。

注：营养成分表各项内容应使用中文标示，若同时标示英文，应与中文相对应。

2. 使能量与核心营养素标示更加醒目的方法推荐

（1）增大字号；（2）改变字体（如斜体、加粗、加黑）；（3）改变颜色（字体或背景颜色）；（4）改变对齐方式或其他方式。

3. 营养标签的格式

（1）仅标示能量和核心营养素的格式。

示例 1（见表 6-4）：

营养成分表　　　　　　　　　　　　　　　　　　　　　　　　　　　表 6-4

项目	每 100 克（g）或每 100 毫升（mL）或每份	营养素参考值％或 NRV％
能量	千焦（kJ）	％
蛋白质	克（g）	％
脂肪	克（g）	％
碳水化合物	克（g）	％
钠	毫克（mg）	％

（2）标注更多营养成分的格式。

示例 2（见表 6-5）：

营养成分表　　　　　　　　　　　　　　　　　　　　　　　　　　　表 6-5

项目	每 100 克（g）或每 100 毫升（mL）或每份	营养素参考值％或 NRV％
能量	千焦（kJ）	％
蛋白质	克（g）	％
脂肪	克（g）	％
——饱和脂肪	克（g）	
胆固醇	毫克（mg）	％
碳水化合物	克（g）	％
——糖	克（g）	
膳食纤维	克（g）	％
钠	毫克（mg）	％
维生素 A	微克视黄醇当量（μg RE）	％
钙	毫克（mg）	％

（3）附有外文的格式。

示例 3（见表 6-6）：

营养成分表 nutrition information　　　　　　　　　　　　　表 6-6

项目/Items	每 100 克（g）或每 100 毫升（mL）或每份 per 100g/100mL or per serving	营养素参考值%/NRV%
能量/energy	千焦（kJ）	%
蛋白质/protein	克（g）	%
脂肪/fat	克（g）	%
碳水化合物/carbohydrate	克（g）	%
钠/sodium	毫克（mg）	%

（4）横排格式。

示例 4（见表 6-7）：

营养成分表　　　　　　　　　　　　　表 6-7

项目	每 100 克（g）或每 100 毫升（mL）或每份	营养素参考值%或NRV%	项目	每 100 克（g）或每 100 毫升（mL）或每份	营养素参考值%或NRV%
能量	千焦（kJ）	%	蛋白质	克（g）	%
碳水化合物	克（g）	%	脂肪	克（g）	%
钠	毫克（mg）	%	—	—	%

注：根据包装特点，可将营养成分从左到右横向排开，分为两列或两列以上进行标示。

（5）文字格式。

包装的总面积小于 100cm² 的食品，如进行营养成分标示，允许用非表格的形式，并可省略营养素参考值（NRV）的标示。根据包装特点，营养成分从左到右横向排开，或者自上而下排开。

示例 5：

营养成分/100g：能量××kJ，蛋白质××g，脂肪××g，碳水化合物××g，钠××mg。

（6）附有营养声称和（或）营养成分功能声称的格式。

示例 6（见表 6-8）：

营养成分表　　　　　　　　　　　　　表 6-8

项目	每 100 克（g）或每 100 毫升（mL）或每份	营养素参考值%或 NRV%
能量	千焦（kJ）	%
蛋白质	克（g）	%
脂肪	克（g）	%
碳水化合物	克（g）	%
钠	毫克（mg）	%

营养声称如：低脂肪××。

营养成分功能声称如：每日膳食中脂肪提供的能量比例不宜超过总能量的 30%。

注：营养声称、营养成分功能声称可以在标签的任意位置。但其字号不得大于食品名称和商标。

第七章 食品安全监管

第一节 食品安全监管体制

一直以来，中共中央、国务院高度重视食品安全工作，不断完善工作制度，创新监管机制，着力构建适合我国国情，职责明晰，权威高效的食品安全监管体制。

一、地方政府食品安全职责

食品安全涉及食用农产品的种植养殖、食品生产、食品销售、餐饮服务、食品进出口等多个环节和农业、食品药品监督管理、质量技术监督、卫生行政等多个部门，是一项复杂的系统工程。从过去的工作实践看，尽管取得了不少成绩，仍存在一些问题，如地方政府职责不太明晰具体，履职难以到位，组织协调相对困难，工作不易形成合力，源头管理和全程无缝监管没有达到预期效果。2015年，通过修订《食品安全法》，进一步完善了食品安全监管体制，明确和细化了地方政府的食品安全职责。

一是统一领导、组织与协调。《食品安全法》修订前，工商行政、质量技术监督等食品安全监管部门实行省以下垂直管理，地方政府不能充分发挥强有力的领导组织作用，食品安全问题没有从源头、从基层有效解决。为理顺关系，突出地方政府食品安全牵头抓总作用，修订后的《食品安全法》第6条规定，县级以上地方人民政府对本行政区域的食品安全监督管理工作负责，统一领导、组织、协调本行政区域的食品安全监督管理工作以及食品安全突发事件应对工作。第109条要求，县级以上地方人民政府组织本级食品药品监督管理、质量监督、农业行政等部门制定本行政区域的食品安全年度监督管理计划，向社会公布并组织实施；第142条明确提出，对发生在本行政区域内的食品安全事故，未及时组织协调有关部门开展有效处置，造成不良影响或者损失，需对地方政府依法问责。

二是健全工作机制，明确部门职责。食品安全涉及环节和部门多，要形成良好的协作、配合和沟通工作机制，达到应有的效率和效果，需要地方政府结合当地实际，建立和完善相关工作机制。《食品安全法》第6条规定，县以上人民政府要建立健全食品安全全程监督管理工作机制和信息共享机制。两个机制的建设，不仅有利于保障食品安全全链条无缝对接，消除盲区和空白，更有利于相关部门、甚至是全社会的食品安全信息共享。同时明确，县级以上地方人民政府可依法依规确定本级食品药品监督管理、卫生行政部门和其他有关部门的职责。我国各地情况不一，法律授权地方政府从当地的实际出发，对相关部门进行职责分工，但原则上应与国务院有关部门的职责相一致。

三是设立派出机构。食品安全工作重在基层，难在基层，问题也主要来源于基层，从食品安全监管实际看，如不在乡镇基层设立机构，充实基层，就无法保证"最后一公里"监管落到实处。根据《食品安全法》第6条，县级人民政府食品药品监督管理部门可以在乡镇或者特定区域设立派出机构。需要注意的是，设在乡镇的食品药品监管机构只能是县级机关派驻，而不是乡镇政府机构。

四是实行食品安全监督管理责任制。《食品安全法》第7条规定，县级以上地方人民政府实行食品安全监督管理责任制。即上一级政府对下一级政府、本级政府对同级食品药品监督管理部门和其他与食品安全监管相关的部门（如农业、卫生、质监、工商等），通过评议、考核等方式，监督其落实食品安全职责。如地方人民政府未履行食品安全职责，未及时消除区域性重大食品安全隐患，上级人民政府可以对其主要负责人进行责任约谈。

五是完善保障机制。《食品安全法》第8条要求，县级以上人民政府应当将食品安全工作纳入本级国民经济和社会发展规划，将食品安全工作经费列入本级政府财政预算，加强食品安全监督管理能力建设，为食品安全工作提供保障。保障机制的重要体现是监管经费，包括人员经费、设备设施、办公用房、监督抽检、执法办案等费用列入预算。

六是加强宣传教育。《食品安全法》第10条规定，各级人民政府应当加强食品安全的宣传教育，普及食品安全知识，鼓励社会组织、基层群众性自治组织、食品生产经营者开展食品安全法律、法规以及食品安全标准和知识的普及工作，倡导健康的饮食方式，增强消费者食品安全意识和自我保护能力。食品安全宣传教育是一项基础性工作，如政府重视，方式得当，可达到事半功倍的效果。

七是开展表彰奖励。《食品安全法》第13条要求，对在食品安全工作中做出突出贡献的单位和个人，按照国家有关规定给予表彰、奖励。此条已明确，无论是食品安全监管检验、科研、教学机构与人员，还是食品生产经营者、食品行业协会或者公民个人，只要在食品安全工作中作出突出贡献，均可获得奖励。奖励形式可以是物质的，也可以是精神的，可以发奖金，也可以授予荣誉称号。

八是整合检验资源。《食品安全法》第84条要求，县级以上人民政府应当整合食品检验资源，实现资源共享。由于过去的多部门管理，食品安全检验检测资源分散，散、小、弱现象较为突出，必须在地方政府的统一领导下，集中整合，发挥良好作用。

九是制定应急预案。《食品安全法》第102条规定，县级以上地方人民政府应当根据有关法律、法规的规定和上级人民政府的食品安全事故应急预案以及本行政区域的实际情况，制定本行政区域的食品安全事故应急预案，并报上一级人民政府备案。食品安全事故突然发生，难以预料，为科学、及时、高效处置，最大限度减少损失，必须制定并及时更新应急预案。

二、食品安全委员会职责

为切实加强对食品安全工作的领导，国家食品药品监督管理总局加挂国务院食品安全委员会办公室牌子，承担食品安全委员会的日常工作。国家食品安全委员会的主要职责：一是分析食品安全形势，研究部署、统筹指导、考核评价食品安全工作；二是提出食品安全监管的重大政策措施；三是督促落实食品安全监管责任。

三、食品药品监督管理部门食品安全职责

2013年，为理顺监管体制，提高食品药品安全质量水平，根据《国务院机构改革和职能转变方案》，将国务院食品安全办的职责、国家食品药品监管局的职责、国家质检总

局的生产环节食品安全监督管理职责、国家工商总局的流通环节食品安全监督管理职责整合，组建国家食品药品监督管理总局，同时将工商行政管理、质量技术监督部门相应的食品安全监督管理队伍和检验检测机构划转到食品药品监督管理部门。2015 年，《食品安全法》修订后，明确食品安全工作由过去分段监管改为食药监管部门统一监管，健全了从中央到地方直至基层的食品药品安全监管体制，合理划分了食品药品监督管理部门与相关部门职责分工，增强了食品安全监管的科学性和有效性。食品药品监督管理总局在食品安全监管方面的主要职责包括：一是对食品生产经营（含食品生产、销售和餐饮服务）活动进行统一监督管理；二是承担食品安全委员会的日常工作，负责食品安全工作综合协调；三是对食品添加剂的生产经营活动进行监督管理；四是对重大食品安全信息进行统一发布；五是会同有关部门对食品安全事故进行调查处置；六是制定食品检验机构的资质认定条件和检验规范；七是参与食品安全国家标准制定，配合国务院卫生行政部门制定、公布食品安全国家标准。

四、卫生行政部门食品安全职责

国务院卫生行政部门在食品安全工作方面的主要职责：一是组织开展食品安全风险监测与风险评估；二是会同国务院食品药品监督管理部门制定并公布食品安全国家标准；三是承担新食品原料、食品添加剂新品种、食品相关产品新品种的安全性审查。

按照法律规定，在开展食品安全风险监测时，省级卫生行政部门会同同级食品药品监督管理、质量技术监督等部门，根据国家食品安全风险监测计划，结合本地实际，制定本行政区域的食品安全风险监测方案，报国务院卫生行政部门备案并实施；承担食品安全风险监测工作的人员有权进入相关食用农产品种植养殖、食品生产经营场所采集样品、收集相关数据，采集样品应当按照市场价格支付费用。实际工作中，有的食用农产品种植养殖单位、食品生产经营者担心影响其生产经营或对产品质量不自信，不配合甚至阻挠或拒绝食品安全风险监测人员进入相关场所，直接影响了食品安全风险监测工作的开展，因此，食品安全法明确规定了食用农产品种植养殖和食品生产经营者的配合义务。在食品安全标准方面，食品安全企业标准应当报省级卫生行政部门备案，省级卫生行政部门如发现备案的企业食品安全标准违反有关法律、法规，或者低于国家强制性标准或地方标准时，应当予以指出并纠正；省级卫生行政部门在其网站上公布制定和备案的食品安全国家标准、地方标准和企业标准，食品生产经营者可免费查阅和下载；对食品安全标准执行过程中的问题，县级以上卫生行政部门应当会同有关部门及时给予指导、解答。

五、农业行政部门食品安全职责

国务院农业行政部门在食品安全方面主要负责：一是食用农产品的种植养殖环节，以及食用农产品进入批发、零售市场或食品生产加工企业前的质量安全监督管理；二是负责畜禽屠宰环节和生鲜乳收购环节质量安全监督管理；三是负责与国务院卫生行政部门并会同国务院食品药品监督管理部门制定食品中兽药残留、农药残留的限量规定及其检验方法与规程，会同国务院卫生行政部门制定屠宰畜、禽的检验规程。

六、质量监督检验检疫部门食品安全职责

国务院质量监督检验检疫部门在食品安全方面的主要职责：一是负责食品包装材料、

容器、食品生产经营工具等食品相关产品生产加工的监督管理；二是负责食品、食品添加剂和食品相关产品的出入境管理。

七、其他部门食品安全职责

除上述机构和部门，相关部门在食品安全工作中也发挥重要作用，如工商行政管理部门负责食品生产经营无照行为的清查和食品广告活动的监督检查；商务部门负责制定促进餐饮服务和酒类流通发展规划和政策；公安部门负责食品安全违法犯罪行为的打击等。

第二节　食品安全监管

食品安全涉及千家万户，是最直接、最现实、最广泛的民生问题。当前，我国正处在社会主义发展初级阶段，食品安全形势复杂，食品安全领域问题较为多发频发。为全面落实习近平总书记提出的最严谨的标准、最严格的监管、最严厉的处罚、最严肃的问责的"四个最严"要求，在现阶段加强监管显得尤为迫切和重要。

一、监管主要方法

（一）食品安全风险分级管理

1. 风险分级管理概述

（1）什么是风险分级管理

风险分级管理，是指食品药品监督管理部门以风险分析为基础，结合食品生产经营者的食品类别、经营业态及生产经营规模、食品安全管理能力和监督管理记录情况，按照风险评价指标，划分食品生产经营者风险等级，并结合当地监管资源和监管能力，对食品生产经营者实施的不同程度的监督管理。

（2）风险分级的目的意义

食品生产经营风险分级管理是一种基于风险管理的有效监管模式，是有效提升监管资源利用率，强化监管效能，促进食品生产经营者落实食品安全主体责任的重要手段，也是国际的通行做法。德国、英国、美国、加拿大、联合国粮农组织等国家和组织都建立实施了基于风险的食品监管制度，国内部分行业以及一些省份进行了探索并积累了经验。

我国食品、食品添加剂生产经营者众多，监管人员相对不足，产品种类多、监管对象多、风险隐患多及监管资源有限的矛盾仍很突出，且监管工作中还存在平均用力、不分主次等现象，使监管工作缺少靶向性和精准度，监管的科学性不高、效能低下的问题还较普遍。针对这些问题，国家食品药品监管总局成立之初，即明确提出了"以问题为导向"的基于风险管理的食品安全监管思路，推行基于风险管理的分级分类监管模式，并在借鉴国内外经验的基础上，研究制定了《食品生产经营风险分级管理办法》（以下简称《办法》）。《办法》的制定，对于监管部门合理配置监管资源、提升监管效能有着重要意义。建立实施风险分级管理制度，能够帮助监管部门通过量化细化各项指标，深入分析、排查可能存在的风险隐患，并使监管视角和工作重心向一些存在较大风险的生产经营者倾斜，增加监管频次和监管力度，督促食品生产经营者采取更加严厉的措施，改善内部管理和过程控制，及早化解可能存在的安全隐患；而对风险程度较低的食品生产经营者，可以适当减少监管资源的分配，从而最终达到合理分配资源，提高监管资源利用效率的目的，收得事半功倍的效果。对于食品生产经营者，则通过分级评价，能够使其更加全面地掌握食品行业中存在的风险点，进一步强化生产经营主体的风险意识、安全意识和责任意识，有针对性地加强整改和控制，提升食品生产经营者风险防控和安全保障能力。

2. 风险分级管理的基本内容

食品药品监督管理部门对食品生产经营风险等级划分，结合食品生产经营者风险特点，从生产经营食品类别、经营规模、消费对象等静态风险因素和生产经营条件保持、生产经营过程控制、管理制度建立及运行等动态风险因素，确定食品生产经营者风险等级，并根据对食品生产经营者监督检查、监督抽检、投诉举报、案件查处、产品召回等监督管理记录实施动态调整。

食品生产经营者风险等级从低到高分为 A 级风险、B 级风险、C 级风险、D 级风险四个等级。

食品药品监督管理部门确定食品生产经营者风险等级，采用评分方法进行，以百分制计算。其中，静态风险因素量化分值为 40 分，动态风险因素量化分值为 60 分。分值越高，风险等级越高。

（1）食品经营静态风险因素

食品销售企业，按照其食品经营场所面积、食品销售单品数和供货者数量确定静态风险；餐饮服务企业，按照其经营业态及规模、制售食品类别及其数量确定静态风险。

静态风险的评定依据《食品生产经营静态风险因素量化分值表》（以下简称为《静态风险表》）。

（2）食品经营动态风险因素

对食品销售者动态风险因素进行评价应当考虑经营资质、经营过程控制、食品贮存等情况。

对餐饮服务提供者动态风险因素进行评价应当考虑从业人员管理、原料控制、加工制作等情况。

动态风险的评定依据《食品经营动态风险因素量化分值表》。

（3）食品经营风险等级确定

食品药品监督管理部门应当通过量化打分，将食品生产经营者静态风险因素量化分值，加上生产经营动态风险因素量化分值之和，确定食品生产经营者风险等级。

风险分值之和为 0～30（含）分的，为 A 级风险；风险分值之和为 30～45（含）分的，为 B 级风险；风险分值之和为 45～60（含）分的，为 C 级风险；风险分值之和为 60分以上的，为 D 级风险。

（4）食品经营风险等级评定与管理程序

对食品生产经营者开展风险等级评定，一是调取食品生产经营者的许可档案，根据静态风险因素量化分值表所列的项目，逐项计分，累加确定食品生产经营者静态风险因素量化分值。二是结合对食品生产经营者日常监督检查结果或者组织人员进入生产经营现场按照《食品经营动态风险因素量化分值表》进行打分评价确定动态风险因素量化分值。需要说明的是，新开办的食品生产经营者可以省略此步骤，可以按照生产经营者静态风险分值折算确定其风险分值。对于食品生产者，也可以省略此步骤，而是按照《食品、食品添加剂生产许可现场核查评分记录表》折算的风险分值确定。三是根据量化评价结果，填写《食品生产经营者风险等级确定表》，确定食品生产经营者风险等级。四是将食品生产经营者风险等级评定结果记入食品安全监管档案。五是应用食品生产经营者风险等级结果开展有关工作。六是根据当年食品生产经营者日常监督检查、监督抽检、违法行为查处、食品安全事故应对、不安全食品召回等食品安全监督管理记录情况，对辖区内的食品生产经营者的下一年度风险等级进行动态调整。

（5）风险等级和监督检查频次的对应关系

1）对风险等级为 A 级风险的食品生产经营者，原则上每年至少监督检查 1 次；

2）对风险等级为 B 级风险的食品生产经营者，原则上每年至少监督检查 1~2 次；

3）对风险等级为 C 级风险的食品生产经营者，原则上每年至少监督检查 2~3 次；

4）对风险等级为 D 级风险的食品生产经营者，原则上每年至少监督检查 3~4 次。

3. 风险分级管理与质量安全管理

实施风险管理，是识别、定位、排序并消除影响食品质量安全风险根源的过程，其出发点和落脚点都是为了保障食品质量安全，促进食品行业质量安全控制水平提升，这也是实施风险管理的根本意义所在。食品生产经营者的风险等级不能直接体现食品质量安全水平，主要是由于产品质量与风险管理的差异性决定的。为了准确定位重点产品、重点监管对象，增强监管的靶向性、科学性和有效性，在风险分级管理工作中，不仅要考虑食品原料、食品配方、生产工艺、过程控制、储存条件、检验能力、管理水平等直接影响食品质量安全的因素，也要考虑企业规模、销售范围、产品销量、消费群体、以往发生问题原因及社会关注度等诸多因素，并将这些风险因素按属性分为静态风险因素和动态风险因素，来权衡、评定食品生产经营者的风险等级。不难看出，风险等级的高低，不仅与其软硬件条件、管理水平有关，也与其生产经营的食品品种、销售范围、消费群体等有关，例如，同等规模的企业，生产婴幼儿配方乳粉的企业风险等级要高于生产饼干的企业，主要是因为婴幼儿配方乳粉的工艺配方复杂、受众群体特殊、社会关注度高等因素拉高了其风险分值。因此，对风险等级较高的，并不能简单认为其生产的食品质量安全风险就是较高的。风险等级较高的，只代表要从风险管理角度更加注重管控风险，要求监管部门要更加注重对这类单位的监督检查。

（二）食品安全日常监督检查

1. 日常监督检查

对食品生产经营者的监督检查是法律赋予食品安全监管工作的重要职责。日常监督检查是指食品药品监督管理部门及其派出机构，组织对食品生产经营者执行食品安全法律、法规、规章及标准、生产经营规范等情况，按照年度监督检查计划和监督管理工作需要实施监督检查。

（1）监督检查的概念及分类

1）监督检查的概念，监督检查是行政机关依法对生产经营者守法情况进行的检查活动。目的是对食品生产经营者落实食品安全法定义务情况的考察和查究，督促其落实主体责任，保障质量安全。

2）监督检查分类：根据监督检查的目的、要求和方法，监督检查分为日常检查、飞行检查、体系检查三类。

（2）食品经营日常监督检查的主要内容

1）食品销售者：主要检查食品销售者资质、从业人员健康管理、一般规定执行、禁止性规定执行、经营过程控制、进货查验结果、食品贮存、不安全食品召回、标签和说明书、特殊食品销售、进口食品销售、食品安全事故处置、食用农产品销售等情况，以及食用农产品集中交易市场开办者、柜台出租者、展销会举办者、网络食品交易第三方平台提供者、食品贮存及运输者等履行法律义务的情况。

2）餐饮服务提供者：主要检查餐饮服务提供者资质、从业人员健康管理、原料控制、加工制作过程、食品添加剂使用管理及公示、设备设施维护和餐饮具清洗消毒、食品安全事故处置等情况。

（3）食品经营日常监督检查的基本程序

一是由监管部门确定监督检查人员，明确检查事项、抽检内容。二是检查人员现场出示有效证件。三是检查人员按照确定的检查项目、抽检内容开展监督检查与抽检。检查人员可以采取《办法》规定的措施开展监督检查。四是确定监督检查结果，并对检查结果进行综合判定。五是检查人员和食品生产经营者在日常监督检查结果记录表及抽样检验等文书上签字或者盖章。六是根据《办法》对检查结果进行处理。七是及时公布监督检查结果。

（4）食品经营日常监督检查的频次

市、县级食品药品监督管理部门应当按照市、县人民政府食品安全年度监督管理计划，根据食品类别、企业规模、管理水平、食品安全状况、信用档案记录等因素，编制年度日常监督检查计划。市、县级食品药品监督管理部门应当按照《食品生产经营风险分级管理办法》的规定确定对辖区食品生产经营者的监督检查频次，并将其列入年度日常监督检查计划。确定监督检查频次后，监管部门对每家单位的检查频次每年不得少于计划数。

（5）食品经营日常监督检查"双随机"的要求

按照《国务院办公厅关于推广随机抽查规范事中事后监管的通知》（国办发〔2015〕58号）要求，对食品生产经营者实行"双随机"日常监督检查，即随机抽取被检查单位、随机选派检查人员。

一是在网格化监管和监管全覆盖的基础上，开展"双随机"检查。即市、县级食品药品监督管理部门开展日常监督检查，在全面覆盖的基础上，可以在本行政区域内随机选取食品生产经营者、随机选派监督检查人员实施异地检查、交叉互查，监督检查人员应当由食品药品监督管理部门随机选派。

二是检查项目应当按照《食品生产经营日常监督检查表》执行，每次监督检查可以随机抽取日常监督检查表中的部分内容进行检查。同时要求，每年开展的监督检查原则上应当覆盖全部项目。每次监督检查的内容应当在实施检查前由食品药品监督管理部门予以明确，检查人员开展检查时不得随意更改检查事项。

三是检查中可以对生产经营的产品随机进行抽样检验。

（6）日常监督检查人员要求

日常监督检查人员应当符合执行日常监督检查工作的要求，市、县级食品药品监督管理部门应当加强对检查人员的管理。一是应当由2名以上（含2名）监督检查人员开展监督检查工作，并出示有效证件。二是检查人员应当掌握与开展食品生产经营日常监督检查相适应的食品安全法律、法规、规章、标准等知识，熟悉食品生产经营监督检查和检查操作手册，并定期接受培训与考核。三是根据日常监督检查事项，必要时市、县级食品药品监督管理部门可以邀请食品安全专家、消费者代表等人员参与监督检查工作。

（7）食品经营日常监督的检查结果判定

监督检查人员按照日常监督检查表和检查结果记录表的要求，对日常监督检查情况如实记录，并综合进行判定，确定检查结果。监督检查结果分为符合、基本符合与不符合3种形式。按照对《检查表》的检查情况，检查中未发现问题的，检查结果判定为符合；发现小于8项一般项存在问题的，检查结果判定为基本符合；发现大于8项一般项或一项（含）以上重点项存在问题的，检查结果判定为不符合。但对餐饮服务的检查结果判定应按其相应规定进行。

（8）食品经营日常监督检查中发现的问题处理

市、县级食品药品监督管理部门应当对日常监督检查发现的问题及时进行处理。

一是对日常监督检查结果属于基本符合的食品生产经营者，市、县级食品药品监督管理部门应当就监督检查中发现的问题书面提出限期整改要求。被检查单位应当按期进行整改，并将整改情况报告食品药品监督管理部门。监督检查人员可以跟踪整改情况，并记录整改结果。

二是对日常监督检查结果为不符合、有发生食品安全事故潜在风险的，食品生产经营者应当立即停止食品生产经营活动。

三是对食品生产经营者应当立即停止食品生产经营活动而未执行的，由县级以上食品药品监督管理部门依照《食品安全法》第一百二十六条第一款的规定进行处罚。

（9）监督检查结果公布

市、县级食品药品监督管理部门应当于日常监督检查结束后2个工作日内，向社会公开日常监督检查时间、检查结果和检查人员姓名等信息。日常监督检查结束后2个工作日内，食品药品监督管理部门应当在生产经营场所醒目位置张贴日常监督检查结果记录表。食品生产经营者应当将张贴的日常监督检查结果记录表保持至下次日常监督检查。

食品生产经营者撕毁、涂改日常监督检查结果记录表，或者未保持日常监督检查结果记录表至下次日常监督检查的，由市、县级食品药品监督管理部门责令改正，给予警告，并处2000元以上3万元以下罚款。食品生产经营者拒绝、阻挠、干涉食品药品监督管理部门进行监督检查的，由县级以上食品药品监督管理部门按照《食品安全法》有关规定进行处理。

2. 食品销售日常监督检查

根据《食品生产经营日常监督检查管理办法》，食品销售日常监督检查以经营资质、经营条件、食品标签等外观质量状况、食品安全管理机构和人员、从业人员管理、经营过程控制等六个方面为重点。食品行业从业人员应当围绕重点环节，进行食品安全风险控制，保障食品安全。

（1）经营资质

检查内容：1）经营者持有的食品经营许可证是否合法有效。2）食品经营许可载明的有关内容与实际经营是否相符。

常见问题：1）《食品经营许可证》未在醒目位置悬挂。2）《食品经营许可证》过期。

3）伪造、倒卖、出租、出借《食品经营许可证》。4）超出许可的经营业态和经营项目开展经营活动。5）入网食品经营者的是否进行特别标注（主体业态，网络经营）。

（2）经营条件

检查内容：1）是否具有与经营的食品品种数量相适应的场所。2）经营场所环境是否整治，是否与污染源保持规定的距离。3）是否具有与经营的食品品种数量相适应的生产经营设备或设施。

常见问题：1）经营场所与生活区混用。2）食品销售场所布局不合理，有交叉污染的风险。3）食品贮存没有专门区域，或与其他有毒有害物品同库存放，食品贮存没有做到隔墙离地，生食、熟食没有适当分隔。4）环境卫生差，无良好通风排气装置。经营场所地面积水。5）未配备消毒、更衣、采光、三防等相关设施设备或不能满足经营需要。6）冷藏、冷冻设备不能满足经营品种数量需要，设备损坏不能有效制冷。

（3）食品标签等外观质量状况

检查内容：1）检查的食品是否在保质期内。

注：预包装食品：预先定量包装或者制作在包装材料和容器中的食品，包括预先定量包装以及预先定量制作在包装材料和容器中并且在一定量限范围内具有统一的质量或体积标识的食品。

保质期：预包装食品在标签指明的贮存条件下，保持品质的期限。在此期限内，产品完全适于销售，并保持标签中不必说明或已经说明的特有品质。

关于临近保质期（临保）管理

超市自查——临保食品——临近保质期界定

保质期 1 年以上的对应不低于期满之日前 45 天

保质期半年以上不足 1 年的对应不低于期满之日前 20 天

保质期 90 天以上不足半年的对应不低于期满之日前 15 天

保质期 30 天以上不足 90 天的对应不低于期满之日前 10 天

保质期 16 天以上不足 30 天的对应不低于期满之日前 5 天

保质期 3 天以上少于 15 天的对应不低于期满之日前 2 天

2）检查的食品感官性状是否正常。3）经营的肉及肉制品是否具有检验检疫的证明。4）检查的食品是否符合国家为防病等特殊需要的要求。5）经营的预包装食品、食品添加剂包装上是否有标签，标签是否符合规定。6）经营的食品标签说明书是否清楚、明显，生产日期、保质期是否显明标注。7）销售散装食品是否标明食品的名称、生产日期或生产批号、保质期以及生产经营者名称、地址、联系方式等。8）经营食品标签、说明书是否涉及疾病预防、治疗功能。9）经营场所设置或摆放的食品广告的内容是否涉及疾病的预防治疗功能。10）经营的进口预包装食品是否有中文标签，并载明食品的原产地，有境内代理商名称、地址、联系方式。11）经营的进口预包装食品是否有国家出入境检验检疫部门出具的检验检疫证明。

（4）食品安全管理机构和人员

检查内容：1）是否设立食品安全管理机构，明确各岗位食品安全管理职责。2）是否对职工进行食品安全知识培训和考核。

常见问题：1）未建立食品安全管理机构，专职或兼职食品安全管理人员、食品安全技术人员不明确，没有相关文件证明。2）缺少食品安全管理制度文本或不全，内容不完善。3）在岗食品安全管理人员抽查考核不合格。

（5）从业人员管理

检查内容：1）食品经营者是否建立从业人员健康管理制度。2）在岗从事直接入口食品工作的人员是否取得健康证明。3）从业人员是否患有国务院卫生行政部门规定的有碍食品安全的疾病。4）是否对职工进行食品安全知识培训。

注：

国家卫生计生委印发有碍食品安全的疾病目录

（国卫食品发〔2016〕31号）

（一）霍乱

（二）细菌性和阿米巴性痢疾

（三）伤寒和副伤寒

（四）病毒性肝炎（甲型、戊型）

（五）活动性肺结核

（六）化脓性或者渗出性皮肤病

从业人员发现可能患有《目录》中规定的疾病时，应当立即到医疗机构就诊，如确诊患有《目录》中规定的疾病，按照食品安全监管部门的相关规定处理。

（6）经营过程控制

检查内容：1）是否按要求贮存食品。2）是否定期检查库存食品，及时清理变质或超过保质期的食品。3）食品经营者是否按照食品标签标示的警示标志、警示说明或注意事项的要求贮存和销售食品，对经营过程有温度、湿度要求的食品，是否有保证食品安全所需的温度、湿度等特殊要求的设备，并按要求贮存。4）食品经营者是否建立食品安全自查制度，定期对食品安全状况进行检查评价。5）发生食品安全事故的，是否建立和保存处置食品安全事故记录，是否按要求上报所在地食品药品监管部门。6）食品经营者采购食品（食品添加剂）是否查验代供货者的许可证和食品出厂检验合格证或其他合格证明。7）食用农产品是否建立进货查验制度，如实记录农产品名称、数量等，并保存相关凭证、记录不少于六个月。8）食品经营企业是否建立执行食品进货查验记录制度。9）是否建立并执行不安全食品处置制度。10）从事食品批发业务的经营企业是否建立并执行食品销售记录制度。11）食品经营者是否张贴并保持上次监督检查结果记录。

注：

- 冷藏产品储存在0~5℃
- 冷冻产品储存在−18℃或以下
- 生熟分开存放，熟食需存放于生食之上
- 存放食品时需离墙离地
- 在储藏食品时，要把食品覆盖好或者放在加盖的容器中
- 不要把盛有食品的容器直接放在地上
- 食品包装材料储藏中需要封闭，不得裸露存放

（7）食品销售日常监督检查要点表（见表7-1）

食品销售日常监督检查要点表

食品通用检查项目：重点项（＊）12项，一般项22项，共34项。

特殊场所和特殊食品检查项目：共19项。

表 7-1

食品通用检查项目（34 项）

检查项目	序号	检查内容	评价	备注
1. 经营资质	1.1	经营者持有的食品经营许可证是否合法有效	□是　□否	
	1.2	食品经营许可证载明的有关内容与实际经营是否相符	□是　□否	
2. 经营条件	2.1	是否具有与经营的食品品种、数量相适应的场所	□是　□否	
	2.2	经营场所环境是否整洁，是否与污染源保持规定的距离	□是　□否	
	2.3	是否具有与经营的食品品种、数量相适应的生产经营设备或者设施	□是　□否	
3. 食品标签等外观质量状况	*3.1	检查的食品是否在保质期内	□是　□否	
	*3.2	检查的食品感官性状是否正常	□是　□否	
	*3.3	经营的肉及肉制品是否具有检验检疫证明	□是　□否	
	3.4	检查的食品是否符合国家为防病等特殊需要的要求	□是　□否	
	*3.5	经营的预包装食品、食品添加剂的包装上是否有标签，标签标明的内容是否符合食品安全法等法律法规的规定	□是　□否	
	3.6	经营的食品的标签、说明书是否清楚、明显，生产日期、保质期等事项是否显著标注，容易辨识	□是　□否	
	*3.7	销售散装食品，是否在散装食品的容器、外包装上标明食品的名称、生产日期或者生产批号、保质期以及生产经营者名称、地址、联系方式等内容	□是　□否	
	3.8	经营食品标签、说明书是否涉及疾病预防、治疗功能	□是　□否	
	3.9	经营场所设置或摆放的食品广告的内容是否涉及疾病预防、治疗功能	□是　□否	
	*3.10	经营的进口预包装食品是否有中文标签，并载明食品的原产地以及境内代理商的名称、地址、联系方式	□是　□否	
	*3.11	经营的进口预包装食品是否有国家出入境检验检疫部门出具的入境货物检验检疫证明	□是　□否	
4. 食品安全管理机构和人员	4.1	食品经营企业是否有专职或者兼职的食品安全专业技术人员、食品安全管理人员和保证食品安全的规章制度	□是　□否	
	4.2	食品经营企业是否有食品安全管理人员	□是　□否	
	4.3	食品经营企业是否存在经食品药品监管部门抽查考核不合格的食品安全管理人员在岗从事食品安全管理工作的情况	□是　□否	
5. 从业人员管理	5.1	食品经营者是否建立从业人员健康管理制度	□是　□否	
	5.2	在岗从事接触直接入口食品工作的食品经营人员是否取得健康证明	□是　□否	
	5.3	在岗从事接触直接入口食品工作的食品经营人员是否存在患有国务院卫生行政部门规定的有碍食品安全疾病的情况	□是　□否	
	5.4	食品经营企业是否对职工进行食品安全知识培训和考核	□是　□否	

续表

检查项目	序号	检查内容	评价	备注
6. 经营过程控制情况	*6.1	是否按要求贮存食品	□是　□否	
	6.2	是否定期检查库存食品，及时清理变质或者超过保质期的食品	□是　□否	
	*6.3	食品经营者是否按照食品标签标示的警示标志、警示说明或者注意事项的要求贮存和销售食品。对经营过程有温度、湿度要求的食品的，是否有保证食品安全所需的温度、湿度等特殊要求的设备，并按要求贮存	□是　□否	
	6.4	食品经营者是否建立食品安全自查制度，定期对食品安全状况进行检查评价	□是　□否	
	6.5	发生食品安全事故的，是否建立和保存处置食品安全事故记录，是否按规定上报所在地食品药品监督部门	□是　□否	
	*6.6	食品经营者采购食品（食品添加剂），是否查验供货者的许可证和食品出厂检验合格证或者其他合格证明（以下称合格证明文件）	□是　□否	
	*6.7	是否建立食用农产品进货查验记录制度，如实记录食用农产品的名称、数量、进货日期以及供货者名称、地址、联系方式等内容，并保存相关凭证。记录和凭证保存期限不得少于六个月	□是　□否	
	*6.8	食品经营企业是否建立并严格执行食品进货查验记录制度	□是　□否	
	6.9	是否建立并执行不安全食品处置制度	□是　□否	
	6.10	从事食品批发业务的经营企业是否建立并严格执行食品销售记录制度	□是　□否	
	6.11	食品经营者是否张贴并保持上次监督检查结果记录	□是　□否	

特殊场所和特殊食品检查项目（19项）

检查项目	序号	检查内容	评价	备注
7. 市场开办者、柜台出租者和展销会举办者	7.1	集中交易市场的开办者、柜台出租者和展销会举办者，是否依法审查入场食品经营者的许可证，明确其食品安全管理责任	□是　□否	
	7.2	是否定期对入场食品经营者经营环境和条件进行检查	□是　□否	
8. 网络食品交易第三方平台提供者	8.1	网络食品交易第三方平台提供者是否对入网食品经营者进行许可审查或实行实名登记	□是　□否	
	8.2	网络食品交易第三方平台提供者是否明确入网经营者的食品安全管理责任	□是　□否	
9. 食品贮存和运输经营者	9.1	贮存、运输和装卸食品的容器、工具和设备是否安全、无害，保持清洁	□是　□否	
	9.2	容器、工具和设备是否符合保证食品安全所需的温度、湿度等特殊要求	□是　□否	
	9.3	食品是否与有毒、有害物品一同贮存、运输	□是　□否	
10. 食用农产品批发市场	10.1	食用农产品批发市场是否配备检验设备和检验人员或者委托符合本法规定的食品检验机构，对进入该批发市场销售的食用农产品进行抽样检验	□是　□否	
	10.2	发现不符合食品安全标准的食用农产品时，是否要求销售者立即停止销售，并向食品药品监督管理部门报告	□是　□否	

特殊场所和特殊食品检查项目（19项）

检查项目	序号	检查内容	评价	备注
11. 特殊食品	11.1	是否经营未按规定注册或备案的保健食品、特殊医学用途配方食品、婴幼儿配方乳粉	□是 □否	
	11.2	经营的保健食品的标签、说明书是否涉及疾病预防、治疗功能，内容是否真实，是否载明适宜人群、不适宜人群、功效成分或者标志性成分及其含量等，并声明"本品不能代替药物"，与注册或者备案的内容相一致	□是 □否	
	11.3	经营保健食品是否设专柜销售，并在专柜显著位置标明"保健食品"字样	□是 □否	
	11.4	是否存在经营场所及其周边，通过发放、张贴、悬挂虚假宣传资料等方式推销保健食品的情况	□是 □否	
	11.5	经营的保健食品是否索取并留存批准证明文件以及企业产品质量标准	□是 □否	
	11.6	经营的保健食品广告内容是否真实合法，是否含有虚假内容，是否涉及疾病预防、治疗功能，是否声明"本品不能代替药物"；其内容是否经生产企业所在地省、自治区、直辖市人民政府食品药品监督管理部门审查批准，取得保健食品广告批准文件	□是 □否	
	11.7	经营的进口保健食品是否未按规定注册或备案	□是 □否	
	11.8	特殊医学用途配方食品是否经国务院食品药品监督管理部门注册	□是 □否	
	11.9	特殊医学用途配方食品广告是否符合《中华人民共和国广告法》和其他法律、行政法规关于药品广告管理的规定	□是 □否	
	11.10	专供婴幼儿和其他特定人群的主辅食品，其标签是否标明主要营养成分及其含量	□是 □否	

其他需要记录的问题：

说明：1. 本要点表共分为两个部分：第一部分为通用检查项目，分为重点项目和一般项，重点项目应逐项检查，一般项可视情况随机抽查；第二部分为特殊场所和特殊食品检查项目，不区分重点项和一般项，应逐项检查。
　　2. 检查过程中，被检查的经营者不涉及的项目，可视为合理缺项并在"备注"栏标注为不适用。

3. 餐饮服务日常监督检查

（1）许可管理

检查内容1：食品经营许可证合法有效，经营场所、主体业态、经营项目等事项与食品经营许可证一致。

检查要点：1）取得了《食品经营许可证》。2）《食品经营许可证》在载明的有效期内。3）实际经营场所与《食品经营许可证》载明的"经营场所"相一致。4）实际主体业态、经营项目与《食品经营许可证》载明的"主体业态"、"经营项目"相一致。

（2）信息公示

检查内容2：在经营场所醒目位置公示食品经营许可证。

检查要点：1）餐饮服务经营者（中央厨房、集体用餐配送单位除外）、单位食堂将《食品经营许可证》悬挂在就餐场所醒目位置（如大厅入口处、结账处等）。中央厨房、集体用餐配送单位将《食品经营许可证》悬挂在经营场所醒目位置，并在其食品包装上或容器上标注《食品经营许可证》许可证编号等信息。2）提供网络订餐服务的餐饮服务经营者，还在相关网页上公示其《食品经营许可证》。

检查内容 3：监督检查结果记录表公示的时间、位置等符合要求。

检查要点：1）餐饮服务经营者（中央厨房、集体用餐配送单位除外）、单位食堂将《结果记录表》公示在就餐场所醒目位置。中央厨房、集体用餐配送单位将《结果记录表》公示在经营场所醒目位置。2）公示的《结果记录表》在食品药品监管部门进行第二次检查前未被损毁、涂改。

检查内容 4：在经营场所醒目位置公示量化等级标识。

检查要点：1）餐饮服务经营者（中央厨房、集体用餐配送单位除外）、单位食堂将量化等级标识公示在就餐场所醒目位置。中央厨房、集体用餐配送单位将量化等级标识公示在经营场所醒目位置。2）公示的量化等级标识在食品药品监管部门进行第二次检查前未被损毁、涂改。

（3）制度管理

检查内容 5：建立从业人员健康管理、食品安全自查、进货查验记录、食品召回等食品安全管理制度。

检查要点：

餐饮服务提供者至少建立了以下食品安全管理制度：从业人员健康管理制度（※）；食品安全自查制度（※）；原料控制要求（※）；经营过程控制要求（※）；食品召回制度（※）。

餐饮服务企业还建立了以下食品安全管理制度：从业人员培训管理制度；食品安全管理人员制度；场所及设施设备清洗消毒和维修保养制度；食品进货查验记录制度（※）；食品贮存管理制度；餐厨废弃物处置制度等。餐饮服务提供者能提供相关食品安全管理制度文本，并能提供证明其已执行标注"※"制度的相关记录。

检查内容 6：制定食品安全事故处置方案。

检查要点：1）中央厨房、集体用餐配送单位、学校食堂（含托幼机构）等制定与其主体业态、经营项目相适应的食品安全事故处置方案。在处置方案中明确了食品安全事故处置的组织架构、人员、职责，有具体的处置程序和处置措施。根据人员的调整变化，及时调整、修订了食品安全事故处置方案。2）其他餐饮服务提供者制定了食品安全事故处置方案，并在处置方案中明确了受理、报告、救治等程序和处置人员。

（4）人员管理

检查内容 7：主要负责人知晓食品安全责任，有食品安全管理人员。

检查要点：1）中央厨房、集体用餐配送单位、学校食堂等的主要负责人掌握食品安全法律法规和基本知识，牵头建立了食品安全管理机构，明晰各个岗位的食品安全工作责任；能提供食品安全管理机构组建文件、食品安全管理人员任命书、食品安全责任状或承诺书等相关资料。2）其他餐饮服务提供者的主要负责人熟悉食品安全法律法规和基本常识。有相关文件、任命书、公示板等，能证明配备了专（兼）职食品安全管理人员。3）中央厨房、集体用餐配送单位、学校食堂等配备了专职食品安全管理人员，其他餐饮服务提供者配备了专（兼）职食品安全管理人员。

检查内容 8：从事接触直接入口食品工作的从业人员持有有效的健康证明。

检查要点：1）从事接触直接入口食品工作的从业人员，每年全部进行健康体检并取得健康证明，健康证明全部在有效期内。2）从事接触直接入口食品工作的从业人员，未患国务院卫生行政部门规定的有碍食品安全的疾病。3）从事接触直接入口食品工作的从业人员，发生腹泻、发烧、手部开放型创口等后，均暂时调离接触直接入口食品的工作岗位。

检查内容9：具有从业人员食品安全培训记录。

检查要点：1）具有从业人员食品安全培训计划、培训教材或资料、培训签到表、答题卷子等完整的培训记录和培训效果考核记录。2）食品安全管理人员培训学时数达到40学时以上。3）抽查的5名从业人员基本掌握了与其工作岗位相关的食品安全法律法规或基本知识。

检查内容10：从业人员穿戴清洁的工作衣帽，双手清洁，保持个人卫生。

检查要点：1）从业人员穿戴的工作衣帽保持清洁。2）从事专间操作的从业人员佩戴口罩。3）从事接触直接入口食品工作的从业人员双手洁净。从业人员双手的现场快速检测结果符合要求。4）从业人员的手部未佩戴饰物，未留长指甲，未涂抹指甲油。

（5）环境卫生

检查内容11：食品经营场所保持清洁、卫生。

检查要点：1）经营场所整体环境保持清洁，物品定位、整齐摆放，防鼠防蝇防虫设施完好，无老鼠、蟑螂、苍蝇等病媒生物。2）经营场所墙壁和天花板平整、洁净，无污垢，无霉斑，风扇、空调无积尘。3）经营场所地面平整，无缺损，无积水，无垃圾。4）经营场所排水沟无食物残渣等堆积，排水顺畅。5）有专门存放餐厨废弃物的设施和场所，经营场所内的垃圾能够得到及时清理。6）就餐场所的空气保持流通。

检查内容12：烹饪场所配置排风设备，定期清洁。

检查要点：1）烹饪场所配有油烟机等排风设备，排风设备的排风口处设有网罩，能有效防止病媒生物侵入。2）定期对排风设备进行维护、清洁，排风设备表面无油污积尘。

检查内容13：用水符合生活饮用水卫生标准。

检查要点：1）经营场所用水的感官性状为无色、无味。2）使用地下水或二次供水装置的餐饮服务提供者，能提供具有资质的检测机构出具的水质检测报告，水质的检测结果符合国家生活饮用水卫生标准，检测日期与现场检查日期的时间间隔在12个月以内。

检查内容14：卫生间保持清洁、卫生，定期清理。

检查要点：1）卫生间具有独立排风系统，且运转正常。2）具有及时清洁卫生间制度。3）卫生间的地面和墙壁保持清洁，便池、洗手池等设施无污物积存。4）具有清理记录，且真实、完整。

（6）原料控制

检查内容15：查验供货者的许可证和食品出厂检验合格证或其他合格证明，如实记录有关信息并保存相关凭证。

检查要点：1）餐饮服务提供者从具有合法资质的供货商处采购食品、食品添加剂，留存有供货商盖章（或签字）的发票、货物清单等购物凭证，按要求对购进的食品及其合格证明进行查验。2）餐饮服务单位要建立供货商档案，留存有相关资料并逐一进行登记；按要求对购进的食品及其合格证明进行进货查验，并如实记录有关信息。3）供货商的档案、进货查验记录、发票、货物清单等购物凭证保存期限不少于产品保质期满后6个月；

没有明确保质期的，保存期限不少于 2 年。4）抽查的食品实物与供货商资质、进货查验记录相一致。5）未发现《食品安全法》禁止经营的食品。

检查内容 16：原料外包装标识符合要求，按照外包装标识的条件和要求规范贮存，并定期检查，及时清理变质或者超过保质期的食品。

检查要点：1）预包装食品、食品添加剂的外包装具有标签，标签、说明书清楚、明显，容易辨识；标签标注的事项齐全；无虚假、夸大内容，未涉及疾病预防、治疗功能。进口食品的外包装须有中文标签、说明书。食品添加剂还在其标签上注明了使用范围、使用量、使用方法，载明"食品添加剂"字样。2）规范贮存食品，标签上标注有贮存条件的，食品的贮存条件与外包装标识的条件和要求相一致。使用专门容器贮存散装食品，在贮存位置标明食品的名称、生产日期或者生产批号、保质期、生产者名称及联系方式等内容。3）食品贮存场所清洁，无霉斑、鼠迹、苍蝇、蟑螂等，未存放有毒有害物品。4）对贮存的食品、食品添加剂定期检查，及时清理变质或者超过保质期的食品、食品添加剂。变质或者超过保质期的食品、食品添加剂存放在专门区域，并具有明显标识。5）在专间、专用操作场所、备餐场所、烹饪场所等，未发现超过保质期的食品、食品添加剂。6）在专间、专用操作场所、备餐场所、烹饪场所等，未发现腐败变质、油脂酸败、霉变生虫、混有异物等感官性状异常的食品、食品添加剂。

（7）加工制作过程

检查内容 17：食品添加剂由专人负责保管、领用、登记，并有相关记录。

检查要点：1）食品添加剂由专人负责保管、领用、登记。2）对食品添加剂的领用进行记录，记录真实、完整。

检查内容 18：食品原料、半成品与成品在盛放、贮存时相互分开。

检查要点：1）盛放原料、半成品、成品的容器相互分开，并有明显的区分标识。容器内盛放的食品与容器标识内容相一致。2）在经营场所内，分区存放食品原料、半成品。有独立的存放成品的设施或场所。3）在冷冻冷藏设施的同一空间内，未发现同时贮存食品原料、半成品与成品。使用同一冷冻冷藏设施贮存食品原料、半成品与成品时，使用不同容器分别盛放原料、半成品与成品，并加盖或覆盖保鲜膜，且遵循熟上、生下的放置原则。

检查内容 19：制作食品的设施设备及加工工具、容器等具有显著标识，按标识区分使用。

检查要点：1）制作食品的设施设备及加工容器等具有显著标识，或者能够通过形状、颜色、材质、大小等予以区分。2）能按照标识，区分使用设施设备及加工工具、容器等，实现粗加工环节处理植物性、动物性、水产品的设施设备及加工工具、容器能够分开，烹饪等环节中原料、半成品、成品的加工工具、容器能够分开。3）未发现制作食品的设施设备及加工工具、容器存在混用现象。

检查内容 20：专间内由明确的专人进行操作，使用专用的加工工具。

检查要点：1）有明确的专间操作人员，专间内的操作人员与管理制度、操作规程或岗位人员标识中确定的人员相一致，专间内未发现其他人员。2）专间内有专用的加工工具，未发现在非专间区域使用专间加工工具。

检查内容 21：食品留样符合规范。

检查要点：1）学校食堂、集体用餐配送单位等每餐次食品进行留样。2）有专用的留样冰箱和留样食品盛装容器。盛装留样食品的容器，使用前经过清洗消毒。3）每个品种食品成品留样 100 克以上，冷藏条件下留存 48 小时。4）留样容器上需标注食品的名称、留样量、留样时间、留样人员、审核人员等。5）留样的食品应与当餐的菜单和留样记录的食品一致。

检查内容 22：中央厨房、集体用餐配送单位配送食品的标识、储存、运输等符合要求。

检查要点：1）中央厨房配送的食品具有标签，标明食品名称、加工单位名称、加工日期及时间、保存期限、保存条件等，成品标注有食用方法，半成品标注有加工方法。2）中央厨房所配送食品的储存、运输条件与产品特性相适宜，一般为冷藏或冷冻。食品的实际储存、运输条件与标签标注相一致，成品未在 10～60℃条件下储存和运输。3）中央厨房配送食品的运输车辆保持清洁，每次运输前进行清洗消毒，运输后进行清洗。集体用餐配送单位配送的食品加贴有标签，标签粘贴在食品的包装或盛放容器正面的显著位置，标明食品名称、加工单位名称、加工日期及时间、最佳食用时间、保存条件及食用方法等。4）集体用餐配送单位配送的食品按照要求进行储存。冷藏配送的膳食，贮存在冷藏设备或具有冷藏装置的容器中，使食品中心温度保持在 10℃以下。热藏配送的膳食，贮存在具有加热或保温装置的设备或容器中，使食品中心温度保持在 60℃以上。

检查内容 23：有毒有害物质不得与食品一同贮存、运输。

检查要点：1）食品与非食品分开贮存、运输，不会导致食品污染的食品容器、包装、工具等除外。2）具有固定的场所（或橱柜）存放杀虫剂、杀鼠剂及其他有毒有害物质，存放场所（或橱柜）上锁，有明显的警示标识，并有专人保管。

（8）设施设备及维护

检查内容 24：专间内配备专用的消毒（含空气消毒）、冷藏、冷冻、空调等设施，设施运转正常。

检查要点：1）专间内配备专用的消毒、冷藏、冷冻、空调等设施或设备，独立的空调、紫外线灯或其他空气消毒设施。所有设备设施专用，未与其他加工场所共用、混用。2）具有定期清洗消毒空调设施的制度，清洗消毒上述设备、设施进行维护、清洁，具有维护、清洁记录。3）记录真实完整；4）设施运转正常。

检查内容 25：食品处理区配备运转正常的洗手消毒设施。

检查要点：1）各类专间专区有专用的洗手消毒设施。2）洗手消毒设施正常使用。3）有定期维护的制度和相关记录。

检查内容 26：食品处理区配备带盖的餐厨废弃物存放容器。

检查要点：1）食品处理区设有专门收集、存放餐厨废弃物的容器。2）存放餐厨废弃物的容器加有盖子。

检查内容 27：食品加工、贮存、陈列等设施设备运转正常，并保持清洁。

检查要点：1）具有与主体业态、经营项目及食品品种和数量相适应的食品加工、贮存、陈列等设施设备。2）制定了定期维护、清洁上述设施设备的制度，具有定期维护清洁记录，记录真实、完整。3）食品加工、贮存、陈列等设施设备的表面清洁，且能正常运转。

（9）餐饮具清洗消毒

检查内容 28：集中消毒餐具、饮具的采购符合要求。

检查要点：1）采购的集中消毒餐具、饮具，来自于具有营业执照的餐具、饮具集中消毒服务单位。未发现采购的集中消毒餐具、饮具，来自于卫生计生部门已责令停止生产的餐具、饮具集中消毒服务单位。2）采购的集中消毒餐具、饮具，在独立包装上标注有餐具饮具集中消毒服务单位的名称、地址、联系方式、消毒日期以及使用期限等内容。每批集中消毒餐具、饮具均随附消毒合格证明。3）采购的集中消毒餐具、饮具，感官性状符合要求，现场快速检测结果符合要求。

检查内容 29：具有餐具、饮具的清洗、消毒、保洁设备设施，并运转正常。

检查要点：1）具有餐具、饮具的清洗、消毒、保洁设备设施，且与其获得《食品经营许可证》时的情况相一致。2）具有清洗、消毒、保洁设备设施的定期维护、清洁制度，清洗、消毒、保洁设备设施运转正常。3）抽测的消毒温度或有效氯浓度等消毒参数符合要求。

检查内容 30：餐具、饮具和盛放直接入口食品的容器用后洗净、消毒，炊具、用具用后洗净，保持清洁。

检查要点：1）能够按照要求对用后的餐具、饮具、盛放直接入口食品的容器进行清洗、消毒，对用后的炊具、用具进行清洗。2）清洗、消毒后的餐具、饮具放置在保洁柜或消毒柜内。3）从事清洗、消毒、保洁工作的从业人员基本掌握餐具、饮具的清洗、消毒、保洁要求。4）随机抽取的 5 个消毒后的餐具、饮具，感官性状符合要求，现场快速检测结果符合要求。

（10）餐饮服务日常监督检查要点表（见表 7-2）

餐饮服务日常监督检查要点表

重点项（＊）7 项，一般项 23 项，共 30 项。

表 7-2

检查项目	序号	检查内容	检查结果	备注
一、许可管理	1	食品经营许可证合法有效，经营场所、主体业态、经营项目等事项与食品经营许可证一致	□是　□否	
二、信息公示	2	在经营场所醒目位置公示食品经营许可证	□是　□否	
	3	监督检查结果记录表公示的时间、位置等符合要求	□是　□否	
	4	在经营场所醒目位置公示量化等级标识	□是　□否	
三、制度管理	＊5	建立从业人员健康管理、食品安全自查、进货查验记录、食品召回等食品安全管理制度	□是　□否	
	＊6	制定食品安全事故处置方案	□是　□否	
四、人员管理	＊7	主要负责人知晓食品安全责任，有食品安全管理人员	□是　□否	
	＊8	从事接触直接入口食品工作的从业人员持有有效的健康证明	□是　□否	
	9	具有从业人员食品安全培训记录	□是　□否	
	10	从业人员穿戴清洁的工作衣帽，双手清洁，保持个人卫生	□是　□否	
五、环境卫生	11	食品经营场所保持清洁、卫生	□是　□否	
	12	烹饪场所配置排风设备，定期清洁	□是　□否	
	13	用水符合生活饮用水卫生标准	□是　□否	
	14	卫生间保持清洁、卫生，定期清理	□是　□否	

续表

检查项目	序号	检查内容	检查结果	备注
六、原料控制 （含食品添加剂）	*15	查验供货者的许可证和食品出厂检验合格证或其他合格证明，企业如实记录有关信息并保存相关凭证	□是　□否	
	16	原料外包装标识符合要求，按照外包装标识的条件和要求规范贮存，并定期检查，及时清理变质或者超过保质期的食品	□是　□否	
	17	食品添加剂由专人负责保管、领用、登记，并有相关记录	□是　□否	
七、加工制作过程	18	食品原料、半成品与成品在盛放、贮存时相互分开	□是　□否	
	19	制作食品的设施设备及加工工具、容器等具有显著标识，按标识区分使用	□是　□否	
	20	专间内由明确的专人进行操作，使用专用的加工工具	□是　□否	
	21	食品留样符合规范	□是　□否	
	22	中央厨房、集体用餐配送单位配送食品的标识、储存、运输等符合要求	□是　□否	
	23	有毒有害物质不得与食品一同贮存、运输	□是　□否	
八、设施设备及维护	24	专间内配备专用的消毒（含空气消毒）、冷藏、冷冻、空调等设施，设施运转正常	□是　□否	
	25	食品处理区配备运转正常的洗手消毒设施	□是　□否	
	26	食品处理区配备带盖的餐厨废弃物存放容器	□是　□否	
	*27	食品加工、贮存、陈列等设施设备运转正常，并保持清洁	□是　□否	
九、餐饮具清洗消毒	28	集中消毒餐具、饮具的采购符合要求	□是　□否	
	29	具有餐具、饮具的清洗、消毒、保洁设备设施，并运转正常	□是　□否	
	*30	餐具、饮具和盛放直接入口食品的容器用后洗净、消毒，炊具、用具用后洗净，保持清洁	□是　□否	

说明：1. 表中＊号项目为重点项，其他项目为一般项。每次检查的重点项应不少于3项，一般项应不少于7项。

2. 检查结果判定方法：①符合：未发现检查的重点项和一般项存在问题；②基本符合：发现检查的重点项存在1项及以下不合格且70%≤一般项合格率＜100%；③不符合：发现检查的重点项存在2项及以上不合格，或一般项合格率＜70%。

3. 当次检查发现的不合格项目，应列入下次检查必查项目。

4. 存在合理缺项时，一般项合格率的计算方法为：合格项目数/（检查的项目数－合理缺项的项目数）×100%。

（三）食品安全飞行检查

食品安全飞行检查，是指食品药品监督管理部门根据监管工作需要，对食品生产经营者开展随机、突击性的现场检查和处理，对当地监管部门履职情况进行督查和业务指导。飞行检查是监督检查的一种重要形式，通常采取不预先通知、不打招呼、不听汇报、不要接待，直奔基层、直奔现场的方式进行，能够掌握真实情况，突击性强，震慑作用明显。从2006年起，食品药品监督管理部门开始在药品监管中实施飞行检查并取得了良好的效果。2012年，国家食品药品监督管理局以国食药监食〔2012〕197号印发《餐饮服务食品安全飞行检查管理办法》，将飞行检查作为对餐饮服务检查的有效手段。近年来，全国各地食品安全飞行检查制度不断出台并完善，逐步实行了食品安全飞行检查的制度化、规范化和常态化。

飞行检查重点内容包括：食品生产经营者是否持续保持许可发证的条件要求，是否有效落实食品生产、销售、餐饮服务食品安全管理各项要求，是否存在违法违规行为，监管部门是否依法进行许可，是否实施"三化"管理（责任网格化、检查格式化、管理痕迹化），是否落实监管责任等。

组织开展飞行检查的情形：食品生产经营者存在严重食品安全隐患或涉嫌严重违反食品安全法律法规，可能造成严重危害或重大社会影响；属于国家或地方重点整治范围对象；监督抽检出现严重不合格的或多次不合格；风险监测发现可能存在较大食品安全隐患；曾经发生食品安全事故，或有严重违法生产经营记录；被投诉举报或媒体曝光存在严重食品安全问题；容易发生超范围超限量使用食品添加剂和违法添加非食用物质；重大活动接待单位或为重大活动提供食品；其他需要进行飞行检查的情形。

飞行检查前，组织单位抽调相关监管人员组成食品安全飞行检查组，必要时，可请有关专家、媒体记者参加，食品安全飞行检查组成员一般不少于3人，实行组长负责制。食品安全飞行检查的人员、时间、地点、事项由组织开展飞行检查的食品药品监督管理部门确定，未经同意，任何单位和个人不得将检查安排事项事先告知有关单位或个人。飞行检查时，检查人员应出示证件，说明来意，细致检查，详细记录检查时间、地点、检查情况、存在问题等，对发现的问题进行记录或拍摄，对相关文件资料进行复印，对有关人员进行调查询问。必要时，可由有管辖权的食品药品监督管理机构依法采取相应行政措施，下级监管部门及被检查的食品生产经营单位应当协助、配合，不得拒绝、逃避或者阻碍食品安全飞行检查工作。飞行检查结束后，飞行检查组应及时撰写飞行检查报告，提出处理建议，按食品安全信息公布有关规定，及时向社会公布食品安全飞行检查情况，责令具有管辖权的依法处理：（1）问题轻微的，限期整改到位；（2）存在违法违规行为需要追究法律责任的，应按有关程序立案处理；（3）涉及其他部门监管职责的，应及时移交；（4）涉嫌犯罪的，应及时移送司法机关处理。

（四）食品安全信用档案

建立食品安全信用档案，是健全全社会信用体系的重要内容，也是完善中国社会主义市场经济体制的现实需要，对于掌握食品生产经营者的基本情况，惩戒违法失信行为，提高监管针对性，防范和化解食品不安全因素，强化食品生产经营者的诚信意识，引导企业守法经营，促进食品行业健康有序发展，保护群众健康权益，具有重要的现实意义。《食品安全法》第一百一十三条明确规定，县级以上人民政府食品药品监督管理部门应当建立食品生产经营者食品安全信用档案，记录许可颁发、日常监督检查结果、违法行为查处等情况，依法向社会公布并实时更新；对有不良信用记录的食品生产经营者增加监督检查频次，对违法行为情节严重的食品生产经营者，可以通报投资主管部门、证券监督管理机构和有关的金融机构。过去，由于主客观方面因素，食品安全信用档案工作没有引起监管部门足够重视，也没有发挥其应有的作用。今后，要进一步加强执行食品安全信用制度，着重做好以下几方面工作：一是要建立健全信用档案。县级及以上食品药品监管部门要逐户建立食品生产经营者的食品安全信用档案，内容包括食品生产经营行政许可（含变更、延续信息）、日常监督检查结果、违法行为查处、责任约谈情况和整改情况、举报投诉处理等情况。二是信用档案要依法向社会公布。根据《政府信息公开条例》，对于食品药品、产品质量的监督检查情况，各级人民政府及其部门应当依照条例的规定，在各自职责范围内确定主动公开的政府信息的具体内容。三是信用档案要实时更新并及时公布。食品生产经营是一个动态过程，食品安全风险也是不断变化的，信用信息收集、记录及公布应遵行依法、全面、客观、及时的原则，反映食品生产经营者的真实情况，对于涉及国家秘密、商业秘密、个人隐私以及尚未结案的食品安全案件查处信息、尚未处置结束的食品安全事故处置信息等，应依照相关法律法规的规定执行。四是信用档案作为风险分级管理重要依据。根据食品安全信用档案的记录，对信用较低或有不良信用记录的食品生产经营者调整风险等级评定，增加监督检查频次；对于信用较高者，则可减少监督检查频率。五是实行联合惩戒。对于信用档案记录中违法行为情节严重的食品生产经营者，可以根据需要通报投资主管部门、证券监督管理机构和有关的金融机构。

（五）食品安全专项整治

食品安全专项整治，是政府或食品安全监管部门依据法律、法规的规定，对特定区域或类型的突出食品安全问题，在一定时期内组织人力、物力开展的集中打击或整治。为顺利开展食品安全专项整治，需要制定详细的专项整治工作方案，内容包括指导思想、工作目标、组织领导、整治范围、整治内容、实施步骤、时间安排、工作要求等。近年来，全国各地根据实际情况组织开展了针对重点区域和场所，如农村地区、旅游景区、集贸市场、校园及周边、车站码头的食品安全专项整治；针对重点单位，如学校食堂、建筑工地食堂、集体用餐单位、主要食品及原料生产加工单位、特殊食品生产经营单位的食品安全专项整治；针对重点业态，如小餐饮、小作坊、中央厨房的食品安全专项整治；针对重点品种，如畜禽水产品、酒类、肉及肉制品、生鲜乳及乳制品、儿童食品、保健食品、食品添加剂等的食品安全专项整治；针对特定有害物质，如使用餐厨废弃油脂、食品非法添加和滥用食品添加剂、餐饮食品添加罂粟壳（粉）的专项整治；针对重要时期，如元旦春节期间、国庆中秋期间、大型活动期间的食品安全专项整治。食品安全专项整治行动的有效开展，进一步规范了食品生产经营秩序，有力震慑和打击了各类食品违法犯罪行为，提高了食品安全水平，提振了广大人民群众的食品安全信心。

（六）食品安全责任约谈

食品安全责任约谈是食品药品监督管理部门的一项具体行政措施，主要目的是通过约谈沟通，分析隐患，指出问题，提出要求，督促食品生产经营者落实食品安全主体责任。《食品安全法》第一百一十四条和《食品生产经营日常监督检查管理办法》第二十五条等规定，食品生产经营过程中存在食品安全隐患，未及时采取措施消除的，县级以上人民政府食品药品监督管理部门可以对食品生产经营者的法定代表人或者主要负责人进行责任约谈。食品生产经营者应当立即采取措施，进行整改，消除隐患。责任约谈情况和整改情况应当纳入食品生产经营者食品安全信用档案。早在 2010 年，国家食品药品监督管理局就下发了《关于建立餐饮服务食品安全责任人约谈制度的通知》，明确提出餐饮服务提供者出现下列情形之一，应当约谈其主要负责人：（1）发生食品安全事故；（2）存在严重违法违规行为；（3）存在严重食品安全隐患；（4）有关情况涉及食品安全问题，监管部门认为需要约谈的。约谈后的处理方式：（1）凡被约谈的餐饮服务提供者，列入重点监管对象，其约谈记录载入被约谈单位诚信档案，并作为不良记录，与量化分级管理和企业信誉等级评定挂钩；（2）凡被约谈的餐饮服务提供者，两年内不得承担重大活动餐饮服务接待任务；（3）凡因发生食品安全事故的餐饮服务提供者，应依法从重处罚，直至吊销餐饮服务许可证，并向社会通报；（4）凡被约谈的餐饮服务提供者，其约谈记录一律抄送当地人民政府、上一级餐饮服务食品安全监管部门、被约谈单位上级主管部门和相关行业协会，并建议相关部门取消其年度评先评优资格。

近年来的实践证明，责任约谈是一项行之有效的食品安全管理措施，要在过去工作的基础上不断完善食品安全责任约谈制度，充分运用责任约谈结果，发挥责任约谈作用。如出现食品生产经营者未按照规定建立食品生产安全相关管理制度，不能持续保持必备的食品生产经营条件；日常监督检查、抽检和风险检测中发现存在食品安全隐患和问题未及时消除和解决；拒绝接受依法监督检查和抽检；因违法行为多次受到监管部门查处；多次被群众举报投诉或媒体曝光，经查证属实等情形，都可对其主要责任人进行约谈。

除对食品生产经营者进行责任约谈外，县级以上人民政府食品药品监督管理等部门未及时发现食品安全系统性风险，未及时消除监督管理区域内的食品安全隐患的，本级人民政府可以对其主要负责人进行责任约谈；地方人民政府未履行食品安全职责，未及时消除区域性重大食品安全隐患的，上级人民政府可以对其主要负责人进行责任约谈。被约谈的食品药品监督管理等部门、地方人民政府应当查找原因，立即采取针对性措施，按要求整改到位。责任约谈情况和整改情况应当纳入地方人民政府和有关部门食品安全监督管理工作评议、考核记录。

（七）食品安全有奖举报

为强化社会监督，鼓励公众参与食品安全监管，各级食品药品监督管理部门都公布的投诉举报电话12331，接受咨询、投诉和举报。2011年国务院食品安全委员会办公室下发《关于建立食品安全有奖举报制度的指导意见》，要求各地建立食品安全有奖举报制度，及时发现食品安全违法犯罪活动，严厉惩处违法犯罪分子。目前，我国各省市都出台了食品安全有奖举报制度。《食品安全法》第一百一十五条明确规定，对查证属实的举报，要给予举报人奖励；同时，有关部门应当对举报人的信息予以保密，保护举报人的合法权益。按照国务院食安办的指导意见，湖南省也出台了食品安全有奖举报制度，明确规定举报下列食品安全违法行为之一，经查证属实的，属于奖励范围：

（1）在农产品种植、养殖、加工、收购、运输过程中使用违禁药物或其他可能危害人体健康的物质的；

（2）使用非食用物质和原料生产食品，违法制售、使用食品非法添加物，或者使用回收食品作为原料生产食品的；

（3）收购、加工、销售病死、毒死或者死因不明的禽、畜、兽、水产动物肉类及其制品，或者向畜禽及畜禽产品注水或注入其他物质的；

（4）加工销售未经检疫或者检疫不合格肉类，或者未经检验或者检验不合格肉类制品的；

（5）生产、经营变质、过期、混有异物、掺假掺杂伪劣食品的；

（6）仿冒他人注册商标生产经营食品、伪造食品产地或者冒用他人厂名、厂址，伪造或者冒用食品生产许可标志或者其他产品标志生产经营食品的；

（7）未按食品安全标准规定超范围、超剂量使用食品添加剂的；

（8）其他涉及食用农产品、食品和食品相关产品安全的违法犯罪行为。

举报人在举报过程中，应当遵守法律、法规，不得损害国家、社会、集体的利益和其他公民的合法权利；应如实反映情况，不得捏造、歪曲事实，不得诬告、陷害他人，不得盗用他人名义举报。监管部门和有关工作人员应当尊重举报人的举报，遵守相关保密制度和纪律规定，维护举报人的正当合法权益。

二、监督管理部门有权采取的措施

为保证食品安全监督管理的效果，《食品安全法》规定县级以上食品药品监督管理部门在履行食品安全监督管理职责时，有权采取下列措施。

（一）现场检查

县级以上食品药品监督管理部门有权进入食品生产经营场所实施现场检查，对食品生产经营者是否按照《食品安全法》等法律法规规定要求进行生产经营活动，如是否取得有效的资质，是否具有相应的生产经营设备设施，是否生产经营法律法规禁止生产经营的食品、食品添加剂、食品相关产品，是否进行生产经营过程的食品安全控制，是否严格执行食品安全各项管理制度，以及食品原料、食品添加剂的使用情况等进行检查。现场检查是对生产经营场所和过程的全面监督检查，有利于及时掌握真实情况，早发现、早排查、早预防、早解决食品安全隐患。为避免食品生产经营者以各种理由拒绝甚至是阻碍食品药品监督管理部门检查，《食品安全法》明确规定，县级以上食品药品监督管理部门有权进入食品生产经营现场进行检查，被检查单位不得拒绝、阻挠，否则可以依照治安管理处罚法的有关规定给予治安管理处罚，构成犯罪的，可以依照刑法的有关规定追究刑事责任。

（二）抽样检验

县级以上食品药品监督管理部门有权对生产经营的食品、食品添加剂、食品相关产品及场所进行抽样检验。抽样检验是监管部门法定职责，是食品安全监管的重要手段，抽样检验结果是判断食品、食品添加剂、食品相关产品是否合格，相关场所是否符合规定要求的基本方法，监管部门在进行抽样检验时应当遵循相关法规要求，食品生产经营者也必须配合。

（三）查阅、复制资料

县级以上食品药品监督管理部门有权查阅、复制与食品安全有关的合同、票据、账簿以及其他有关资料。查阅、复制相关资料是依法履职、查清事实、获取并固定相关证据的重要方法，一方面，被检查的食品生产经营者要认真配合，如实提供，不得拒绝、转移、销毁相关文件和资料，也不能提供虚假的文件与资料；另一方面，食品药品监管人员不得滥用职权，查阅、复制与食品安全监督检查无关的资料，更不能随意泄露相关信息。

（四）查封、扣押产品

县级以上食品药品监督管理部门有权查封、扣押有证据证明不符合食品安全标准或者有证据证明存在安全隐患以及用于违法生产经营的食品、食品添加剂、食品相关产品。查封是对有证据证明不符合食品安全标准或者有证据证明存在安全隐患以及用于违法生产经营的食品、食品添加剂、食品相关产品贴上封条，未经监管部门同意，任何单位和个人不得启封动用。扣押是将上述物品转移到另外的场所进行扣留。查封、扣押产品是一种较为严厉的行政强制措施，必须依法行使。

（五）查封场所

县级以上食品药品监督管理部门有权对违法从事食品生产经营活动的场所进行查封。此项强制措施的目的主要是在责令停产停业、吊销许可证等正式行政处罚作出之前，及时停止违法生产经营活动，有效制止事态扩大与发展。

第三节　食品抽样检验

食品安全抽检检验是对食品生产经营者生产经营的食品（含原料、辅料、半成品和成品）、食品添加剂、食品相关产品、生产经营场所和环境等依法进行抽样和检验的活动。食品安全抽检检验是一项科学性、技术性、规范性很强的工作，是食品安全监督管理的重要手段和技术支撑，为确定食品安全监督管理重点、评价食品安全状况、制定食品安全标准、查处食品安全违法行为和处置食品安全事故提供重要科学依据。

《食品安全法》第八十七条规定，县级以上人民政府食品药品监督管理部门应当对食品进行定期或者不定期的抽样检验，并依据有关规定公布检验结果，不得免检。进行抽样检验，应当购买抽取的样品，委托符合法律规定的食品检验机构进行检验，并支付相关费用；不得向食品生产经营者收取检验费和其他费用。

为进一步规范食品监督抽检工作，国家食品药品监督管理总局先后出台发布了《食品安全抽样检验管理办法》《食品安全监督抽检和风险监测工作规范》《食品安全监督抽检和风险监测承检机构工作规定》《食品检验工作规范》《食品安全监督抽检和风险监测实施细则》《关于做好食品安全监督抽检及信息发布工作的意见》《关于进一步加强食品安全复检监督工作的通告》等。

一、食品抽样

（一）抽样前准备

抽样前准备工作很重要，包括：制定抽检工作方案，明确抽检重点食品，确定抽检机构、人员，进行相关业务知识培训，准备好抽样文书、抽样工具等物品，严明抽样纪律，如抽样人员不得少于2人，不得预先通知被抽样单位等。

（二）抽样

1. 出示证件，说明来意，告知权益。抽样人员须主动向被抽样的食品生产经营者出示注明抽检内容的《食品安全抽样检验告知书》和有效身份证件，如工作证、行政执法证等，告知其阅读通知书背面的被抽样单位须知，并向被抽样的食品生产经营者告知抽检性质、抽检食品品种等相关信息。

2. 查验证照，核对资质。要求被抽样的食品生产经营者提供其营业执照，以及食品生产许可证或食品经营许可证等相关法定资质证书，确认被抽样单位合法生产经营，并且拟抽取的食品属于被抽样单位法定资质允许生产经营类别。

3. 依据《食品安全监督抽检和风险监测实施细则》抽取样品。抽样人员从食品生产者的成品库待销产品中或者从食品经营者仓库或者用于经营的食品中随机抽取样品，不得由被抽样食品生产经营单位的人员自行取样。

4. 记录过程，留存证据。为保证抽样过程客观、公正，抽样人员可通过拍照或录像等方式对被抽样品状态、食品基数，以及其他可能影响抽检结果的因素进行现场信息采集。现场采取的信息可包括：被抽样单位外观照片，被抽样单位营业执照、许可证等法定资质证书复印件或照片，抽样人员从样品堆中取样照片，应包含有抽样人员和样品堆信息，从不同部位抽取的含有外包装的样品照片，抽样完毕后所封样品码放整齐后的外观照片和封条照片，同时包含所封样品、抽样人员和被抽样单位人员的照片，填写完毕的抽样单、购物票据等在一起的照片，其他需要采集的信息。

5. 做好标记，共同封样。抽取样品后，抽样人员应填写好抽样单等文书，再在被抽样单位人员面前用封条封样，封条需双方共同签字盖章，确保做到样品不可拆封、动用、调换，真实完好。

6. 填写文书，签字确认。抽样人员应当使用规定的《食品安全抽样检验抽样单》，详细记录抽样信息。抽样文书应当字迹工整、清楚、容易辨认，不得随意涂改，需要更改的信息应采用杠改方式，并由被抽样人员盖章或签字确认。

7. 付费买样，索取票证。抽样人员应向被抽样单位支付样品购置费并索取发票（或相关购物凭证）及所购样品明细。

8. 妥当运输，完整移交。原则上应在 5 个工作日内将抽取的样品移交承检机构，保质期短的食品须及时移交。对于易碎品、有储藏温度或其他特殊贮存条件等要求的食品样品，应当采取适当措施（装箱固定、冷藏箱、冷冻车等储存运输工具），保证样品运输过程符合标准或样品标示要求保持所检项目性质不变的运输条件。

抽样检验时出现下列情形，则不予抽样：

（1）食品标签、包装、说明书标有"试制"或者"样品"等字样的；

（2）有充分证据证明拟抽检监测的食品为被抽样单位全部用于出口的；

（3）食品已经由食品生产经营者自行停止经营并单独存放、明确标注进行封存待处置的；

（4）超过保质期或已腐败变质的；

（5）被抽样单位存有明显不符合有关法律法规和部门规章要求的；

（6）法律、法规和规章规定的其他情形。

二、食品检验

（1）检验。食品安全监督抽检应当采用食品安全标准等规定的检验项目和检验方法，承检机构应当自收到样品之日起 20 个工作日内出具检验报告，食品药品监督管理部门与承检机构另有约定的，从其约定。食品安全监督抽检的检验结论合格的，承检机构应当在检验结论作出后 10 个工作日内将检验结论报送组织或者委托实施监督抽检的食品药品监督管理部门。食品安全监督抽检的检验结论不合格的，承检机构应当在检验结论作出后 2 个工作日内报告组织或者委托实施监督抽检的食品药品监督管理部门。食品安全监督抽检的抽样检验结论表明不合格食品可能对身体健康和生命安全造成严重危害的，食品药品监督管理部门和承检机构应当按照规定立即报告或者通报。

（2）复检。被抽检的食品生产经营者和标称的食品生产者可以自收到食品安全监督抽检不合格检验结论之日起 5 个工作日内，依照法律规定提出书面复检申请，并说明理由。复检机构应当在同意复检申请之日起 3 个工作日内按照样品保存条件从初检机构调取样品。复检申请人原则上应当自提出复检申请之日起 20 个工作日内向组织或者委托实施监督抽检的食品药品监督管理部门提交复检报告。逾期不提交的，视为认可初检结论。食品药品监督管理部门与复检申请人、复检机构另有约定的除外。复检机构不予以复检的情形包括：检验结论显示微生物指标超标的；复检备份样品超过保质期的；逾期提出复检申请的；其他原因导致备份样品无法实现复检目的的。标称的食品生产者对抽样产品真实性有异议的，应当自收到不合格检验结论通知之日起 5 个工作日内，向组织或者实施食品安全监督抽检的食品药品监督管理部门提出书面异议审核申请，并提交相关证明材料。逾期未提出异议的或者未提供有效证明材料的，视为认可抽样产品的真实性。

（3）结果报送和发布。对抽样信息、检验数据、检验方法、判定依据等进行审核后，报送抽检结果和抽检总结，抽样组织机构组织相关人员认真分析抽检结果，尽早发现系统性、区域性、行业性食品安全问题，明确监管重点，及时采取有效措施。食品药品监督管理部门还应当汇总分析食品安全监督抽检结果，并定期或者不定期组织对外公布。

三、核查处理

食品生产经营者收到监督抽检不合格检验结论后，应当立即采取封存库存问题食品，暂停生产、销售和使用问题食品，召回问题食品等措施控制食品安全风险，排查问题发生的原因并进行整改，及时向住所地食品药品监督管理部门报告相关处理情况。食品生产经营者不按规定及时履行相应义务的，食品药品监督管理部门应当责令其履行。食品生产经营者在申请复检期间和真实性异议审核期间，不得停止相应义务的履行。地方食品药品监督管理部门收到监督抽检不合格检验结论后，应当及时对不合格食品及其生产经营者进行调查处理，督促食品生产经营者履行法定义务，并将相关情况记入食品生产经营者食品安全信用档案。必要时，上级食品药品监督管理部门可以直接组织调查处理。

四、食品快速检测

食品快检是指利用快速检测设施设备（包括快检车、室、仪、箱等），按照食品药品监管总局或国务院其他有关部门规定的快检方法，对食品（含食用农产品）进行某种特定物质或指标的快速定性检测的行为。在以往的监督执法实践中，利用传统的检验方法虽准确性、灵敏度高，但操作复杂、耗时长、成本高，近年来，一些快速、操作简便、成本低、耗时短的快速检测方法越来越多地被用到食品安全监督管理工作中，发挥出了较大的效能，为快速发现问题提供了重要的技术手段。各级食品药品监督管理部门越来越重视食品安全快速检测工作。目前，快检方法主要适用于需要短时间内显示结果的禁限用农兽药、在饲料及动物饮用水中的禁用药物、非法添加物质、生物毒素等的定性检测，检测主要针对食用农产品、散装食品、餐饮食品、现场制售食品。食品药品监管部门在日常监管、专项整治、重大活动保障等的现场检查工作中，可以根据实际情况使用快检方法进行抽查检测。现场快检结果呈阳性的，被抽查食用农产品经营者应暂停销售相关产品，食品药品监管部门应当及时跟进监督检查和抽样检验，防控风险。被抽查食用农产品经营者对快检结果无异议的，食品药品监管部门应当依法处置；对快检结果有异议的，可以自收到或应当收到检测结果时起四小时内申请复检。复检不得采用快检方法。为保证食品快速检测方法评价工作的科学性和规范性，食品药品监管总局还组织制定了《食品快速检测方法评价技术规范》。目前，食品快速检测的产品主要分为检测卡、试剂棒、试剂盒、试纸、便携仪器等。

五、食品生产经营者在抽检工作中的法律责任

食品生产经营者拒绝在监督抽样文书上签字或者盖章的，食品药品监督管理部门可根

据情节单处或者并处警告、3 万元以下罚款；对产品真实性提出书面异议审核申请时，提供虚假证明材料的，食品药品监督管理部门可根据情节单处或者并处警告、3 万元以下罚款；拒绝或拖延履行食品药品监督管理部门责令采取封存库存问题食品，暂停生产、销售和使用问题食品，召回问题食品等措施的，可根据情节单处或者并处警告、3 万元以下罚款。

第八章 重大活动餐饮服务食品安全监督管理

第一节 概　述

一、适用范围

各级政府确定的具有特定规模和影响的政治、经济、文化、体育以及其他重大活动的餐饮服务食品安全监督管理。

二、法律法规依据

《中华人民共和国食品安全法》《中华人民共和国食品安全法实施条例》《突发公共卫生事件应对法》《食品经营许可管理办法》《餐饮服务食品采购索证索票管理规定》《餐饮服务食品安全操作规范》《重大活动餐饮服务食品安全监督管理规范》等。

三、基本原则

根据《重大活动餐饮服务食品安全监督管理规范》要求，重大活动餐饮服务食品安全监督管理坚持预防为主、科学管理、属地负责、分级监督的原则。

预防为主：重大活动保障的重点是预防食品安全事故的发生。餐饮服务提供者在食品采购、加工、供应等各环节采取各种措施，防止食品受到污染或变质。

科学管理：重大活动保障是以科学管理为基础。餐饮服务提供者必须掌握食品安全科学知识，采取各项技术措施保障食品安全。监管部门也应督促指导其采取科学和正确的方法。

属地负责：根据保障任务的来源，重大活动保障工作分为省级任务和地区级任务。省级任务原则上由省级餐饮服务食品安全监管部门或会同相关地区餐饮服务食品安全监管部门共同承担；地区级任务原则上由相应地区餐饮服务食品安全监管部门承担。各省可依据《重大活动餐饮服务食品安全监督管理规范》，制定本省实施细则。

分级监督：重大活动保障主要有全程保障和重点监督两种方式，依据活动的性质和规模，确定实施保障的方式。

目标：有效防控食品安全事故发生；有效防控重大赛事食源性兴奋剂事件发生；协助相关部门避免发生饮用水污染事件和食物恐怖事件。

第二节 重大活动食品安全责任

一、主办单位责任

（1）应当建立健全餐饮服务食品安全管理机构，负责重大活动餐饮服务食品安全管理，对重大活动餐饮服务食品安全负责。在重大活动期间应为监管部门开展餐饮服务食品安全监督执法提供必要的工作条件和有关资料。主办单位应按规定提前向监管部门通报重大活动相关信息，包括活动名称、时间、地点、人数、会议代表食宿安排；主办单位名称、联系人、联系方式；餐饮服务提供者名称、地址、联系人、联系方式；确定需要食品安全保障的内容和要求等情况。

（2）应当选择符合下列条件的餐饮服务提供者承担重大活动餐饮服务保障：

1）持有效的食品经营许可证或餐饮服务许可证。

2）餐饮服务食品安全监督管理量化分级 A 级（或具备与 A 级标准相当的条件）；

3）具备与重大活动供餐人数、供餐形式相适应的餐饮服务提供能力；

4）配备专职食品安全管理人员；

5）餐饮服务食品安全监管部门提出的其他要求。

（3）应当协助监管部门加强餐饮服务食品安全监管，督促餐饮服务提供者落实餐饮服务食品安全责任，并根据餐饮服务食品安全监管部门的建议，调整餐饮服务提供者。

二、餐饮服务提供者责任

（1）为重大活动提供餐饮服务，依法承担餐饮服务食品安全企业主体责任，保证食品安全。

（2）应当积极配合餐饮服务食品安全监管部门及其派驻工作人员的监督管理，对监管部门及其工作人员所提出的意见认真整改。在重大活动开展前，餐饮服务提供者应与餐饮服务食品安全监管部门签订责任承诺书。

（3）应当建立重大活动餐饮服务食品安全工作管理机构，制定重大活动餐饮服务食品安全实施方案和食品安全事故应急处置方案，并将方案及时报送餐饮服务食品安全监管部门和主办单位。

（4）应当制定重大活动食谱，并经餐饮服务食品安全监管部门审核。

（5）实施原料采购控制要求，确定合格供应商，加强采购检验，落实索证索票、进货查验和台账登记制度，确保所购食品、食品添加剂和食品相关产品符合安全标准。

（6）应当加强对食品加工、贮存、陈列等设施设备的定期维护，加强对保温设施及冷藏、冷冻设施的定期清洗、校验，加强对餐具、饮具的清洗、消毒。

（7）应当依法加强从业人员的健康管理，确保从业人员的健康状况符合相关要求。

（8）应当与主办单位共同做好餐饮服务从业人员的培训，满足重大活动的特殊需求。

（9）按要求进行食品留样。按品种分别存放于清洗消毒后的密闭专用容器内，在冷藏条件下存放 48 小时以上，每个品种留样量不少于 100g，并做好记录。食品留样存放的冰箱应专用，并专人负责，上锁保管。

（10）禁用相关食品、食品添加剂和食品相关产品：1）法律法规禁止生产经营的食品、食品添加剂和食品相关产品；2）检验检测不合格的生活饮用水和食品；3）超过保质期的食品、食品添加剂、食品相关产品；4）外购的散装直接入口熟食制品；5）监管部门在食谱审查时认定不适宜提供的食品。

（11）发生食物中毒或疑似食物中毒时及时报告，协助、配合开展食品安全事故调查处置。

三、监管部门责任

（1）应当制定重大活动餐饮服务食品安全保障工作方案和食品安全事故应急预案。**按照重大活动的特点，确定餐饮服务食品安全监管方式和方法，并要求主办单位提供必要的条件。制定重大活动餐饮服务食品安全信息报告和通报制度，明确报告和通报的主体、事项、时限及相关责任。**

（2）应当加强对重大活动餐饮服务提供者的事前事中监督检查。**检查发现安全隐患，应当及时提出整改要求，并监督整改到位**；对重大活动餐饮服务提供者进行资格审核，开展加工制作环境、冷菜制作、餐用具清洗消毒、食品留样等现场检查，对不能保证餐饮食品安全的餐饮服务提供者，及时提请或要求主办单位予以更换。

（3）餐饮服务食品安全监管部门应当对重大活动餐饮服务提供者提供的食谱进行审定。

第三节　重大活动餐饮服务食品安全监督管理工作要点

一、保障前

（一）主办单位：

1. 明确负责机构和责任人员，选择符合条件的餐饮服务提供者承担接待任务。

2. 按规定提前向监管部门通报重大活动相关信息，确定需要食品安全监督管理的内容和要求。

3. 提供监督人员相关工作条件：办公场所、住宿就餐、检测场所、通行证件、相关经费。

（二）监管部门：

1. 明确工作任务、内容，积极对接主办单位，了解重大活动的具体安排、时间、餐次、人数、用餐方式等，使用重大活动食品安全监督任务登记表，对重大活动任务进行登记备案。

2. 根据重大活动任务，制定具体工作方案和食品安全事故应急预案，包括：工作任务（单位、方式、地点、时间、人数）、工作目标、职责分工、监督方式（驻点监督、重点监督、高频巡查）、人员安排、保障措施等。

3. 成立领导小组或指挥部，安排人员负责联络协调、监督巡查、应急处置、后勤保障、检验检测等。

4. 对主办方确定的餐饮服务提供者开展全面食品安全检查和抽检，包括资料记录、现场条件、原料采购、抽样检验等情况，对其承办能力进行评估，出具评估报告，对存在问题下达责令改正通知书。实施告知承诺，要求餐饮服务提供者签订责任承诺书。

5. 审查供餐菜单，提出审查意见。对每道菜从原料、工艺、温度、时间进行审查，食谱品种数量与加工条件场所相适应，便于规模制作、控制时间和充分加热。排除明令禁止食品、食品添加剂和食品相关产品，检验不合格食品和饮用水，超过保持期食品，不合要求的外购食品，审查不适宜提供食品。不用高风险食品：四季豆、野生菌、改刀熟食、裱花蛋糕、拌制色拉、河豚、生食水产品。尊重特殊人员饮食风俗。

6. 了解从业人员近期健康状况，并要求餐饮服务提供者对员工近期健康状况密切观察，如每日进行晨检。

7. 组织相关人员进行食品安全工作培训演练。

8. 提前对餐饮服务提供者的进货渠道、供货商资质及食品检验合格证明等进行抽查。

9. 督促餐饮服务提供者在活动前进行全面消毒保洁。

10. 督促接待单位配备留样等相关设施设备。

（三）餐饮服务提供者：

1. 了解食品从业人员健康动态状况，并要求食品安全管理人员对员工每日健康状况密切观察、登记。

2. 对全体参与接待的从业人员，进行食品安全知识培训。

3. 做好食品和原料的进货渠道证明、供货商资质和食品检验检疫报告等索证查验工作。

4. 活动前对加工经营场所及接待现场进行消毒保洁。

5. 检查食品留样相关设备设施及器具，对相关设施设备进行维护。

6. 提出供餐菜单，报监管部门审查，并根据审查意见进行修订。

7. 主动接受主办单位和监管部门的监督，积极配合监管部门及其派驻人员的监督管理，对监管部门及其工作人员所提出的意见认真整改。与监督管理部门签订责任承诺书。

二、重大活动期间

（一）主办单位：

配合监管部门开展食品安全监管，为监管工作提供必要的工作条件。

（二）监管部门：

1. 保障人员应提前进入接待单位，及时召开会议，布置开展工作。对接待单位食品安全情况和问题整改情况进行复查，并对消毒、保洁工作的落实情况进行检查。

2. 对食品加工制作过程进行现场监督，督促做好留样工作，做好记录管理，检查中发现问题及时督促整改。

（1）食品原料安全：清理核查库存原料、食品原料单独存放、必要时双人双锁管理。

（2）烹饪加工和配送过程：检查是否使用未经审核原料、是否擅自改变菜谱、是否改变菜品工艺和数量、是否提前加工时间节点、是否烧熟煮透、是否按规定温度和时间保存。掌握每道菜（点心、现榨饮料）原料、制作过程、制作时间、制作人、制作地点、暂存位置、出菜时间、供餐方式等（食谱及加工流程记录表）。

（3）凉菜加工过程：重大活动时，监管人员应建议不提供凉菜，如主办单位坚持要提供，则只能提供热制冷吃凉菜，且加工条件和过程必须符合要求，如温度不超过25℃、空气消毒、消毒液配制使用、不提前加工、食用时限2小时、严格操作、密闭存放。

（4）餐用具使用过程：生熟食品餐用具分开、必要时进行快速检测。

（5）从业人员个人卫生：晨检、洗手消毒、工作服帽等。

（6）食品留样：是否符合要求。

（7）记录管理：现场检查笔录、食谱审查记录、工作日志、检验检测记录、培训会议记录、告知承诺书、监督意见书、应急处置记录等。

3．对相关操作环节和供应的食品进行抽检。主要快速检测设备及检测项目：ATP 检测仪、环境温度计、中心温度计、余氯试纸、农药残留试纸、酸价检测卡、过氧化值检测卡、瘦肉精检测卡、矿物油快检、重金属快检、亚硝酸盐快检、氰化物快检等。

4．如发生食品安全突发事件，应及时按照应急预案开展控制和调查工作。

5．常见供餐监督重点

（1）自助餐：保存温度、食用时间、分批供应、生熟分开。

（2）大型宴会：控制加工时间不提前加工、严格清洗消毒避免生熟混放、配置专用场所双手清洗消毒。

（3）临时场所供餐：清洁饮用水清洗、热加工食品快速冷却、凉菜保持在 10℃ 以下、热食保持在 60℃ 以上、存放容器严格分开、携带清洗消毒后餐用具、及时清运垃圾。

（4）集体用餐配送：相关资质和供餐配送能力、中心温度控制在 60℃ 以上 4 小时内、专人分发及时食用、选择风险较低易于配送对温度要求不高食物、保证加工场所卫生。

（三）餐饮服务提供者：

1．加强自身管理，严格按照食品安全法律法规的相关要求开展食品生产经营活动，做好采购贮存、加工制作、备餐人员健康管理和培训、留样管理，配合监管部门开展相关工作。

2．如发生食品安全突发事件，应当启动相应的应急处置方案，及时报告，协助相关部门进行救治，积极配合相关部门进行调查和控制，查明事故原因，避免事故扩散蔓延。

三、事后总结

重大活动结束后 10 个工作日内，将文件通知、工作方案、应急预案、承诺书、监督文书、工作日志、检测结果及工作总结等资料归档保管。

工作总结：完成情况、工作成效、工作措施、不足之处。

绩效评估：包括组织机构、运作机制、经费投入、监管措施科学性、监管措施有效性。

附件：

重大活动餐饮服务食品安全责任承诺书（参考样本）

我单位于　　年　月　日至　　年　月　　日承担重大活动餐饮服务接待任务，为严格贯彻落实《中华人民共和国食品安全法》等法律法规规定，有效防止餐饮服务食品安全事故的发生，保障本次重大活动餐饮服务食品安全，圆满完成本次接待任务，我单位作出以下承诺：

1．坚决执行《食品安全法》、《食品安全法实施条例》、《重大活动餐饮服务食品安全监督管理规范》、《餐饮服务食品安全操作规范》等法律法规，保证做到：

（1）所有从业人员持有效健康合格证明上岗；

（2）所用食品及食品原料从具有资质的单位购进，严格执行进货查验、索证索票和验收制度；

（3）不外购散装直接入口熟食制品；

（4）食品加工过程中严格按照操作规程操作，做到加工前检查原料的感官性状，烧熟煮透食品，生、熟食品的用具有明显标志并分开存放，专间操作戴口罩和手套等；

（5）严格按照规范要求进行留样，有专用的留样冷藏设备，并由专人登记保管；

（6）按规定清洗、消毒、保洁餐具用具。

2. 全力配合食品安全监督检查人员履行职责，做到以下几项工作：

（1）在规定时间内提供菜谱并交食品安全监督检查人员审核；

（2）食品制作的各环节、各岗位工作人员全力配合食品安全监督检查人员履行职责，不得拒绝和阻挠；

（3）对于食品安全监督检查人员提出的整改意见，立即予以改正；

（4）每餐结束后，汇总各用餐点的人数并反馈给食品安全监督检查人员；

（5）一旦出现餐饮服务环节食品安全事故，积极配合餐饮服务食品安全监管部门开展调查工作。

3. 认真履行作为餐饮服务提供者的义务，遵守商业信誉。履行食品安全第一责任人的职责，确保食品安全。

4. 在接待过程中，因我单位违反法律、法规及有关规定所引起的食品安全事故，我单位愿负相应的法律责任，并承担由此产生的一切后果。

5. 我单位负责与食品安全监督检查人员联系的人员为＿＿＿＿＿＿＿。联系方式＿＿＿＿＿＿＿。

法定代表人或负责人（签字）：　　　　　　　　　年　　月　　日

第九章 食物中毒的预防与处置

食品安全事故，是指食物中毒、食源性疾病、食品污染等源于食品，对人体健康有危害或者可能有危害的事故。在食品经营环节，发生的食品安全事故主要是食物中毒，故本章重点介绍食物中毒相关内容。

第一节 食物中毒的概念、特点及分类

一、食物中毒的定义

食物中毒，指食用了被有毒有害物质污染的食品或者食用了含有毒有害物质的食品后出现的急性、亚急性疾病。

食物中毒属于食源性疾病，是食源性疾病中最为常见的疾病。食物中毒既不包括因暴饮暴食而引起的急性胃肠炎、食源性肠道传染病（如伤寒）和寄生虫病（如旋毛虫），也不包括因一次大量或长期少量多次摄入某些有毒、有害物质而引起的以慢性损害为主要特征（如致癌、致畸、致突变）的疾病。

二、食物中毒的发病特点

食物中毒发生的原因各不相同，但发病具有如下共同特点：

1. 发病潜伏期短，来势急剧，呈暴发性，短时间内可能有多数人发病。

2. 发病与食物有关，病人有食用同一有毒食物史，流行波及范围与有毒食物供应范围相一致，停止该食物供应后，流行即告终止。

3. 中毒病人临床表现基本相似，以恶心、呕吐、腹痛、腹泻等胃肠道症状为主。

4. 一般情况下，人与人之间无直接传染。发病曲线呈突然上升之后又迅速下降的趋势，无传染病流行时的余波。

三、食物中毒的流行病学特点

1. 发病的季节性特点：食物中毒发生的季节性与食物中毒的种类有关，如细菌性食物中毒主要发生在 5～10 月，化学性食物中毒全年均可发生。

2. 发病的地区性特点：绝大多数食物中毒的发生有明显的地区性，如我国沿海省区多发生副溶血性弧菌食物中毒，肉毒中毒主要发生在新疆等地区，霉变甘蔗中毒多见于北方地区，农药污染食品引起的中毒多发生在农村地区等。但由于近年来食品的快速配送，食物中毒发病的地区性特点越来越不明显。

3. 导致食物中毒原因的分布特点：在我国引起食物中毒的原因分布不同年份均略有不同，根据近年来国家卫生计生委办公厅关于全国食物中毒事件情况的通报资料，2013—2015 年，微

生物引起的食物中毒事件报告起数和中毒人数最多，2015 年微生物性食物中毒人数最多，占全年食物中毒总人数的 53.7%，其次为有毒动植物引起的食物中毒，再次为化学性食物中毒。

微生物导致的食物中毒事件中，主要是由于沙门菌、变形杆菌、蜡样芽孢杆菌、副溶血性弧菌等引起；动物导致的中毒事件主要为河豚中毒；植物导致的中毒事件主要为毒蘑菇、菜豆和桐油引起；化学性食物中毒主要为污染了亚硝酸盐、农药/鼠药的食品引起。

4. 食物中毒病死率特点：食物中毒的病死率较低。2015 年全国共发生食物中毒事件 169 起，中毒 5926 例，死亡 121 例，病死率为 2.0%。死亡人数以有毒动植物食物中毒最多，死亡人数为 89 人，占死亡总数的 73.6%；其次为化学性食物中毒，死亡人数为 22 人，占死亡总数的 18.2%；微生物食物中毒的死亡人数为 8 人，占死亡总数的 6.6%。

5. 食物中毒发生场所分布特点：食物中毒发生的场所多见于集体食堂、餐饮服务单位和家庭。近些年，发生在家庭的食物中毒事件报告起数和死亡人数均最多，国家卫生计生委全国食物中毒事件情况的通报显示：2015 发生在家庭的食物中毒事件报告起数和死亡人数最多，分别占全年食物中毒事件总报告起数和总死亡人数的 46.7% 和 85.1%。

四、食物中毒的分类

一般按病原物分类，可将食物中毒分为 5 类。

1. 细菌性食物中毒指摄入含有细菌或细菌毒素的食品而引起的食物中毒。细菌性食物中毒是食物中毒中最多见的一类，发病率通常较高，但病死率较低。发病有明显的季节性，每年 5～10 月最多见。

2. 真菌及其毒素食物中毒指食用被真菌及其毒素污染的食物而引起的食物中毒。中毒发生主要由被真菌污染的食品引起，用一般烹调方法加热处理不能破坏食品中的真菌毒素，发病率较高，死亡率也较高，发病的季节性及地区性均较明显，如霉变甘蔗中毒常见于初春的北方。

3. 动物性食物中毒指食用本身含有有毒成分的动物食品而引起的食物中毒。发病率及病死率较高。引起动物性食物中毒的食品主要有两种：①将天然含有有毒成分的动物当作食品，如河豚中毒。②在一定条件下产生大量有毒成分的动物性食品，如鱼类储存不当，导致组胺中毒。

4. 植物性食物中毒指食用本身含有有毒成分或由于贮存不当产生了有毒成分的植物食品引起的食物中毒，如含氰苷果仁、木薯、菜豆、毒蕈等引起的食物中毒。发病特点因引起中毒的食品种类而异，如毒蕈中毒多见于暖湿季节及丘陵地区，病死率较高。

5. 化学性食物中毒指食用含有化学性有毒物质的食品引起的食物中毒。发病的季节性、地区性均不明显，但发病率和病死率均较高，如有机磷农药、鼠药、亚硝酸盐、某些金属或类金属化合物等引起的食物中毒。

第二节　细菌性及真菌性食物中毒的预防与控制

一、概述

细菌性食物中毒是指因摄入被致病性细菌或其毒素污染的食品而引起的中毒。细菌性食物中毒是最常见的食物中毒。近几年来我国发生的细菌性食物中毒多以沙门菌、变形杆菌、金黄色葡萄球菌、副溶血性弧菌、蜡样芽孢杆菌食物中毒为主。

（一）细菌性食物中毒的分类

根据病原和发病机制的不同，可将细菌性食物中毒分为感染型、毒素型和混合型三类。

1. 感染型：病原菌随食物进入肠道后，在肠道内继续生长繁殖，靠其侵袭力附着于肠黏膜或侵入黏膜及黏膜下层，引起肠黏膜的充血、白细胞浸润、水肿、渗出等炎性病理变化。典型的感染型食物中毒有变形杆菌食物中毒等。除引起腹泻等胃肠道综合征之外，这些病原菌还进入黏膜固有层，被吞噬细胞吞噬或杀灭，菌体裂解，释放出内毒素。内毒素可作为致热原，刺激体温调节中枢，引起体温升高。因而感染型食物中毒的临床表现多有发热症状。

2. 毒素型：大多数细菌能产生肠毒素或类似的毒素。肠毒素的刺激，激活了肠壁上皮细胞的腺苷酸环化酶或鸟苷酸环化酶，使胞浆内的环磷酸腺苷或环磷酸鸟苷的浓度增高，通过胞浆内蛋白质的磷酸化过程，进一步激活了细胞内的相关酶系统，使细胞的分泌功能发生变化。由于 Cl^- 的分泌亢进，肠壁上皮细胞对 Na^+ 和水的吸收受到抑制，导致腹泻。常见的毒素型细菌性食物中毒有金黄色葡萄球菌食物中毒等。

3. 混合型病原菌进入肠道后，除侵入黏膜引起肠黏膜的炎性反应外，还产生肠毒素，引起急性胃肠道症状。这类病原菌引起的食物中毒是由致病菌对肠道的侵入与它们产生的肠毒素协同作用引起的，因此，其发病机制为混合型。常见的混合型细菌性食物中毒有副溶血性弧菌食物中毒等。

（二）细菌性食物中毒的特点

1. 发病原因

（1）致病菌的污染：畜、禽生前感染和宰后污染及食品在运输、贮藏、销售等过程中受到致病菌的污染。

（2）贮藏方式不当：被致病菌污染的食物在不适当的温度、湿度和时间下存放，食品中适宜的水分活性、pH 值及营养条件使其中的致病菌大量生长繁殖或产生毒素。

（3）烹调加工不当：被污染的食物未经烧熟煮透或煮熟后被食品加工工具、食品从业人员等带菌者再次污染。

2. 流行病学特点

（1）发病率及病死率：细菌性食物中毒在国内、外都是最常见的食物中毒，发病率高，但病死率则因致病菌的不同而有较大的差异。常见的细菌性食物中毒，如沙门菌、葡萄球菌、变形杆菌等食物中毒，病程短、恢复快、预后好、病死率低。但李斯特菌、小肠结肠炎耶尔森菌、肉毒杆菌、椰毒假单胞菌食物中毒的病死率较高，分别为 20%～50%、34%～50%、60%、50%～100%，且病程长，病情重，恢复慢。

（2）季节性：细菌性食物中毒全年皆可发生，但在夏秋季高发，5～10 月较多。这与夏季气温高，细菌易于大量繁殖和产生毒素密切相关，也与机体的防御功能降低，易感性增高有关。

（3）中毒食品：动物性食品是引起细菌性食物中毒的主要食品，其中畜肉类及其制品居首位，其次为禽肉、鱼、乳、蛋类。植物性食物如剩米饭、米糕、米粉则易引起金黄色葡萄球菌、蜡样芽孢杆菌食物中毒。

（三）细菌性食物中毒的临床表现及诊断

1. 临床表现：细菌性食物中毒的临床表现以急性胃肠炎为主，主要表现为恶心、呕吐、腹痛、腹泻等。葡萄球菌食物中毒呕吐较明显，呕吐物含胆汁，有时带血和黏液，腹痛以上腹部及脐周多见，且腹泻频繁，多为黄色稀便和水样便。侵袭性（如沙门菌等）细菌引起的食物中毒，可有发热、腹部阵发性绞痛和黏液脓血便。

2. 诊断：细菌性食物中毒的诊断主要根据流行病学调查资料、患者的临床表现和实验室检查分析资料。

（1）流行病学调查资料：根据发病急，短时间内同时发病，发病范围局限在食用同一种有毒食物的人群等特点，找到引起中毒的食物。

（2）患者的临床表现：潜伏期和中毒表现符合食物中毒特有的临床特征。

（3）实验室诊断资料：对中毒食物或与中毒食物有关的物品或病人的样品进行检验的资料，包括对可疑食物、患者的呕吐物及粪便等进行细菌学及血清学检查（菌型的分离鉴定、血清学凝集试验）。对怀疑细菌毒素中毒者，可通过动物实验检测细菌毒素的存在。

（4）判定原则：对于因各种原因无法进行细菌学检验的食物中毒，则按《食物中毒诊断标准及技术处理总则》GB 14938—1994 执行，由 3 名副主任医师以上的食品安全专家进行评定，得出结论。

（四）细菌性食物中毒的防治原则

1. 预防措施

（1）加强安全宣传教育：改变生食等不良的饮食习惯；严格遵守牲畜宰前、宰中和宰后的卫生要求，防止污染；食品加工、储存和销售过程要严格遵守食品安全制度，搞好饮食具、容器和工具的消毒，避免生熟交叉污染；食品在食用前加热充分，以杀灭病原体和破坏毒素；在低温或通风阴凉处存放食品，以控制细菌的繁殖和毒素的形成；食品从业人员应认真执行就业前体检和录用后定期体检的制度，经常接受食品安全教育，养成良好的个人卫生习惯。

（2）加强食品安全检查和监督管理：应加强对食品生产经营单位和屠宰场等相关单位的检验检疫工作。

（3）建立快速、可靠的病原菌检测技术：根据致病菌的生物遗传学特征和分子遗传特征，结合现代分子生物学等检测手段和流行病学方法，分析病原菌的变化、扩散范围和趋势等，为大范围食物中毒暴发的风险预警和快速处理提供相关资料，防止更大范围内的传播和流行。

2. 处理原则

（1）现场处理：将患者进行分类，一般应将患者送医疗机构进行观察或救治；及时收集资料，进行流行病学调查及病原学的检验工作，以明确病因。

（2）对症治疗：常用催吐、洗胃、导泻的方法迅速排出毒物。同时治疗腹痛、腹泻，纠正酸中毒和电解质紊乱，抢救呼吸循环衰竭。

（3）特殊治疗：对细菌性食物中毒通常无须应用抗菌药物，可以经对症疗法治愈。对症状较重、考虑为感染性食物中毒或侵袭性腹泻者，应及时选用抗菌药物进行治疗。

二、沙门菌食物中毒

（一）病原学特点

沙门菌属是肠杆菌科的一个重要菌属。目前国际上有 2500 多种血清型，我国已发现 200 多种。沙门菌的宿主特异性极弱，既可感染动物也可感染人类，极易引起人类的食物中毒。致病性最强的是猪霍乱沙门菌，其次是鼠伤寒沙门菌和肠炎沙门菌。

沙门菌为革兰阴性杆菌，需氧或兼性厌氧，绝大部分具有周身鞭毛，能运动。沙门菌属不耐热，55℃ 1 小时、60℃ 15～30 分钟或 100℃数分钟即被杀死。此外，由于沙门菌属不分解蛋白质、不产生靛基质，食物被污染后无感官性状的变化，故对贮存较久的肉类，即使没有腐败变质，也应注意彻底加热灭菌，以防引起食物中毒。

（二）中毒机制

大多数沙门菌食物中毒是沙门菌活菌对肠黏膜的侵袭而导致的感染型中毒。肠炎沙门菌、鼠伤寒沙门菌可产生肠毒素，通过对小肠黏膜细胞膜上腺苷酸环化酶的激活，抑制小肠黏膜细胞对 Na^+ 的吸收，促进 Cl^- 的分泌，使 Na^+、Cl^- 和水在肠腔潴留而致腹泻。

（三）流行病学特点

1. 发病率及影响因素：沙门菌食物中毒的发病率较高，占总食物中毒的 40％～60％。发病率的高低受活菌数量、菌型和个体易感性等因素的影响。通常情况下，食物中沙门菌的含量达到 $2×10^5$ CFU/g 即可发生食物中毒；沙门菌致病力的强弱与菌型有关，致病力越强的菌型越易引起食物中毒。猪霍乱沙门菌的致病力最强，其次为鼠伤寒沙门菌，鸭沙门菌的致病力较弱；对于幼儿、体弱老人及其他疾病患者等易感性较高的人群，即使是较少菌量或较弱致病力的菌型，仍可发生食物中毒，甚至出现较重的临床症状。

2. 流行特点：虽然全年皆可发生，但季节性较强，多见于夏、秋两季，5～10 月的发病起数和中毒人数可达全年发病起数和中毒人数的 80％。发病点多面广，暴发与散发并存。青壮年多发。

3. 中毒食品：引起沙门菌食物中毒的食品主要为动物性食品，特别是畜肉类及其制品，其次为禽肉、蛋类、乳类及其制品。由植物性食品引起者很少，但 2009 年 1 月，美国花生公司布莱克利工厂生产的花生酱被沙门菌污染，导致 9 人死亡，引发震惊全美的"花生酱事件"。

4. 食品中沙门菌的来源：由于沙门菌属广泛分布于自然界，在人和动物中有广泛的宿主，因此，沙门菌污染肉类食物的概率很高，特别是家畜中的猪、牛、马、羊、猫、犬，家禽中的鸡、鸭、鹅等。健康家畜、家禽肠道沙门菌的检出率为 2％～15％，病猪肠道沙门菌的检出率可高达 70％。正常人粪便中沙门菌的检出率为 0.02％～0.2％，腹泻患者的检出率为 8.6％～18.8％。

（四）临床表现

潜伏期短，一般为 4～48 小时，长者可达 72 小时。潜伏期越短，病情越重。开始表现为头疼、恶心、食欲减退，随后出现呕吐、腹泻、腹痛。腹泻一日可达数次至十余次，主要为水样便，少数带有黏液或血。体温升高，可达 38～40℃，轻者 3～4 天症状消失。沙门菌食物中毒有多种临床表现，可分为胃肠炎型、类霍乱型、类伤寒型、类感冒型、败血症型，其中以胃肠炎型最为常见。

（五）诊断和治疗

1. 诊断一般根据流行病学特点、临床表现和实验室检验结果进行诊断。

（1）流行病学特点：同一人群在短期内发病，且进食同一可疑食物，发病呈暴发性，中毒表现相似。

（2）临床表现：如上所述，除消化道症状外，常伴有发热等全身症状。

（3）实验室检验：除传统的细菌学诊断技术和血清学诊断技术外，还建立了很多快速的诊断方法，如酶联免疫检测技术、胶体金检测技术、特异的基因探针和 PCR 法检测等，其中细菌学检验结果阳性是确诊最有力的依据。

2. 治疗：轻症者以补充水分和电解质等对症处理为主，对重症、患菌血症和有并发症的患者，需用抗生素治疗。

（六）预防措施

针对细菌性食物中毒发生的三个环节采取相应的预防措施。

1. 防止沙门菌污染食品

（1）加强对肉类、禽蛋类生产企业的安全监督及家畜、家禽屠宰前的兽医卫生检验，并按有关规定处理。

（2）加强畜禽屠宰后的检验，防止被沙门菌污染的畜禽肉尸、内脏及蛋进入市场。

（3）加强安全管理，防止肉类食品在储藏、运输、加工、烹调或销售等各个环节被沙门菌污染，特别要防止熟肉类制品被食品从业人员带菌者、带菌的容器及生食物污染。

2. 控制食品中沙门菌的繁殖

影响沙门菌繁殖的主要因素是储存温度和时间。低温储存食品是控制沙门菌繁殖的重要措施。食品生产经营单位均应配置冷藏、冷冻设备。生熟食品应分开保存，防止交叉污染。此外，加工后的熟肉制品应尽快食用，或低温储存，并尽可能缩短储存时间。

3. 彻底加热以杀灭沙门菌

加热杀灭病原菌是防止食物中毒的关键措施，但必须达到有效的温度和时间。经高温处理后可供食用的肉块，重量不应超过 1kg，并持续煮沸 2.5～3 小时，或应使肉块的中心温度达到 70℃以上，以便彻底杀灭肉类中可能存在的沙门菌并杀灭活毒素。加工后的熟肉制品长时间放置后应再次加热后才能食用。禽蛋类需将整个蛋洗净后，带壳煮或蒸，煮沸 8 分钟以上。

三、副溶血性弧菌食物中毒

（一）病原学特点

副溶血性弧菌为革兰阴性杆菌，呈弧状、杆状、丝状等多种形态，无芽孢，主要存在于近岸海水、海底沉积物和鱼、贝类等海产品中。副溶血性弧菌在 30～37℃、pH 值 7.4～8.2、含盐 3%～4% 的培养基上和食物中生长良好，而在无盐的条件下不生长，也称为嗜盐菌。该菌不耐热，56℃加热 5 分钟，或 90℃加热 1 分钟，或用含醋酸 1% 的食醋处理 5 分钟，均可将其杀灭。该菌在淡水中的生存期短，在海水中可生存 47 天以上。

（二）中毒机制

副溶血弧菌食物中毒属于混合型细菌性食物中毒。摄入一定数量的致病性副溶血性弧菌数小时后，引起肠黏膜细胞及黏膜下炎症反应等病理病变，并可产生肠毒素及耐热性溶血毒素。大量的活菌及耐热性溶血毒素共同作用于肠道，引起急性胃肠道症状。

（三）流行病学特点

1. 地区分布：我国沿海地区为副溶血性弧菌食物中毒的高发区。近年来，随着海产食品大量流向内地，内地也有此类食物中毒事件的发生。

2. 季节性及易感性：7-9月是副溶血性弧菌食物中毒的高发季节。男女老幼均可发病，但以青壮年为多。

3. 中毒食品：主要是海产食品，其中以墨鱼、带鱼、黄花鱼、虾、蟹、贝、海蜇最为多见，如墨鱼的带菌率达93%；其次为盐渍食品，如咸菜、腌渍的肉禽类食品等。

4. 食品中副溶血性弧菌的来源：

（1）直接污染：海水及沉积物中含有副溶血性弧菌。

沿海地区的饮食从业人员、健康人群及渔民副溶血性弧菌的带菌率为11.7%左右，有肠道病史者带菌率可达31.6%～88.8%。

（2）间接污染：沿海地区炊具副溶血性弧菌的带菌率为61.9%；被副溶血性弧菌污染的食物在较高温度下存放，食用前加热不彻底或生吃；熟制品受到带菌者、带菌的生食品、容器及工具等污染。

（四）中毒症状

潜伏期为2～40小时，多为14～20小时。发病初期主要为腹部不适，尤其是上腹部疼痛或胃痉挛。继之恶心、呕吐、腹泻，体温一般为37.7～39.5℃。发病5～6小时后，腹痛加剧，以脐部阵发性绞痛为特点。粪便多为水样、血水样、黏液或脓血便，里急后重不明显。重症病人可出现脱水、意识障碍、血压下降等，病程3～4天，预后一般良好。

（五）诊断和治疗

1. 诊断：根据流行病学特点与临床表现，结合细菌学检验可作出诊断。

（1）流行病学特点：在夏秋季进食海产品或间接被副溶血性弧菌污染的其他食品。

（2）临床表现：发病急，潜伏期短，上腹部阵发性绞痛，腹泻后出现恶心、呕吐。

（3）实验室诊断包括：①细菌学检验。②血清学检验。在中毒初期的1～2天内，病人血清与细菌学检验分离的菌株或已知菌株的凝集价通常增高至1：40～1：320，一周后显著下降或消失。健康人的血清凝集价通常在1：20以下。③动物试验。将细菌学检验分离的菌株注入小鼠的腹腔，观察毒性反应。④快速检测。采用PCR等快速诊断技术，24小时内即可直接从可疑食物、呕吐物或腹泻物样品中检出副溶血性弧菌。

2. 治疗以补充水分和纠正电解质紊乱等对症治疗为主。

（六）预防措施

与沙门菌食物中毒的预防基本相同，也要抓住防止污染、控制繁殖和杀灭病原菌三个主要环节，其中控制繁殖和杀灭病原菌尤为重要。

四、李斯特菌食物中毒

（一）病原学特点

李斯特菌属是革兰阳性、短小的无芽孢的杆菌，包括格氏李斯特菌、单核细胞增生李斯特菌、默氏李斯特菌等8个种。引起食物中毒的主要是单核细胞增生李斯特菌。

李斯特菌在5～45℃均可生长。在5℃的低温条件下仍能生长是该菌的特征。该菌在

58～59℃10分钟可被杀死，在－20℃可存活一年。该菌耐碱不耐酸，在 pH 值为 9.6 的条件下仍能生长。

李斯特菌分布广泛，在土壤、健康带菌者和动物的粪便、江河水、污水、蔬菜、青贮饲料及多种食品中均可分离出该菌，而且该菌在土壤、污水、粪便、牛乳中存活的时间比沙门菌长。稻田、牧场、淤泥、动物粪便、野生动物饲养场和有关地带的样品，单核细胞李斯特菌的检出率为 8.4%～44%。

（二）中毒机制

李斯特菌引起食物中毒主要为大量李斯特菌的活菌侵入肠道所致；此外也与李斯特菌溶血素有关。

（三）流行病学特点

1. 季节性：春季可发生，在夏、秋季发病率呈季节性增高。

2. 中毒食品种类：主要有乳及乳制品、肉类制品、水产品、蔬菜及水果。尤以在冰箱中保存时间过长的乳制品、肉制品最为多见。

3. 易感人群：为孕妇、婴儿、50 岁以上的人群、因患其他疾病而身体虚弱者和处于免疫功能低下状态的人。

4. 污染来源及中毒发生的原因：牛乳中的李斯特菌主要来自粪便，人类、哺乳动物、鸟类的粪便均可携带李斯特菌，如人粪便的带菌率为 0.6%～6%。即使是消毒的牛乳，污染率也在 20%左右。此外，由于肉尸在屠宰的过程易被污染，在销售过程中，食品从业人员的手也可造成污染，以致在生的和直接入口的肉制品中该菌的污染率高达 30%。受热处理的香肠也可再污染该菌。国内有人从冰糕、雪糕中检出了李斯特菌，检出率为 17.39%，其中单核细胞增生性李斯特菌为 4.35%。由于该菌能在低温条件下生长繁殖，故用冰箱冷藏食品不能抑制它的繁殖。

（四）临床表现

临床表现有两种类型：侵袭型和腹泻型。侵袭型的潜伏期在 2～6 周。病人开始常有胃肠炎的症状，最明显的表现是败血症、脑膜炎、脑脊膜炎、发热，有时可引起心内膜炎。孕妇可出现流产、死胎等后果，幸存的婴儿则易患脑膜炎，导致智力缺陷或死亡，免疫系统有缺陷的人则易出现败血症、脑膜炎。少数轻症病人仅有流感样表现。病死率高达 20%～50%。腹泻型病人的潜伏期一般为 8～24 小时，主要症状为腹泻、腹痛、发热。

（五）诊断和治疗

1. 诊断

（1）流行病学特点：符合李斯特菌食物中毒的流行病学特点，在同一人群中短期发病，且进食同一可疑食物。

（2）特有的临床表现：侵袭型的临床表现与常见的其他细菌性食物中毒的临床表现有明显的差别，突出的表现有脑膜炎、败血症、流产或死胎等。

（3）细菌学检验：按《食品卫生微生物学检验 单核细胞增生李斯特菌检验》GB 4789.30—2016 操作。

2. 治疗

进行对症和支持治疗，用抗生素治疗时可选择氨苄西林/舒巴坦、亚胺培南、莫西沙星、左氧氟沙星等。

（六）预防措施

李斯特菌在自然界广泛存在，且对杀菌剂有较强的抵抗力，从食品中消灭李斯特菌不切实际。食品生产经营单位应该把注意力集中在减少李斯特菌对食品的污染方面。

五、大肠埃希菌食物中毒

（一）病原学特点

埃希菌属俗称大肠杆菌属，为革兰阴性杆菌，多数菌株有周身鞭毛，能发酵乳糖及多种糖类，产酸产气。该菌主要存在于人和动物的肠道内，属于肠道的正常菌群，通常不致病。该菌随粪便排出后，广泛分布于自然界中。该菌在自然界的生活力强，在土壤、水中可存活数月。

在大肠埃希菌中，也有致病性的，当人体的抵抗力降低或食入被大量的致病性大肠埃希菌活菌污染的食品时，便会发生食物中毒。

（二）中毒机制

与致病性埃希菌的类型有关。肠产毒性大肠埃希菌、肠出血性大肠埃希菌引起毒素型中毒；肠致病性大肠埃希菌和肠侵袭性大肠埃希菌引起感染型中毒。

（三）流行病学特点

1. 季节性：多发生在夏秋季。

2. 中毒食品种类：引起中毒的食品种类与沙门菌相同。

3. 食品中大肠埃希菌的来源：健康人肠道致病性大肠埃希菌的带菌率为 2%～8%，高者可达 44%。成人患肠炎、婴儿患腹泻时，带菌率较健康人高，可达 29%～52%。大肠埃希菌随粪便排出而污染水源和土壤，进而直接或间接污染食品。食品中致病性大肠埃希菌的检出率高低不一，高者可达 18.4%。饮食行业的餐具易被大肠埃希菌污染，检出率高达 50%，致病性大肠埃希菌的检出率为 0.5%～1.6%。

（四）临床表现

临床表现因致病性埃希菌的类型不同而有所不同，主要有以下三种类型：

1. 急性胃肠炎型：主要由肠产毒性大肠埃希菌引起，易感人群主要是婴幼儿和旅游者。潜伏期一般为 10～15 小时，短者 6 小时，长者 72 小时。临床症状为水样腹泻、腹痛、恶心，体温可达 38～40℃。

2. 急性菌痢型：主要由肠侵袭性大肠埃希菌引起。潜伏期一般为 48～72 小时，主要表现为血便或脓黏液血便、里急后重、腹痛、发热。病程 1～2 周。

3. 出血性肠炎型：主要由肠出血性大肠埃希菌引起。潜伏期一般为 3～4 天，主要表现为突发性剧烈腹痛、腹泻，先水便后血便。病程 10 天左右，病死率为 3%～5%，老人、儿童多见。

（五）诊断和治疗

1. 诊断

（1）流行病学特点：引起中毒的常见食品为各类熟肉制品，其次为蛋及蛋制品，中毒多发生在 3～9 月，潜伏期 4～48 小时。

（2）临床表现：因病原的不同而不同。主要为急性胃肠炎型、急性菌痢型及出血性肠炎型。

（3）实验室诊断包括：①细菌学检验。②对产肠毒素性大肠埃希菌应进行肠毒素测定，而对侵袭性大肠埃希菌则应进行豚鼠角膜试验。③血清学鉴定。④产肠毒素性大肠埃希菌（ETEC）基因探针。

2. 治疗

主要是对症治疗和支持治疗，对部分重症患者应尽早使用抗生素。

（六）预防措施

大肠埃希菌食物中毒的预防同沙门菌食物中毒的预防。

六、变形杆菌食物中毒

（一）病原学特点

变形杆菌属肠杆菌科，为革兰阴性杆菌。变形杆菌食物中毒是我国常见的食物中毒之一。变形杆菌属腐败菌，一般不致病，需氧或兼性厌氧，生长繁殖对营养的要求不高，在4～7℃即可繁殖，属低温菌。因此，该菌可以在低温储存的食品中繁殖。变形杆菌对热的抵抗力不强，加热55℃持续1小时即可将其杀灭。变形杆菌在自然界分布广泛，在土壤、污水和垃圾中均可检测出该菌。据报道，健康人肠道的带菌率为1.3%～10.4%，人和食品中变形杆菌的带菌率的高低因季节而异，夏秋季较高，冬春季下降。

（二）中毒机制

主要是大量活菌侵入肠道引起的感染型食物中毒。

（三）流行病学特点

1. 季节性：全年均可发生，大多数发生在5—10月，7—9月最多。

2. 中毒食品种类：主要是动物性食品，特别是熟肉以及内脏的熟制品。变形杆菌常与其他腐败菌同时污染生食品，使生食品发生感官上的改变，但熟制品被变形杆菌污染后通常无感官性状的变化，极易被忽视而引起中毒。

3. 食物中变形杆菌的来源：变形杆菌广泛分布于自然界，也可寄生于人和动物的肠道，食品受其污染的机会很多。生的肉类食品，尤其是动物内脏变形杆菌的带菌率较高。在食品的烹调加工过程中，由于处理生、熟食品的工具、容器未严格分开，被污染的食品工具、容器可污染熟制品。受污染的食品在较高温度下存放较长的时间，变形杆菌便会在其中大量繁殖，食用前未加热或加热不彻底，食后即可引起食物中毒。

（四）临床表现

潜伏期一般为12～16小时，短者1～3小时，长者60小时。主要表现为恶心、呕吐、发冷、发热、头晕、头痛、乏力、脐周边阵发性剧烈绞痛。腹泻物为水样便，常伴有黏液，恶臭，一日数次。体温一般在37.8～40℃，但多在39℃以下。发病率较高，一般为50%～80%。病程较短，为1～3天，多数在24小时内恢复，一般预后良好。

（五）诊断和治疗

1. 诊断

（1）流行病学特点：除具有一般食物中毒的流行病学特点外，变形杆菌食物中毒的来势比沙门菌食物中毒更迅猛，病人更集中，但病程短，恢复快。

（2）临床表现：符合变形杆菌食物中毒的临床表现，以上腹部似刀绞样疼痛和急性腹泻为主。

（3）实验室诊断：①细菌学检验：在可疑中毒食品或患者的吐泻物中检出时，尚不能肯定是由该菌引起的食物中毒，需进一步通过血清学试验验证；②血清学凝集分型试验：通过血清学凝集分型试验可以确定从可疑中毒食品中或患者吐泻物中检出的变形杆菌是否为同一血清型；③患者血清凝集效价测定；④动物试验。

2. 治疗

变形杆菌食物中毒的治疗一般不必用抗生素，仅需补液等对症处理。对重症患者给予抗菌药物治疗。

（六）预防措施

同沙门菌食物中毒。

七、金黄色葡萄球菌食物中毒

（一）病原学特点

葡萄球菌属微球菌科，有 19 个菌种，在人体内可检出 12 个菌种，包括金黄色葡萄球菌、表皮葡萄球菌等。葡萄球菌为革兰阳性兼性厌氧菌，生长繁殖的最适 pH 值为 7.4，最适温度为 30～37℃。葡萄球菌的抵抗能力较强，在干燥的环境中可生存数月。

金黄色葡萄球菌是引起食物中毒的常见菌种，对热具有较强的抵抗力，在 70℃时需 1 小时方可灭活。有 50% 以上的菌株可产生肠毒素，并且一个菌株能产生两种以上的肠毒素。能产生肠毒素的菌株凝固酶试验常呈阳性。多数金黄色葡萄球菌肠毒素能耐 100℃、30 分钟，并能抵抗胃肠道中蛋白酶的水解。因此，若要完全破坏食物中的金黄色葡萄球菌肠毒素需在 100℃加热 2 小时。

（二）中毒机制

金黄色葡萄球菌食物中毒属毒素型食物中毒。摄入含金黄色葡萄球菌活菌而无肠毒素的食物不会引起食物中毒，摄入达到中毒剂量的肠毒素才会中毒。肠毒素作用于胃肠黏膜，引起充血、水肿、甚至糜烂等炎症变化及水与电解质代谢紊乱，出现腹泻，同时刺激迷走神经的内脏分支而引起反射性呕吐。

（三）流行病学特点

1. 季节性

全年皆可发生，但多见于夏秋季。

2. 中毒食品种类

引起中毒的食品种类很多，主要是营养丰富且含水分较多的食品，如乳类及乳制品、肉类、剩饭等，其次为熟肉类，偶见鱼类及其制品、蛋制品等。近年来，由熟鸡、鸭制品引起的食物中毒事件增多。

3. 食品被污染的原因

（1）食物中金黄色葡萄球菌的来源：金黄色葡萄球菌广泛分布于自然界，人和动物的鼻腔、咽、消化道的带菌率均较高。上呼吸道被金黄色葡萄球菌感染者，鼻腔的带菌率为 83.3%，健康人的带菌率也达 20%～30%。人和动物的化脓性感染部位常成为污染源，如奶牛患化脓性乳腺炎时，乳汁中就可能带有金黄色葡萄球菌；畜、禽有局部化脓性感染时，感染部位可对其他部位造成污染；带菌从业人员常对各种食物造成污染。

（2）肠毒素的形成：与温度、食品受污染的程度、食品的种类及性状有密切的关系。

食品被葡萄球菌污染后，如果没有形成肠毒素的合适条件（如在较高的温度下保存较长的时间），就不会引起中毒。一般说来，在 37℃ 以下，温度越高，产生肠毒素需要的时间越短，在 20～37℃ 时，经 4～8 小时即可产生毒素，而在 5～6℃ 时，需经 18 天方可产生毒素。食物受污染的程度越严重，葡萄球菌繁殖越快，也越易形成毒素。此外，含蛋白质丰富，含水分较多，又含一定量淀粉的食物，如奶油糕点、冰激凌、冰棒等及含油脂较多的食物，如油煎荷包蛋，受金黄色葡萄球菌污染后更易产生毒素。

（四）临床表现

发病急骤，潜伏期短，一般为 2～5 小时，极少超过 6 小时。主要表现为明显的胃肠道症状，如恶心、呕吐、中上腹部疼痛、腹泻等，以呕吐最为显著。呕吐物常含胆汁，或含血及黏液。剧烈吐泻可导致虚脱、肌痉挛及严重失水。体温大多正常或略高。病程较短，一般在数小时至 1～2 天内迅速恢复，很少死亡。发病率为 30% 左右。儿童对肠毒素比成人更为敏感，故其发病率较成人高，病情也较成人重。

（五）诊断和治疗

1. 诊断

（1）流行病学特点及临床表现：符合金黄色葡萄球菌食物中毒的流行病学特点及临床表现。

（2）实验室诊断：实验室诊断以毒素鉴定为主，细菌学检验意义不大。分离培养出葡萄球菌并不能确定肠毒素的存在；反之，有肠毒素存在而细菌学分离培养阴性时也不能否定诊断，因为葡萄球菌在食物中繁殖后因环境不适宜而死亡，但肠毒素依然存在，而且不易被加热破坏。因此，应进行肠毒素检测。

2. 治疗

按照一般急救处理的原则，以补水和维持电解质平衡等对症治疗为主，一般不需用抗生素。对重症者或出现明显菌血症者，除对症治疗外，还应根据药物敏感性试验结果采用有效的抗生素，不可滥用广谱抗生素。

（六）预防措施

1. 防止金黄色葡萄球菌污染食物

（1）避免带菌人群对各种食物的污染：要定期对食品加工人员、饮食从业人员、保育员进行健康检查，有手指化脓、化脓性咽炎、口腔疾病时应暂时调换工作。

（2）避免葡萄球菌对畜产品的污染：应经常对奶牛进行兽医卫生检查，对患有乳腺炎、皮肤化脓性感染的奶牛应及时治疗。奶牛患化脓性乳腺炎时，其乳不能食用。在挤乳的过程中要严格按照卫生要求操作，避免污染。健康奶牛的乳在挤出后，除应防止金黄色葡萄球菌污染外，还应迅速冷却至 10℃ 以下，防止该菌在较高的温度下繁殖和产生毒素。此外，乳制品应以消毒乳为原料。

2. 防止肠毒素的形成食物应冷藏，或置阴凉通风的地方，放置的时间不应超过 6 小时，尤其在气温较高的夏、秋季节，食用前还应彻底加热。

八、肉毒杆菌食物中毒

（一）病原学特点

肉毒杆菌为革兰阳性、厌氧、产孢子的杆菌，广布于自然界，特别是土壤中。所产孢子为卵形或圆筒形，着生于菌体的端部或亚端部，在20～25℃可形成椭圆形的芽孢。当pH值低于4.5或大于9.0时，或当环境温度低于15℃或高于55℃时，芽孢不能繁殖，也不能产生毒素。食盐能抑制芽孢形成和毒素产生，但不能破坏已形成的毒素。提高食品的酸度也能抑制肉毒杆菌生长和毒素形成。芽孢的抵抗力强，需在180℃干热加热5～15分钟，或在121℃高压蒸汽加热30分钟，或在100℃湿热加热5小时方可致死。

肉毒杆菌食物中毒是由肉毒杆菌产生的毒素即肉毒毒素所引起。肉毒毒素是一种毒性很强的神经毒素，对人的致死量为 10^{-9} mg/kg·bw。肉毒毒素对消化酶（胃蛋白酶、胰蛋白酶）、酸和低温稳定，但对碱和热敏感。在正常的胃液中，24小时不能将其破坏，故可被胃肠道吸收。

（二）中毒机制

肉毒毒素经消化道吸收进入血液后，主要作用于中枢神经系统的脑神经核、神经—肌肉的连接部和自主神经末梢，抑制神经末梢乙酰胆碱的释放，导致肌肉麻痹和神经功能障碍。

（三）流行病学特点

1. 季节性：一年四季均可发生，主要发生在4—5月。

2. 地区分布：肉毒杆菌广泛分布于土壤、水及海洋中，且不同的菌型分布存在差异。A型主要分布于山区和未开垦的荒地，如新疆察布查尔地区是我国肉毒杆菌中毒多发地区，未开垦荒地该菌的检出率为28.3%，土壤中为22.2%；B型多分布于草原区耕地；E型多存在土壤、湖海淤泥和鱼类肠道中，我国青海省发生的肉毒杆菌中毒主要为E型；F型分布于欧、亚、美洲海洋沿岸及鱼体。

3. 中毒食品种类：引起中毒的食品种类因地区和饮食习惯的不同而异。国内以家庭自制植物性发酵品为多见，如臭豆腐、豆酱、面酱等，对罐头瓶装食品、腊肉、酱菜和凉拌菜等引起的中毒也有报道。在新疆察布查尔地区，引起中毒的食品多为家庭自制谷类或豆类发酵食品，在青海，主要为越冬密封保存的肉制品。在日本，90%以上的肉毒杆菌食物中毒由家庭自制的鱼和鱼类制品引起。欧洲各国的中毒食物多为火腿、腊肠及其他肉类制品。美国主要为家庭自制的蔬菜、水果罐头、水产品及肉、乳制品。

4. 来源及食物中毒的原因：食物中的肉毒杆菌主要来源于带菌的土壤、尘埃及粪便，尤其是带菌的土壤，并对各类食品原料造成污染。在家庭自制发酵和罐头食品的生产过程中，加热的温度或压力尚不足以杀死存于食品原料中的肉毒杆菌芽孢，却为芽孢的形成与萌发及其毒素的产生提供了条件，如果有食品制成后不经加热而食用的习惯，更容易引起中毒的发生。

（四）临床表现

以运动神经麻痹的症状为主，而胃肠道症状少见。潜伏期数小时至数天，一般为12～48小时，短者6小时，长者8～10天，潜伏期越短，病死率越高。临床特征表现为对称性脑神经受损的症状。早期表现为头痛、头晕、乏力、走路不稳，以后逐渐出现视力模糊、眼睑下垂、瞳孔散大等神经麻痹症状。重症患者则首先表现为对光反射迟钝，逐渐发展为语言不清、吞咽困难、声音嘶哑等，严重时出现呼吸困难，常因呼吸衰竭而死亡。病死率为30%～70%，多发生在中毒后的4～8天。

（五）诊断和治疗

1. 诊断

（1）流行病学特点：多发生在冬春季；中毒食品多为家庭自制的发酵豆、谷类制品，其次为肉类和罐头食品。

（2）临床表现：具有特有的对称性脑神经受损的症状，如眼症状、延髓麻痹和分泌障碍等。

（3）实验室诊断：可从可疑食品中检出肉毒毒素并确定其类别。

2. 治疗

早期使用多价抗肉毒毒素血清，并及时采用支持疗法及进行有效的护理，以预防呼吸肌麻痹和窒息。

（六）预防措施

1. 加强卫生宣教，建议牧民改变肉类的贮藏方式或生吃牛肉的饮食习惯。

2. 对食品原料进行彻底的清洁处理，以除去泥土和粪便。家庭制作发酵食品时应彻底蒸煮原料，加热温度为 100℃，并持续 10～20 分钟，以破坏各型毒素。

3. 加工后的食品应迅速冷却并在低温环境贮存，避免再污染和在较高温度或缺氧条件下存放，以防止毒素产生。

4. 食用前对可疑食物进行彻底加热是破坏毒素预防中毒发生的可靠措施。

九、志贺菌食物中毒

（一）病原学特点

志贺菌属通称为痢疾杆菌，依据 O 抗原的性质分为 4 个血清组。志贺菌在人体外的生活力弱，在 10～37℃的水中可生存 20 天，在牛乳、水果、蔬菜中也可生存 1～2 周，在粪便中（15～25℃）可生存 10 天，光照 30 分钟可被杀死，58～60℃加热 10～30 分钟即死亡。志贺菌耐寒，在冰块中能生存 3 个月。

（二）中毒机制

目前，对痢疾志贺菌的毒性性质了解得较多，而对其他三种志贺菌中毒机制的了解甚少。一般认为，志贺菌食物中毒是由于大量活菌侵入肠道引起的感染型食物中毒。

（三）流行病学特点

1. 季节性多发生于 7—10 月。

2. 中毒食品种类主要是凉拌菜。

3. 食品被污染和中毒发生的原因：在食品生产加工企业、集体食堂、饮食行业的从业人员中，痢疾患者或带菌者的手是造成食品污染的主要因素。熟食品被污染后，存放在较高的温度下，经过较长的时间，志贺菌就会大量繁殖，食用后就会引起中毒。

（四）临床表现

潜伏期一般为 10～20 小时，短者 6 小时，长者 24 小时。病人常突然出现剧烈的腹痛、呕吐及频繁的腹泻，并伴有水样便，便中混有血液和黏液，有里急后重、恶寒、发热，体温高者可达 40℃以上，有的病人可出现痉挛。

（五）诊断和治疗

1. 诊断

（1）流行病学和临床特点：符合志贺菌食物中毒的流行病学特点，病人有类似菌痢样的症状，粪便中有血液和黏液。

（2）细菌学检验。

（3）血清凝集试验。

2. 治疗

一般采取对症和支持治疗方法。

（六）预防措施

同沙门菌食物中毒。

十、空肠弯曲菌食物中毒

（一）病原学特点

空肠弯曲菌属螺旋菌科，革兰染色阴性，在细胞的一端或两端着生有单极鞭毛。弯曲菌属包括约 14 个菌种，与人类感染有关的菌种有：胎儿弯曲菌胎儿亚种、空肠弯曲菌、大肠弯曲菌，其中与食物中毒最密切相关的是空肠弯曲菌空肠亚种。

空肠弯曲菌是氧化酶和触酶阳性菌，在 25℃、含 NaCl 3.5％ 的培养基中不能生长。它是微好氧菌，需要少量的 O_2（3％～6％），在含氧量达 21％ 的情况下生长实际上被抑制，而在 CO_2 的含量约为 10％ 时才能良好地生长。空肠弯曲菌在水中可存活 5 周，在人或动物排出的粪便中可存活 4 周。它在所有的肉食动物的粪便中出现的比例都很高，如鸡粪的检出率为 39％～83％、猪粪为 66％～87％。

（二）中毒机制

空肠弯曲菌食物中毒部分是大量活菌侵入肠道引起的感染型食物中毒，部分与热敏型肠毒素有关。

（三）流行病学特点

1. 季节性：多发生在 5—10 月，尤以夏季为最多。

2. 中毒食品种类：主要为牛乳及肉制品等。

3. 食品被污染和中毒发生的原因：空肠弯曲菌在猪、牛、羊、狗、猫、鸡、鸭、火鸡和野禽的肠道中广泛存在。此外，健康人的带菌率为 1.3％，腹泻患者的检出率为 5％～10.4％。食品中的空肠弯曲菌主要来自动物粪便，其次是健康带菌者。处理受空肠弯曲菌污染的工具、容器等未经彻底洗刷消毒，也可对熟食品造成交叉污染。当进食被空肠弯曲菌污染的食品，且食用前又未彻底消毒时，就会发生空肠弯曲菌食物中毒。

（四）临床表现

潜伏期一般为 3～5 天，短者 1 天，长者 10 天。临床表现以胃肠道症状为主，主要表现为突然腹痛和腹泻。腹痛可呈绞痛，腹泻物一般为水样便或黏液便，重症病人有血便，腹泻次数达十余次，腹泻物带有腐臭味。体温可达 38～40℃。此外，还有头痛、倦怠、呕吐等，重者可致死亡。集体暴发时，各年龄组均可发病，而在散发的病例中，小儿较成人多。

（五）诊断和治疗

1. 诊断

（1）初步诊断：根据流行病学调查，确定发病与食物的关系，再依据临床表现进行初步诊断。

（2）病因诊断：依据实验室检验资料进行，包括①细菌学检验；②血清学试验，采集病人急性期和恢复期血清，同时采集健康人血清作对照，进行血清学试验。空肠弯曲菌食物中毒患者恢复期血清的凝集效价明显升高，较健康者高 4 倍以上。

2. 治疗

临床上一般可用抗生素治疗。空肠弯曲菌对红霉素、庆大霉素、四环霉素敏感。此外，尚需对症和支持治疗。

（六）预防措施

空肠弯曲菌不耐热，乳品中的空肠弯曲菌可在巴氏灭菌的条件下被杀死。预防空肠弯曲菌食物中毒要注意避免食用未煮透或灭菌不充分的食品，尤其是乳品。

十一、蜡样芽孢杆菌食物中毒

蜡样芽孢杆菌为革兰阳性、需氧或兼性厌氧芽孢杆菌，有鞭毛，无荚膜，生长 6 小时后即可形成芽孢。营养体不耐热，生长繁殖的温度范围为 28～35℃，10℃ 以下不能繁殖，在 100℃ 时经 20 分钟可被杀死，在 pH 值为 5 以下时对营养体的生长繁殖有明显的抑制作用。

蜡样芽孢杆菌食物中毒发生的季节性明显，以夏、秋季，尤其是 6—10 月为多见。引起中毒的食品种类繁多，包括乳及乳制品、肉类制品、蔬菜、米粉、米饭等。在我国引起中毒的食品以米饭、米粉最为常见。食物受蜡样芽孢杆菌污染的机会很多，带菌率较高，肉及其制品为 13%～26%，乳及其制品为 23%～77%，米饭为 10%，豆腐为 4%，蔬菜为 1%。污染源主要为泥土、尘埃、空气，其次为昆虫、苍蝇、不洁的用具与容器。受该菌污染的食物在通风不良及温度较高的条件下存放时，其芽孢便可发芽，并产生毒素，若食用前不加热或加热不彻底，即可引起食物中毒。

蜡样芽孢杆菌食物中毒的发生为大量活菌侵入肠道所产生的肠毒素所致，临床表现因毒素的不同而分为腹泻型和呕吐型两种。

蜡样芽孢杆菌食物中毒的诊断按《蜡样芽孢杆菌食物中毒诊断标准及处理原则》进行；治疗以对症治疗为主，重症者可采用抗生素治疗；预防以减少污染为主。在食品的生产加工过程中，企业必须严格执行食品良好操作规范。此外，剩饭及其他熟食品只能在低温短时间贮存，且食用前须彻底加热，一般应在 100℃ 加热 20 分钟。

十二、椰毒假单胞菌酵米面亚种食物中毒

椰毒假单胞菌酵米面亚种食物中毒传统上称为臭米面食物中毒（或酵米面食物中毒），是由椰毒假单胞菌酵米面亚种所产生的外毒素引起的。椰毒假单胞菌为革兰阴性菌，在自然界分布广泛，产毒的椰毒假单胞菌检出率为 1.1%，在玉米、臭米面、银耳中都能检出。

椰毒假单胞菌酵米面亚种食物中毒主要发生在东北三省，以 7、8 月份为最多。这类食物中毒的发生与当地居民特殊的饮食习惯有关，引起中毒的食品主要是谷类发酵制品，为米酵菌酸和毒黄素所致的毒素型食物中毒。

临床上胃肠道症状和神经症候群的出现较早。继消化道症状后，也可能出现肝大、肝功能异常等中毒型肝炎为主要的临床表现，重症者出现肝性脑病，甚至死亡。对肾脏的损害一般出现得较晚，轻者出现尿血、蛋白尿等，重者出现血中尿素氮含量增加、少尿、无尿等尿毒症症状，严重时可因肾衰竭而死亡。因椰毒假单胞菌毒素的毒性较强，且目前尚缺乏特效的解毒药，致使该类食物中毒的病死率高达 30%～50%。

由于该类食物中毒发病急、多种脏器受损、病情复杂、进展快、病死率高，应及早作

出诊断。中毒发生后应进行急救和对症治疗。

十三、小肠结肠炎耶尔森菌食物中毒

耶尔森氏菌属属于肠杆菌科，引起人类食物中毒和小肠结肠炎的主要是小肠结肠炎耶尔森菌。其特点是能在 30℃ 以下运动，而在 37℃ 以上不运动。该菌耐低温，在 0～5℃ 也可生长繁殖，是一种独特的嗜冷病原菌，故应特别注意冷藏食物被该菌污染。

小肠结肠炎耶尔森氏菌广泛分布在陆地、湖水、井水和溪流中，具有侵袭性，并能产生耐热肠毒素，引起的食物中毒多发生在秋季、冬春季节，引起中毒的食物主要是动物性食品，其次为生牛乳，尤其是在 0～5℃ 的低温条件下运输或贮存的乳类或乳制品。

该菌所引起的食物中毒潜伏期较长，为 3～7 天。多见于 1～5 岁的幼儿，以腹痛、腹泻和发热为主要表现，体温达 38～39.5℃，病程 1～2 天。此外，该菌也可引起结肠炎、阑尾炎、肠系膜淋巴结炎、关节炎及败血症。对这类食物中毒一般采用对症治疗的方法，对重症病例可用抗生素。

十四、真菌毒素和霉变食品中毒

（一）赤霉病麦中毒

麦类、玉米等谷物被镰刀菌侵染引起的赤霉病是一种世界性病害，它的流行除了造成严重的减产外，还会引起人畜中毒。从赤霉病麦中分离的主要菌种是禾谷镰刀菌（无性繁殖期的名称，其有性繁殖期的名称叫玉米赤霉）。此外，还从病麦中分离出串珠镰刀菌、燕麦镰刀菌、木贼镰刀菌、黄色镰刀菌、尖孢镰刀菌等。赤霉病麦中的主要毒性物质是这些镰刀菌产生的毒素。镰刀菌毒素对热稳定，一般的烹调方法不能将它们破坏而去毒。摄入的数量越多，发病率越高，病情也越严重。

1. 流行病学特点

赤霉病多发生于多雨、气候潮湿地区。在全国各地均有发生，以江淮地区最为严重。

2. 中毒症状及处理

潜伏期一般为 10～30 分钟，也可长至 2～4 小时，主要症状有恶心、呕吐、腹痛、腹泻、头昏、头痛、嗜睡、流涎、乏力，少数病人有发热、畏寒等。症状一般在一天左右自行消失，缓慢者持续一周左右，预后良好。个别重病例呼吸、脉搏、体温及血压波动，四肢酸软，步态不稳，形似醉酒，故有的地方称之为"醉谷病"。一般患者无须治疗而自愈，对呕吐严重者应补液。

3. 预防

关键在于防止麦类、玉米等谷物受到真菌的侵染和产毒。

（1）制定粮食中毒素的限量标准，加强粮食的安全管理。

（2）去除或减少粮食中的病粒或毒素。

（3）加强田间和贮藏期间的防霉措施，包括选用抗霉品种、降低田间的水位、改善田间的小气候，使用高效、低毒、低残留的杀菌剂，及时脱粒、晾晒，使谷物的水分含量降至安全水分以下，贮存的粮食要勤加翻晒，并注意通风。

（二）霉变甘蔗中毒

霉变甘蔗中毒是指食用了保存不当而霉变的甘蔗引起的食物中毒。甘蔗霉变主要是由于甘蔗在不良的条件下长期储存，如过冬，导致微生物大量繁殖所致。霉变甘蔗的质地较软，瓤部的色泽比正常甘蔗深，一般呈浅棕色，闻之有霉味，其中含有大量的有毒真菌及其毒素。这些毒素对神经系统和消化系统有较大的损害。

1. 流行病学特点

霉变甘蔗中毒常发生于我国北方地区的初春季节，2～3月为发病高峰期，多见于儿童和青少年，病情常较严重，甚至危及生命。

2. 中毒机制

甘蔗节菱孢霉产生的3-硝基丙酸（3-nitropropionic acid，3-NPA）是一种强烈的嗜神经毒素，主要损害中枢神经系统。

3. 中毒表现

潜伏期短，最短仅十几分钟，轻度中毒者的潜伏期较长，重度中毒者多在2小时内发病。中毒症状最初表现为一时性消化道功能紊乱，表现为恶心、呕吐、腹疼、腹泻、黑便，随后出现头昏、头痛和复视等神经系统症状。重者可发生阵发性抽搐。抽搐时四肢强直，屈曲内旋，手呈鸡爪状，眼球向上，偏侧凝视，瞳孔散大，继而进入昏迷状态。患者可死于呼吸衰竭，幸存者则留下严重的神经系统后遗症，导致终身残疾。

4. 治疗与预防

发生中毒后应尽快洗胃、灌肠，以排除毒物，并对症治疗。由于目前尚无特殊的治疗方法，故应加强宣传教育，教育群众不买、不吃霉变的甘蔗。因不成熟的甘蔗容易霉变，故应成熟后再收割。为了防止甘蔗霉变，贮存的时间不能太长，同时应注意防焐、防冻，并定期进行感官检查。严禁出售霉变的甘蔗。

（三）麦角中毒

1. 流行病学特点与中毒机制

因食用含有麦角的谷物而引起的食物中毒称麦角中毒。麦角是麦角菌的休眠体，含有麦角生物碱，麦角生物碱是一种含氮物质，能使血管收缩。麦角的毒性非常稳定，贮存数年之久其毒性不受影响，焙烤时毒性也不被破坏。

易受麦角菌侵染的谷物主要是黑麦，其次为小麦、大麦、谷子，还有玉米、水稻、燕麦、高粱等。

2. 中毒表现

急性中毒有腹痛、腹泻、呕吐等胃肠炎症状。中枢神经损害有全身不适、蚁走感、眩晕，听觉、视觉、感觉迟钝，言语不清、呼吸困难、肌肉痉挛、昏迷、体温下降、血压上升等。由于麦角毒素具有强烈的收缩血管作用，因而可导致肢体坏死。中毒严重者往往死于心力衰竭。孕妇中毒时可引起流产或早产。

3. 预防措施

食品经营单位在采购小麦粉、小米、玉米粉、大米、燕麦粉、高粱米等杂粮时，应严格执行采购查验与索证索票制度。

第三节　有毒动、植物食物中毒的预防与控制

有毒动植物食物中毒是指一些动植物本身含有某种天然有毒成分或由于贮存条件不当

形成某种有毒物质，被人食用后所引起的中毒。在近年的食物中毒事件中，有毒动植物特别是毒蘑菇引起的食物中毒导致的死亡人数最多，应引起注意。

一、河豚中毒

河豚又名河纯，我国沿海各地及长江下游均有出产，属无鳞鱼的一种，在淡水、海水中均能生活。河豚味道鲜美，但由于其含有剧毒，民间自古就有"拼死吃河豚"的说法。

（一）有毒成分的来源

引起中毒的河豚毒素是一种非蛋白质神经毒素，可分为河豚素、河豚酸、河豚卵巢毒素及河豚肝脏毒素。其中河豚卵巢毒素毒性最强，其毒性比氰化钠强 1000 倍，0.5mg 可致人死亡。河豚毒素为无色针状结晶、微溶于水，易溶于稀醋酸，对热稳定，煮沸、盐腌、日晒均不能将其破坏。

河豚毒素存在于除了鱼肉之外的所有组织中，其中以卵巢毒性最强，肝脏次之。每年春季为河豚卵巢发育期，毒性最强。通常情况下，河豚的肌肉大多不含毒素或仅含少量毒素，但产于南海的河豚不同于其他海区，肌肉中也含有毒素。另外，不同品种的河豚所含有的毒素量相差很大，人工养殖的河豚不含有河豚毒素。

（二）中毒机制及中毒症状

河豚毒素可直接作用于胃肠道，引起局部刺激作用；河豚毒素还选择性地阻断细胞膜对 Na^+ 的通透性，使神经传导阻断，呈麻痹状态。首先感觉神经麻痹，随后运动神经麻痹，严重者脑干麻痹，引起外周血管扩张，血压下降，最后出现呼吸中枢和血管运动中枢麻痹，导致急性呼吸衰竭，危及生命。

河豚中毒的特点是发病急速而剧烈，潜伏期一般在 10 分钟至 3 小时。起初感觉手指、口唇和舌有刺痛，然后出现恶心、呕吐、腹泻等胃肠症状。同时伴有四肢无力、发冷、口唇、指尖和肢端知觉麻痹，并有眩晕。重者瞳孔及角膜反射消失，四肢肌肉麻痹，以致身体摇摆、共济失调，甚至全身麻痹、瘫痪，最后出现语言不清、血压和体温下降。一般预后较差。常因呼吸麻痹、循环衰竭而死亡。一般情况下，患者直到临死前意识仍然清楚，死亡通常发生在发病后 4～6 小时以内，最快时 1.5 小时，最迟不超过 8 小时。由于河豚毒素在体内排泄较快，中毒后若超过 8 小时未死亡者，一般可恢复。

（三）流行病学特点

河豚中毒多发生在沿海居民中，以春季发生中毒的次数、中毒人数和死亡人数为最多。引起中毒的河豚有鲜鱼、内脏，以及冷冻的河豚和河豚干。

（四）急救与治疗

河豚毒素中毒尚无特效解毒药，一般以排出毒物和对症处理为主。

1. 催吐、洗胃、导泻，及时清除未吸收毒素。

2. 大量补液及利尿，促进毒素排泄。

3. 早期给以大剂量激素和莨菪碱类药物。肾上腺皮质激素能减少组织对毒素的反应和改善一般情况；莨菪碱类药物能兴奋呼吸循环中枢，改善微循环。

4. 支持呼吸、循环功能。必要时行气管插管，心脏骤停者行心肺复苏。

（五）预防措施

1. 加强食品安全宣传教育，首先让广大居民认识到野生河豚有毒，不要食用；其次让广大居民能识别河豚，以防误食。

2. 水产品收购、加工、供销等单位应严格把关，防止鲜野生河豚进入市场或混进其他水产品中。

3. 采用河豚去毒工艺。活河豚加工时先断头、放血（尽可能放净）、去内脏、去鱼头、扒皮，肌肉经反复冲洗，直至完全洗去血污为止，经专职人员检验，确认无内脏、无血水残留，做好记录后方可食用。将所有的废弃物投入专用处理池，加碱、加盖、密封发酵，待腐烂后用作肥料。冲洗下来的血水，也应排入专用处理池，经加碱去毒后再排放。

二、鱼类引起的组胺中毒

鱼类引起组胺中毒的主要原因是食用了某些不新鲜的鱼类（含有较多的组胺），同时也与个人体质的过敏性有关，组胺中毒是一种过敏性食物中毒。

（一）有毒成分的来源

海产鱼类中的青皮红肉鱼，如鲣鱼、参鱼、鲐巴鱼、鱼师鱼、竹夹鱼、金枪鱼等鱼体中含有较多的组氨酸。当鱼体不新鲜或腐败时，产生自溶作用，组氨酸被释放出来。污染于鱼体的细菌，如组胺无色杆菌或摩氏摩根菌产生脱羧酶，使组氨酸脱羧基形成大量的组胺。一般认为当鱼体中组胺含量超过 200mg/100g 即可引起中毒。也有食用虾、蟹等之后发生组胺中毒的报道。

（二）中毒机制及中毒症状

组胺是一种生物胺，可导致支气管平滑肌强烈收缩，引起支气管痉挛；循环系统表现为局部或全身的毛细血管扩张，病人出现低血压，心律失常，甚至心脏骤停。

组胺中毒临床表现：病人在食鱼后 10 分钟～2 小时出现面部、胸部及全身皮肤潮红和热感，全身不适，眼结膜充血并伴有头痛、头晕、恶心、腹痛、腹泻、心跳过速、胸闷、血压下降、心律失常、甚至心脏骤停。有时可出现荨麻疹，咽喉烧灼感，个别患者可出现哮喘。一般体温正常，大多在 1～2 天内恢复健康。

（三）流行病学特点

组胺中毒在国内、外均有报道。多发生在夏秋季，在温度 15～37℃、有氧、弱酸性（pH 值 6.0～6.2）和渗透压不高（盐分含量 3%～5%）的条件下，组氨酸易于分解形成组胺引起中毒。

（四）急救与治疗

一般可采用抗组胺药物和对症治疗的方法。常用药物为口服盐酸苯海拉明，或静脉注射 10% 葡萄糖酸钙，同时口服维生素 C。

（五）预防措施

1. 防止鱼类腐败变质，禁止出售腐败变质的鱼类。

2. 鱼类食品必须在冷冻条件下贮藏和运输，防止组胺产生。

3. 避免食用不新鲜或腐败变质的鱼类食品。

三、麻痹性贝类中毒

麻痹性贝类中毒是由贝类毒素引起的食物中毒。麻痹性贝类毒素是一种毒性极强的海洋毒素，几乎全球沿海地区都有过麻痹性贝类毒素中毒致死的报道，中毒特点为神经麻痹，故称为麻痹性贝类中毒。

（一）有毒成分的来源

贝类含有毒素，与海水中的藻类有关。当贝类食入有毒的藻类后，其所含的有毒物质即进入贝体内，呈结合状态，对贝类本身没有毒性。当人食用这种贝类后，毒素可迅速从贝肉中释放出来对人呈现毒性作用。藻类是贝类毒素的直接来源，但它们并不是唯一的或最终的来源，与藻类共生的微生物也可产生贝类毒素。

（二）中毒机制及中毒症状

麻痹性贝类中毒的潜伏期短，仅数分钟至 20 分钟。开始为唇、舌、指尖麻木，随后颈部、腿部麻痹，最后运动失调。病人可伴有头痛、头晕、恶心和呕吐，最后出现呼吸困难。膈肌对此毒素特别敏感，重症者常在 2～24 小时因呼吸麻痹而死亡，病死率为 5％～18％。病程超过 24 小时者，则预后良好。

（三）流行病学特点

麻痹贝类中毒在全世界均有发生，有明显的地区性和季节性，以夏季沿海地区多见，这一季节易发生赤潮（大量的藻类繁殖使水产生微黄色或微红色的变色，称为赤潮）而且贝类也容易捕获。

（四）急救与治疗

麻痹性贝类毒素的毒性强，有效的抢救措施是尽早采取催吐、洗胃、导泻的方法，及时去除毒素，同时对症治疗。

（五）预防措施

主要应进行预防性检测，当发现贝类生长的海水中有大量海藻存在时，应测定捕捞的贝类所含的毒素量。

四、毒蕈中毒

毒蕈通常称蘑菇，属于真菌植物。我国有可食用蕈 300 多种，毒蕈 80 多种，其中含剧毒能对人致死的有 10 多种。毒蕈与可食用蕈不易区别，常因误食而中毒。

（一）有毒成分的来源

不同类型的毒蕈含有不同的毒素，也有一些毒蕈同时含有多种毒素。

1. 胃肠毒素：含有这种毒素的毒蕈很多，主要为黑伞蕈属和乳菇属的某些蕈种，毒性成分可能为类树脂物质、苯酚、类甲酚、胍啶或蘑菇酚等。

2. 神经、精神毒素：存在于毒蝇伞、豹斑毒伞、角鳞灰伞、臭黄菇及牛肝菌等毒蘑菇中。

3. 溶血毒素：鹿花蕈，也叫马鞍蕈，含有马鞍蕈酸，属甲基联胺化合物，有强烈的溶血作用。此毒素具有挥发性，对碱不稳定，可溶于热水，烹调时如弃去汤汁可去除大部分毒素。这种毒素抗热性差，加热至 70℃或在胃内消化酶的作用下可失去溶血性能。

4. 肝肾毒素：引起此型中毒的毒素有毒肽类、毒伞肽类、鳞柄白毒肽类、非环状肽类等。这些毒素主要存在于毒伞属蕈、褐鳞小伞蕈及秋生盔孢伞蕈中。

5. 类光过敏毒素：在胶陀螺（又称猪嘴蘑）中含有光过敏毒素。

（二）流行病学特点及中毒症状

毒蕈中毒在云南、广西、四川、湖南等省发生的起数较多，毒蕈中毒多发生于春季和夏季，在雨后，气温开始上升，毒蕈迅速生长，常由于不认识毒蕈而采摘食用，引起中毒。

毒蕈中毒的临床表现各不相同，一般分为以下几类。

1. 胃肠型：主要刺激胃肠道，引起胃肠道炎症反应。一般潜伏期较短，多为 0.5～6小时，病人有剧烈恶心、呕吐、阵发性腹痛，以上腹部疼痛为主，体温不高。经过适当处理可迅速恢复，一般病程 2～3 天，很少死亡。

2. 神经精神型：潜伏期约为 1～6 小时，临床症状除有轻度的胃肠反应外，主要有明显的副交感神经兴奋症状，如流涎、流泪、大量出汗、瞳孔缩小、脉缓等。少数病情严重者可有精神兴奋或抑制、精神错乱、谵妄、幻觉、呼吸抑制等表现。

误食牛肝蕈者，除胃肠炎症状外，多有幻觉（小人国幻视症）、谵妄等症状，部分病例有迫害妄想，类似精神分裂症。

3. 溶血型：中毒潜伏期多为 6～12 小时，红细胞大量破坏，引起急性溶血。主要表现为恶心、呕吐、腹泻、腹痛。发病 3～4 天后出现溶血性黄疸、肝脾肿大，少数病人出现血红蛋白尿。病程一般 2～6 天，病死率低。

4. 肝肾损害型：此型中毒最严重，可损害人体的肝、肾、心脏和神经系统，其中对肝脏损害最大，可导致中毒性肝炎。病情凶险而复杂，病死率非常高。

5. 类光过敏型：误食后可出现类似日光性皮炎的症状。在身体暴露部位出现明显的肿胀、疼痛，特别是嘴唇肿胀外翻。另外还有指尖疼痛，指甲根部出血等。

（三）急救与治疗

1. 及时催吐、洗胃、导泻、灌肠，迅速排出毒物，凡食毒蕈后 10 小时内均应彻底洗胃，洗胃后可给予活性炭吸附残留的毒素。无腹泻者，洗胃后用硫酸镁 20～30g 或蓖麻油30～60ml 导泻。

2. 对各型毒蕈中毒根据不同症状和毒素情况采取不同治疗方案。

（1）胃肠炎型可按一般食物中毒处理；

（2）神经精神型可采用阿托品治疗；

（3）溶血型可用肾上腺皮质激素治疗，一般状态差或出现黄疸者，应尽早应用较大量的氢化可的松，同时给予保肝治疗；

（4）肝肾型可用二巯基丙磺酸钠治疗，可保护体内含巯基酶的活性。

（四）预防措施

预防毒蕈中毒最根本的方法是不要采摘自己不认识的蘑菇食用；毒蕈与可食用蕈很难鉴别，民间百姓有一定的实际经验，如在阴暗肮脏处生长的、颜色鲜艳的、形状怪异的、分泌物浓稠易变色的、有辛辣酸涩等怪异气味的蕈类一般为毒蕈。但以上经验不够完善，不够可靠。

五、含氰苷类食物中毒

含氰苷类食物中毒是指因食用苦杏仁、桃仁、李子仁、枇杷仁、樱桃仁、木薯等含氰苷类食物引起的食物中毒。

（一）有毒成分的来源

含氰苷类食物中毒的有毒成分为氰苷，其中苦杏仁含量最高，平均为 3%，而甜杏仁则平均为 0.1%，其他果仁平均为 0.4%～0.9%。木薯中亦含有氰苷。当果仁在口腔中咀嚼和在胃肠内进行消化时，氰苷被果仁所含的水解酶水解释放出氢氰酸并迅速被黏膜吸入血液引起中毒。

（二）中毒机制及中毒症状

氢氰酸的氰离子可与细胞色素氧化酶中的铁离子结合，使呼吸酶失去活性，氧不能被细胞利用导致组织缺氧而陷于窒息状态。另外氢氰酸可直接损害延髓的呼吸中枢、积血管运动中枢。苦杏仁氰苷为剧毒，对人的最小致死量为 0.4～1.0mg/kg 体重，约相当于 1～3 粒苦杏仁。

苦杏仁中毒的潜伏期短者 0.5 小时，长者 12 小时，一般 1.0～2.0 小时。木薯中毒的潜伏期短者 2.0 小时，长者 12 小时，一般为 6.0～9.0 小时。

苦杏仁中毒时，出现口中苦涩、流涎、头晕、头痛、恶心、呕吐、心悸、四肢无力等。较重者胸闷、呼吸困难、呼吸时可嗅到苦杏仁味。严重者意识不清、呼吸微弱、昏迷、四肢冰冷、常发生尖叫，继之意识丧失、瞳孔散大、对光反射消失、牙关紧闭、全身阵发性痉挛，最后因呼吸麻痹或心脏停搏而死亡。此外，还可引起多发性神经炎。

木薯中毒的临床表现与苦杏仁相似。

（三）流行病学特点

苦杏仁中毒多发生在杏子成熟的初夏季节，儿童中毒多见，常因儿童不知道苦杏仁的毒性食用后引起中毒；还有因为吃了加工不彻底未完全消除毒素的凉拌杏仁造成的中毒。

（四）急救与治疗

1. 催吐：用 5％的硫代硫酸钠溶液洗胃。

2. 解毒治疗：首先吸入亚硝酸异戊酯 0.2ml，每隔 1～2 分钟一次，每次 15～30 秒，数次后，改为缓慢静脉注射亚硝酸钠溶液，成人用 3％溶液，小儿用 1％溶液，每分钟 2～3ml。然后静脉注射新配制的 50％硫代硫酸钠溶液 25～50ml，小儿用 20％硫代硫酸钠溶液，每次 0.25～0.5ml/kg 体重，如症状仍未改善者，重复静注硫代硫酸钠溶液，直到病情好转。

3. 对症治疗：根据病人情况给予吸氧，呼吸兴奋剂、强心剂及升压药等。对重症患者可静脉滴注细胞色素 C。

（五）预防措施

1. 加强宣传教育：向广大居民，尤其是儿童进行宣传教育，勿食苦杏仁等果仁，包括干炒果仁。

2. 采取去毒措施：加水煮沸可使氢氰酸挥发，可将苦杏仁等制成杏仁茶、杏仁豆腐。木薯所含氰苷 90％存在于皮内，因此食用时通过去皮、蒸煮等方法可使氢氰酸挥发掉。

六、粗制棉籽油棉酚中毒

棉籽加工后的主要产品为棉籽油，棉籽未经蒸炒加热直接榨油，所得油即为粗制生棉籽油。粗制生棉籽油色黑、黏稠，含有毒物质，食用后可引起急性或慢性棉酚中毒。

（一）有毒成分的来源

粗制生棉籽油中主要含有棉酚、棉酚紫和棉酚绿三种有毒物质，其中以游离棉酚含量最高，可高达 40％，未经精炼的粗制棉籽油中棉酚类物质未被彻底清除，可引起中毒。

（二）中毒机制及中毒症状

游离棉酚是一种毒苷，为血液毒和细胞原浆毒，可损害人体肝、肾、心等实质器官及血管、神经系统等，并损害生殖系统。

棉酚中毒的发病，可有急性与慢性之分。急性棉酚中毒表现为恶心呕吐、腹胀腹痛、便秘、头晕、四肢麻木、周身乏力、嗜睡、烦躁、畏光、心动过缓、血压下降，进一步可发展为肺水肿、黄疸、肝性脑病、肾功能损害，最后可因呼吸循环衰竭而死亡。

慢性中毒的临床表现主要有三个方面。

1. 引起"烧热病"：长期食用粗制棉籽油，可出现疲劳乏力、皮肤潮红、烧灼难忍、口干、无汗或少汗、皮肤瘙痒如针刺、四肢麻木、呼吸急促、胸闷等症状。

2. 生殖功能障碍：棉酚对生殖系统有明显的损害。对女性病人，可破坏子宫内膜、使子宫萎缩，血液循环减少，子宫变小变硬，出现闭经，孕卵不能着床，导致不育症。对男性病人，可使睾丸曲细精管中的精子细胞、精母细胞受损，导致曲细精管萎缩，精子数量减少甚至无精。对男性的生殖系统损害较女性更为明显。

3. 引起低血钾以肢体无力、麻木、口渴、心悸、肢体软瘫为主。部分患者心电图异常，女性及青壮年发病较多。

（三）流行病学特点

棉酚中毒有明显的地区性，主要见于产棉区食用粗制棉籽油的人群。我国湖北、山东、河北、河南、陕西、湖南等产棉区均发生过急性或慢性中毒。本病在夏季多发，日晒及疲劳常为发病诱因。

（四）急救与治疗

目前尚无特效解毒剂治疗棉酚中毒，一般给予对症治疗，并采取以下急救措施。

1. 立即刺激咽后壁诱导催吐。

2. 口服大量糖水或淡盐水稀释毒素，并服用大量维生素C和B族维生素。

3. 对症处理有昏迷、抽搐的患者，应有专人护理并清除口腔内毒物，保持呼吸道畅通。

（五）预防措施

1. 加强宣传教育，勿食粗制生棉籽油。

2. 由于棉酚在高温条件下易分解，可采取榨油前将棉籽粉碎，经蒸炒加热后再榨油的方法，榨出的油再经过加碱精炼，则可使棉酚逐渐分解破坏。

3. 加强对棉籽油中棉酚含量的监测、监督与管理。

七、豆浆中毒

（一）流行病学特点与中毒机制

大豆中的有害物质是胰蛋白酶抑制剂、皂苷等。胰蛋白酶抑制剂，可以抑制蛋白酶的活性，降低食物蛋白质的水解和吸收，导致胃肠产生不良的反应和症状；同时还可刺激胰腺增加其分泌活性，增加内源性蛋白质、氨基酸的损失，使动物对蛋白质的需要量增加。皂苷的毒性主要表现在溶血性和对胃肠道黏膜的刺激作用，多因食用未煮熟的豆浆而发生中毒。食品经营单位尤其是建筑工地食堂、学校等集体单位因烹调不当，食用豆浆中毒者时有发生。

（二）预防措施

因为豆浆加热至80℃时，会有许多泡沫上浮，出现"假沸"现象。因此烧煮生豆浆时将上涌泡沫除净，煮沸后再以文火维持煮沸5分钟左右，可使其中的胰蛋白酶抑制物彻底分解破坏，这样才不会引起食物中毒的发生。

八、鱼胆中毒

（一）中毒机制

鱼胆的胆汁中含胆汁毒素。此毒素不能被热和酒精破坏，能严重损伤人体的肝、肾，使肝脏变性、坏死，肾脏肾小管受损、集合管阻塞、肾小球滤过减少、尿液排出受阻，在短时间内即导致肝、肾功能衰竭，也能损伤脑细胞和心肌。

（二）中毒原因

我国民间有用鱼胆治疗眼病或作为"凉药"的传统习惯，所用鱼胆多取自青、草、鲥、鲢、鲤等淡水鱼，但因服用量、服用方法不当而发生中毒。

（三）预防措施

由于鱼胆毒性大，烹调不能去毒，预防鱼胆中毒的唯一方法是食品经营单位不加工和销售鱼胆和鱼胆酒。

九、其他有毒动植物中毒（见表9-1）

其他有毒动植物中毒　　　　表9-1

名称	有毒成分	临床特点	急救处理	预防措施
动物甲状腺中毒	甲状腺	潜伏期10～24小时，头疼、乏力、烦躁、抽搐、震颤、脱发、脱皮、多汗、心悸等	抗甲状腺素药，促肾上腺皮质激素，对症处理	加强兽医检验，屠宰牲畜时除净甲状腺
动物肝脏中毒（狗、鲨鱼、海豹、北极熊等）	大量维生素A	潜伏期10～24小时，头疼、乏力、烦躁、脱发、脱皮、呕吐、腹部不适、皮肤潮红、脱皮等	对症处理	含大量维生素A的动物肝脏不宜过量食用
发芽马铃薯中毒	龙葵素	潜伏期数分钟至数小时，咽部瘙痒、发干、胃部烧灼、恶心、呕吐、胃部烧灼、腹泻、伴头晕、耳鸣、瞳孔散大	催吐、洗胃、对症处理	马铃薯贮存干燥阴凉处。食用前挖去芽眼、削皮，烹调时加醋
四季豆中毒（扁豆）	皂素，植物血凝素	潜伏期1～5小时，恶心、呕吐、腹痛、腹泻、头晕、出冷汗等	对症处理	扁豆煮熟煮透至失去原有的绿色
鲜黄花菜中毒	类秋水仙碱	潜伏期0.5～4小时，呕吐、腹泻、头晕、头痛、口渴、咽干等	及时洗胃、对症处理	鲜黄花菜必须用水浸泡或用开水烫后弃水炒煮后食用
有毒蜂蜜中毒	生物碱	潜伏期1～2天，口感、舌麻、恶心、呕吐、头痛、心慌、腹痛、肝大、肾区疼痛	输液、保肝、对症处理	加强蜂蜜检验，防止有毒蜂蜜进入市场
白果中毒	杏仁酸，银杏酚	潜伏期1～12小时，呕吐、腹泻、头疼、恐惧感、惊叫、抽搐、昏迷、甚至死亡	催吐、洗胃、灌肠、对症处理	白果须去皮加水煮熟煮透后弃水食用

第四节 化学性食物中毒的预防与控制

化学性食物中毒是指由于食用了被有毒有害化学物污染的食品、被误认为是食品及食品添加剂或营养强化剂的有毒有害物质、添加了非食品级的或伪造的或禁止食用的食品添加剂和营养强化剂的食品、超范围超量使用了食品添加剂的食品或营养素发生了化学变化的食品（如油脂酸败）等所引起的食物中毒。化学性食物中毒发生的起数和中毒人数相对微生物食物中毒较少，但危害较大，病死率较高。

一、亚硝酸盐中毒

（一）理化特性

常见的亚硝酸盐有亚硝酸钠和亚硝酸钾，为白色和嫩黄色结晶，呈颗粒状粉末，无臭，味咸涩，易潮解，易溶于水。

（二）毒性

亚硝酸盐具有很强的毒性，其生物半衰期 24 小时，摄入 0.3～0.5g 就可以中毒，1～3g 可致人死亡。亚硝酸盐摄入过量会使血红蛋白中的 Fe^{2+} 氧化为 Fe^{3+}，使正常血红蛋白转化为高铁血红蛋白，失去携氧能力导致组织缺氧。另外亚硝酸盐对周围血管有麻痹作用。

（三）引起中毒的原因

1. 意外事故中毒：亚硝酸盐价廉易得，外观上与食盐相似，容易误将亚硝酸盐当作食盐食用而引起中毒。

2. 食品添加剂滥用中毒：亚硝酸盐是一种食品添加剂，不但可使肉类具有鲜艳色泽和独特风味，而且还有较强的抑菌效果，所以在肉类食品加工中被广泛应用，食用含亚硝酸盐过量的肉类食品可引起食物中毒。

3. 食用含有大量硝酸盐、亚硝酸盐的蔬菜而引起中毒：例如贮存过久的蔬菜、腐烂的蔬菜、煮熟后放置过久的蔬菜及刚腌渍不久的蔬菜亚硝酸盐含量增加（一般腌后 20 天后亚硝酸盐含量降低）。当胃肠道功能紊乱、贫血、患肠道寄生虫病及胃酸浓度降低时，胃肠道中的硝酸盐还原菌大量繁殖，如同时大量食用硝酸盐含量较高的蔬菜，即可使肠道内亚硝酸盐形成速度过快或数量过多以致机体不能及时将亚硝酸盐分解为氨类物质，从而使亚硝酸盐大量吸收人血导致中毒。

4. 饮用含硝酸盐较多的井水中毒：个别地区的井水含硝酸盐较多（一般称为"苦井"水），用这种水煮饭，如存放过久，硝酸盐在细菌的作用下可被还原成亚硝酸盐。

（四）流行病学特点及中毒症状

亚硝酸盐食物中毒多数由于误将亚硝酸盐当作食盐食用而引起食物中毒，也有食入含有大量硝酸盐、亚硝酸盐的蔬菜而引起的食物中毒，多发生在农村或集体食堂。

亚硝酸盐中毒发病急速，潜伏期一般为 1～3 小时，短者 10 分钟，大量食用蔬菜引起的中毒可长达 20 小时。中毒的主要症状为口唇、指甲以及全身皮肤出现青紫等组织缺氧表现，也称为"肠源性青紫症"。病人自觉症状有头晕、头痛、无力、乏力、胸闷、心率快、嗜睡或烦躁不安、呼吸急促，并有恶心、呕吐、腹痛、腹泻，严重者昏迷、惊厥、大小便失禁，可因呼吸衰竭导致死亡。

（五）急救与治疗

轻症中毒一般不需治疗，重症中毒要及时抢救和治疗。

1. 尽快排出毒物：采用催吐、洗胃和导泻的办法，尽快将胃肠道还没有吸收的亚硝酸盐排出体外。

2. 及时应用特效解毒剂：主要应用解毒剂亚甲蓝（又称美蓝）。亚甲蓝用量为每次 $1\sim2mg/kg$ 体重。通常将 1% 的亚甲蓝溶液以 $25\%\sim50\%$ 葡萄糖 20ml 稀释后，缓慢静脉注射。$1\sim2$ 小时后如青紫症状不退或再现，可重复注射以上剂量或半量。亚甲蓝也可口服，剂量为每次 $3\sim5mg/kg$ 体重，每 6 小时一次或一日三次。同时补充大剂量维生素 C，有助于高铁血红蛋白还原成亚铁血红蛋白，起到辅助解毒作用。

亚甲蓝的用量要准确，可小量多次使用。因亚甲蓝具有氧化剂和还原剂双重作用，过量使用时，体内的还原型辅酶Ⅱ不能把亚甲蓝全部还原，从而发挥其氧化剂的作用，不但不能解毒，反而会加重中毒。

3. 对症治疗。

（六）预防措施

1. 严格禁止食品经营单位采购、储存和食用亚硝酸盐。

2. 肉类食品生产企业要严格按国家食品添加剂使用标准规定添加硝酸盐和亚硝酸盐。

3. 保持蔬菜的新鲜，勿食存放过久或变质的蔬菜；剩余的熟蔬菜不可在高温下存放过久；腌菜时所加盐的含量应达到 12% 以上，至少需腌渍 15 天以上再食用。

4. 尽量不用苦井水煮饭，不得不用时，应避免长时间保温后的水又用来煮饭菜。

二、砷中毒

（一）理化特性

砷是有毒的类金属元素。砷的化学性质复杂，化合物众多，在自然界中以 As^{3-}、As^-、As、As^+、As^{3+}、As^{5+} 的形式存在。食物中含有机砷和无机砷，而饮水中则主要含有无机砷。

（二）砷的毒性

无机砷化合物一般都有剧毒，As^{3+} 的毒性大于 As^{5+}。砷的成人经口中毒剂量以 As_2O_3，计约为 $5\sim50mg$，致死量为 $60\sim300mg$。As^{3+} 为原浆毒，毒性比 As^{5+} 大 $35\sim60$ 倍，主要表现在如下几方面。

1. 对消化道的直接腐蚀作用。接触部位如口腔、咽喉、食管和胃等可产生急性炎症、溃疡、糜烂、出血、甚至坏死。

2. 在机体内与细胞内酶的巯基结合而使其失去活性，从而影响组织细胞的新陈代谢，引起细胞死亡。这种毒性作用如发生在神经细胞，则可引起神经系统病变。

3. 麻痹血管运动中枢和直接作用于毛细血管，使血管扩张、充血、血压下降。

4. 砷中毒严重者可出现肝脏、心脏及脑等器官的缺氧性损害。

（三）引起中毒的原因

1. 误将砒霜当成食用碱、团粉、糖、食盐等加入食品，或误食含砷农药拌的种粮、污染的水果、毒死的畜禽肉等而引起中毒。

2. 不按规定滥用含砷农药喷洒果树和蔬菜，造成水果、蔬菜中砷的残留量过高。喷洒含砷农药后不洗手即直接进食等。

3. 盛装过含砷化合物的容器、用具，未清洗直接盛装或运送食物，致食品受砷污染。

4. 食品工业用原料或添加剂质量不合格，砷含量超过食品卫生标准。

（四）流行病学特点及中毒症状

砷中毒多发生在农村，夏秋季多见，常由于误用或误食而引起中毒。

砷中毒的潜伏期短，仅为十几分钟至数小时。患者口腔和咽喉有烧灼感，口渴及吞咽困难，口中有金属味。随后出现恶心，反复呕吐，甚至吐出黄绿色胆汁。重者呕血、腹泻，初为稀便，后呈米泔样便并混有血液。继而全身衰竭，脱水，体温下降，虚脱，意识消失。肝肾损害可出现黄疸、蛋白尿、少尿等症状。重症患者出现神经系统症状，如头痛、狂躁、抽搐、昏迷等。抢救不及时可因呼吸中枢麻痹于发病 1~2 天内死亡。

（五）急救与治疗

1. 尽快排出毒物：采用催吐、洗胃的办法。然后立即口服氢氧化铁，它可与三氧化二砷结合形成不溶性的砷酸盐，从而保护胃肠黏膜并防止砷化合物的吸收。

2. 及时应用特效解毒剂：特效解毒剂有二巯基丙磺酸钠、二巯丙醇等。

3. 对症处理应注意纠正水、电解质紊乱。

（六）预防措施

1. 对含砷化合物及农药要健全管理制度，实行专人专库、领用登记。农药不得与食品混放、混装。

2. 盛装含砷农药的容器、用具必须有鲜明、易识别的标志并标明"有毒"字样，并不得再用于盛装食品。拌过农药的粮种亦应专库保管，防止误食。

3. 砷中毒死亡的家禽家畜，应深埋销毁，严禁食用。

4. 砷酸钙、砷酸铅等农药用于防治蔬菜、果树害虫时，于收获前半个月内停止使用，以防蔬菜水果农药残留量过高；喷洒农药后必须洗净手和脸后才能吸烟、进食。

5. 食品加工过程中所使用的原料、添加剂等其砷含量不得超过国家允许标准。

三、有机磷农药中毒

（一）理化特性

有机磷农药在酸性溶液中较稳定，在碱性溶液中易分解失去毒性，故绝大多数有机磷农药与碱性物质，如肥皂、碱水、苏打水接触时可被分解破坏，但敌百虫例外，其遇碱可生成毒性更大的敌敌畏。

（二）毒性及中毒机制

有机磷农药有一百多种，根据目前农业生产上常用农药（原药）的毒性综合评价（急性口服、经皮毒性、慢性毒性等）可分三类：1）高毒类：如甲拌磷（3911）、对硫磷（1605）、内吸磷（1059）；2）中等毒类：如敌敌畏、甲基 1059、异丙磷；3）低毒类：如敌百虫、乐果、杀螟松、马拉硫磷。

有机磷农药进入人体后与体内胆碱酯酶迅速结合，形成磷酰化胆碱酯酶，使胆碱酯酶活性受到抑制，失去催化水解乙酰胆碱的能力，结果使大量乙酰胆碱在体内蓄积，导致以乙酰胆碱为传导介质的胆碱能神经处于过度兴奋状态，从而出现中毒症状。

（三）引起中毒的原因

1. 误食农药拌过的种子或误把有机磷农药当作酱油或食用油而食用，或把盛装过农药的容器再盛装油、酒以及其他食物等引起中毒。

2. 喷洒农药不久的瓜果、蔬菜，未经安全间隔期即采摘食用，可造成中毒。

3. 误食被农药毒杀的家禽家畜。

（四）流行病学特点及中毒症状

有机磷农药是我国生产使用最多的一类农药。我国目前食物中有机磷农药残留是相当普遍和严重的。南方比北方严重，污染的食物以水果和蔬菜为主，尤其是叶菜类；夏秋季高于冬春季，夏秋季节害虫繁殖快，农药使用量大，污染严重。

中毒的潜伏期一般在 2 小时以内，误服农药纯品者可立即发病，在短期内引起以全血胆碱酯酶活性下降出现毒蕈碱、烟碱样和中枢神经系统症状为主的全身症状。根据中毒症状的轻重可将急性中毒分为三度。

1. 急性轻度中毒：进食后短期内出现头晕、头疼、恶心、呕吐、多汗、胸闷无力、视力模糊等，瞳孔可能缩小。全血中胆碱酯酶活力一般在 50%～70%。

2. 急性中度中毒：除上述症状外，还出现肌束震颤、瞳孔缩小、轻度呼吸困难、流涎、腹痛、步履蹒跚、意识清楚或模糊。全血胆碱酯酶活力一般在 30%～50%。

3. 急性重度中毒：除上述症状外，如出现下列情况之一，可诊断为重度中毒：

（1）肺水肿；（2）昏迷；（3）脑水肿；（4）呼吸麻痹。

全血中胆碱酯酶活性一般在 30% 以下。

需要特别注意的是某些有机磷农药，如马拉硫磷、敌百虫、对硫磷、伊皮恩、乐果、甲基对硫磷等有迟发性神经毒性，即在急性中毒后的 2～3 周，有的病例出现感觉运动型周围神经病，主要表现为下肢软弱无力、运动失调及神经麻痹等。神经—肌电图检查显示神经源性损害。

（五）急救与治疗

1. 迅速排出毒物：迅速给予中毒者催吐、洗胃。

2. 应用特效解毒药：轻度中毒者可单独给予阿托品，以拮抗乙酰胆碱对副交感神经的作用，解除支气管痉挛，防止肺水肿和呼吸衰竭。中度或重度中毒者需要阿托品和胆碱酯酶复能剂（如解磷定、氯解磷定）两者并用。

3. 对症治疗。

4. 急性中毒者临床表现消失后，应继续观察 2～3 天。乐果、马拉硫磷、久效磷等中毒者，应适当延长观察时间；中度中毒者，应避免过早活动，以防病情突变。

（六）预防措施

在遵守《农药安全使用标准》的基础上应特别注意以下几点：

1. 有机磷农药必须由专人保管，必须有固定的专用贮存场所，其周围不得存放食品。

2. 喷药及拌种用的容器应专用，配药及拌种的操作地点应远离畜圈、饮水源和瓜菜地，以防污染。

3. 喷洒农药必须穿工作服，戴手套、口罩，并在上风向喷洒，喷药后须用肥皂洗净手、脸，方可吸烟、饮水和进食。

4. 喷洒农药及收获瓜、果、蔬菜，必须遵守安全间隔期。

5. 禁止食用因有机磷农药致死的各种畜禽。

四、锌中毒

（一）理化特性

锌是人体所必需的微量元素，保证锌的营养素供给量对于促进人类生长发育和维持健康具有重要意义。然而锌的供给量与中毒剂量相距很近，即安全带很窄，如摄入过量则可引起食物中毒。

（二）毒性

锌的中毒量为 $0.2\sim0.4g$，一次摄入 $80\sim100mg$ 以上的锌盐即可引起急性中毒。氯化锌的致死量为 $3\sim5g$，硫酸锌的致死量为 $5\sim15g$。儿童对锌盐更敏感，易于发生中毒。

（三）引起中毒的原因

到目前为止，锌中毒发生的原因主要由于使用镀锌容器存放酸性食品和饮料所致。锌不溶于水，能在弱酸或果酸中溶解，致使被溶解下来的锌以有机盐的形式大量混入食品，即可引起食物中毒。

（四）流行病学特点及中毒症状

国内曾报告几起由于使用锌桶盛装食醋、大白铁壶盛放酸梅汤和清凉饮料而引起的锌中毒事件。目前市场上补锌制剂和保健食品琳琅满目，滥补现象严重，曾经有儿童因为补锌过量而导致锌中毒的报道。

锌中毒潜伏期很短，仅数分钟至1小时。临床上主要表现为胃肠道刺激症状，如恶心、持续性呕吐、上腹部绞痛、口中烧灼感及麻辣感，伴有眩晕及全身不适。体温不升高，甚至降低。严重中毒者可因剧烈呕吐，腹泻而虚脱。病程短，几小时至1天可痊愈。

（五）急救与治疗

对误服大量锌盐者可用1%鞣酸液、5%活性炭或1∶2000高锰酸钾液洗胃。如果呕吐物中带血，应避免用胃管及催吐剂。可酌情服用硫酸钠导泻，口服牛奶以沉淀锌盐。必要时输液以纠正水和电解质紊乱，并给以巯基解毒剂。慢性中毒时，还应尽快停止服用补锌制剂。

（六）预防措施

1. 禁止使用锌铁桶盛放酸性食物、食醋及清凉饮料；食品加工、运输和贮存过程均不可使用镀锌容器和工具接触酸性食品。

2. 补锌产品的服用应在医生指导下进行，不可盲目乱补。

五、油脂酸败食物中毒

（一）中毒原因

油脂贮存不当，会发生酸败。食用酸败油脂或用其制作含油脂高的食品均会引起中毒；含油脂高的食品如糕点、饼干、油炸方便面、油炸小食品等，贮存时间过长，其中油脂酸败，食用这种油脂酸败的食品亦可引起食物中毒。

（二）中毒症状

油脂酸败食物中毒主要是油脂酸败后产生的低级脂肪酸、醛、酮及过氧化物等引起。这些有害物质或对胃肠道有刺激作用，中毒后出现胃肠炎症状，如恶心、呕吐、腹痛、腹泻等；或具有神经毒，出现头痛、头晕、无力、周身酸痛、发热等全身症状。病程 $1\sim4$ 天。

（三）预防措施

（1）食品经营单位采购食用油应严格索证索票，特别是要索取和检查产品检验报告单。

（2）食用油和含油脂高的食品，其保管宜用密封、隔氧、避光的容器，在较低温度下贮存并避免接触金属离子如铁、铜、锰等。

（3）不得采购和使用已经酸败变质的油脂。

第五节　食品安全事故的应急处置

食品安全事故的应急处置，应按《中华人民共和国突发事件应对法》《中华人民共和国食品安全法》（以下简称《食品安全法》）《中华人民共和国食品安全法实施条例》《突发公共卫生事件应急条例》《国家突发公共事件总体应急预案》《国家食品安全事故应急预案》等的要求进行。

食品经营单位通常采取"预防为主，严管风险"的原则，积极预防食品安全事故的发生。但同时也必须建立"有备无患，反应灵敏"的控制措施，即立即对食品安全事故做出反应，采取一切必要措施紧急处理食品安全事故。目前食品安全事故划分为四级，即特别重大食品安全事故、重大食品安全事故、较大食品安全事故和一般食品安全事故。

一、食品经营单位的义务和责任

《食品安全法》明确了"地方政府负总责、监管部门各负其责、生产经营单位为第一责任人"的食品安全责任体系。食品经营单位一旦发生食品安全事故，应严格履行法定义务，承担法定责任。

（一）行政责任

《食品安全法》第七章食品安全事故处置对食品生产、经营单位食品安全事故处置时应承担的义务做出如下规定：

（1）第102条第三款规定：食品生产经营企业应当制定食品安全事故处置方案，定期检查本企业各项食品安全防范措施的落实情况，及时消除事故隐患。通过履行该条义务，食品经营单位一方面要做好日常的预防工作，防患于未然，制定本单位的食品安全事故处置方案；另一方面，当发生食品安全事故时，应启动食品安全事故处置方案，迅速投入处置工作。

（2）第103条：发生食品安全事故的单位应当立即采取措施，防止事故扩大。事故单位和接收病人进行治疗的单位应当及时向事故发生地县级人民政府食品药品监督管理、卫生行政部门报告。

该条强调了在发生食品安全事故时，食品经营单位应履行义务时，一是要立即对事故予以处置，防止事故扩大。食品安全事故来势迅猛，如不及时采取有效的应急处置措施，将会造成事故蔓延、扩大，甚至引起人员更严重的伤害或死亡。二是要及时向发生地食品药品监督管理和卫生行政部门报告。食品安全事故的报告是有关部门掌握事故发生、发展、应急处置信息的重要渠道。只有建立起一套完整的食品安全事故报告制度，并且保证其有效执行，才能保证报告的及时。

（3）第103条还规定：任何单位和个人不得对食品安全事故隐瞒、谎报、缓报，不得隐匿、伪造、毁灭有关证据。隐瞒是指明知食品安全事故的真实情况，故意不按照规定报告的行为。谎报是指明知食品安全事故的真实情况，故意编造虚假或者不真实的食品安全事故情况。缓报是指明知食品安全事故的报告时限，故意不按规定的时限拖延报告的行为。隐瞒、谎报、缓报不同于一般的漏报，主要区别在于有无故意隐瞒事故的主观动机以及是否对食品安全事故知晓。隐瞒、谎报、缓报行为的危害性很大，除了不能如实反映食品安全事故的情况外，还容易造成事故危害后果的扩散，对人民群众的生命健康造成严重危害。通过此项义务的规定，体现出了我国政府在食品安全事故处置工作中"尊重生命，以人为本"的原则，食品经营单位的快速行动可以最大限度地减少食品安全事故的危害。事故发生单位及时报告，可以快速得到医疗机构对患者的及时救治，监督管理部门也能及时展开调查和行政控制。

同时，《食品安全法》第128条规定，事故单位在发生食品安全事故后未进行处置、报告的，由有关主管部门按照各自职责分工责令改正，给予警告；隐匿、伪造、毁灭有关证据的，责令停产停业，没收违法所得，并处十万元以上五十万元以下罚款；造成严重后果的，吊销许可证。

（二）民事责任

食品经营单位违法经营导致消费者发生食品安全事故，应当依法承担民事赔偿责任，及时对受害者进行赔偿和抚慰，以维护社会的稳定和公平正义。食品经营单位应根据我国民法有关规定进行赔偿。其赔偿的一般范围主要有：因就医治疗支出的各项费用以及因误工减少的收入，包括医疗费、误工费、护理费、交通费、住宿费、住院伙食补助费、必要的营养费等。

《食品安全法》第147条规定了先行赔付制度，即生产经营者财产不足以同时承担民事赔偿责任和缴纳罚款、罚金时，先承担民事赔偿责任。

《食品安全法》第148条也明确了首付责任制度，即消费者因不符合食品安全标准的食品受到损害的，可以向经营者要求赔偿损失，也可以向生产者要求赔偿损失。接到消费者赔偿要求的生产经营者，应当实行首负责任制，先行赔付，不得推诿；属于生产者责任的，经营者赔偿后有权向生产者追偿；属于经营者责任的，生产者赔偿后有权向经营者追偿。

生产不符合食品安全标准的食品或者经营明知是不符合食品安全标准的食品，消费者除要求赔偿损失外，还可以向生产者或者经营者要求支付价款十倍或者损失三倍的赔偿金；增加赔偿的金额不足一千元的，为一千元。

（三）刑事责任

食品经营单位违法经营造成重大食品安全事故、或者隐瞒谎报事故情况，情节严重，已构成犯罪的，依法承担刑事责任。司法机关视情况依法予以追究。如生产、销售伪劣产品罪，生产、销售不符合安全标准的食品罪，生产、销售有毒有害食品罪。

二、食品安全事故处置

食品经营单位发生食品安全事故，应积极主动采取一系列有效措施进行处置，这不仅是食品安全相关法律法规要求的责任和义务，也是其应恪守职业道德的重要体现。

（一）处置原则

1. 以人为本，积极救助

保障就餐者的生命安全和身体健康是食品安全事故应急处置的出发点和落脚点。因此，食品经营单位发生食品安全事故后，首先考虑的是对人员的救助，以生命救助为主。

2. 及时报告，减少危害

根据食品安全事故的具体情况，及时启动本单位的应急处置方案。为防止事故的蔓延，食品经营单位应及时向有关部门报告情况，以便采取控制措施，最大限度地减少事故产生的危害和损失。

3. 保护现场，积极配合

为便于快速查找事故原因，防止事态蔓延，有针对性地救治伤病人员，食品经营单位应保护好事发现场，积极配合有关部门进行事故调查。如：保护操作场所的原貌、保留可疑食品等，为调查提供线索。

（二）处置要点

根据上述食品安全事故的处置原则，食品经营单位发生食品安全事故后，应当立即予以处置，防止事故扩大。主要有以下几项处置要点：

1. 对病人采取紧急救助

立即拨打 120，同时对病人采取紧急救助，停止食用所有可疑食品，紧急情况下可进行催吐。配合医疗机构、疾病预防控制机构留取病人呕吐物、粪便等样品。医疗机构到达现场后要配合救治病人。

2. 及时报告

食品经营单位发现其生产经营的食品造成或者可能造成食用者健康损害的情况和信息，应当在两小时内向所在地县级食品药品监督部门和卫生行政部门报告。报告时要尽量说明事故发生的时间、具体地点、事故涉及人数、患者主要症状、报告单位联系人员及联系方式、事故发生的可能原因、事故发生后采取的措施及事故控制情况等。

3. 停止食品生产经营活动

立即停止食品生产经营活动，停止使用引发事故的可疑食品及食品原料，立即召回已售出的相关食品，通知相关消费者，并记录召回和通知情况。

4. 保护现场

安排专人对可疑食品、食品原料、食品工具、食品加工设备等进行现场保护，在调查人员到达现场前禁止任何人员清理使用和破坏。

5. 主动配合

积极配合疾病预防控制机构进行流行病学调查，提供有关材料；积极配合食品药品监督管理部门进行现场调查，按照要求提供相关资料和样品；严格执行食品药品监督管理部门依法提出的行政控制措施。

（三）食品安全事故处置方案的制定

《食品安全法》及实施条例、《国家食品安全事故应急预案》均规定了食品生产经营单位应当制定并实施食品安全事故处置方案，明确了食品经营单位发生食品安全事故时应采取的措施。食品经营单位制定食品安全事故应急处置方案，首先应考虑食品安全事故应急处置程序。其次，要落实相关人员的责任，建立本单位食品安全事故应急处置制度。建立本单位食品安全事故应急处置制度，成立以食品经营单位法定代表人或负责人为组长的领导小组，并根据处置要点，落实责任，成立工作小组，如救助组、现场保护组、报告协调组、后勤保障组等。食品经营单位法定代表人或负责人是食品安全事故应急处置第一责任人。食品安全管理人员应协助第一责任人做好事故的处置工作。

1. 处置方案的制定目的

食品经营单位制定食品安全事故应急处置方案的主要目的，是有效控制和妥善处置食品安全事故，最大限度地减少事故造成的损失。因而食品经营单位应建立处置方案，一旦发生食品安全事故时，就会有条不紊地进行及时有效处理。

2. 处置方案的适用范围

食品安全事故处置方案原则上适用于本单位范围内发生的源于食品对人体健康有危害或者可能有危害的食品安全事故。如群体性食物中毒、食源性疾病等。

不同的食品经营单位有不同的实际情况，因经营规模、管理方式、人员数量、企业文化等方面的差异，各自制定的处置方案仅适用于本单位。

3. 处置方案的启动与终止

食品经营单位发生食品安全事故或疑似食品安全事故，对人体健康已产生危害或者可能产生危害时应启动处置方案。根据上述的启动条件，一般性的消费者投诉（如食品感官、异物）等没有造成人员伤害的不属于该范围。

食品安全危害因素被有效控制后，有管辖权的食品药品监督管理部门出具具体监管意见，可以决定终止处置方案，或食品安全事故所有善后工作结束，处置方案即可终止。

食品安全事故处理结束后，在相关部门指导下食品经营单位应对：对可疑中毒食物和接触过可疑的食品及其原料、工具及用具、设备设施和现场进行清洗、消毒等卫生处理，针对不同污染物使用不同的处理方法，如细菌污染的处理方法、化学物质污染的处理方法等。

食品经营单位制定食品安全事故处置方案，是食品安全相关法律法规要求建立的制度之一，是经营许可、日常监督的内容。处置方案制定后食品经营单位要将其列入从业人员培训计划，经常对不同岗位从业人员进行培训，有条件的单位还应组织从业人员进行事故处置演练，使从业人员熟练掌握应急处置的相关内容。

第十章　网络食品安全经营监管

第一节　概　述

据统计，2015 年，电子商务交易总额达 18 万亿（其中，网络零售交易额达 3.82 万亿），较去年增长 36.2％，仍然保持稳定的增长水平。根据国家统计局社会消费品零售总额数据，2015 年网络购物交易规模大致占社会消费品零售总额的 12.6％，线上渗透率增长 2 个百分点。

2011-2015 年我国网络购物用户规模持续增长。2015 年网购用户总规模达 4.1 亿人，是 2011 年的 2.1 倍，2015 年网络购物用户规模增长率为 14.3％。

截至 2016 年 6 月，全国食品生产企业达 137764 家，全国食品经营企业达 1113 万家，全国农产品在线经营企业和商户达到 100 万家。网络零售交易额达 2.27 万亿（其中生鲜、农产品电商交易额突破 1700 亿元，全年交易额有望超过 2200 亿元）。

截至目前，中国网购比例占零售业的 13.5％，预计 2020 年比例将接近 25％。

中国网络购物交易规模量是逐年递增、极为可观的。

从网络消费者年龄分布情况上看，31-45 周岁的人群是网络消费的主力军。

截至 2017 年 6 月，我国网民人数达 7.5 亿人，超过人口总数的一半，截至现在，仅使用网络外卖服务的网民达 30％，约 2.25 亿人。

截至 2017 年 6 月中国移动网购用户规模达 4.8 亿，移动端网络购物的使用（占手机网民用户比例）为 66.4％。移动端已超过 PC 端成为网购市场更主要的消费场景。

以阿里巴巴为例：2009 年双十一开始销售额是 0.5 亿元；2010 年双十一销售额是 9.36 亿元；2011 年双十一销售额是 52 亿元；2012 年双十一销售额是 191 亿元；2013 年双十一销售额是 350.18 亿元；2014 年双十一销售额是 571.12 亿元；2015 年双十一销售额是 912.17 亿元；2016 年双十一销售额是 1207 亿元；2017 年双十一销售额是 1682 亿元。

这是个"手机在手，天下我有"的时代，手机可以实现网上支付、线上购买，是非常方便快捷的事情，因此，各种各样的网络服务终端以及手机 APP 应运而生。如：饿了么、京东商城、天猫、美团……大家都是耳熟能详。几乎每个人的手机里都有一个或几个这样的 APP。

在过去几年里，以外卖为代表的网络食品发展速度令人咋舌。阿里巴巴旗下的新闻网指出，"2015 年，中国仅网上外卖营业额就达 458 亿元（约 70 亿美元），是 2014 年的两倍，预计 2018 年会达到 2450 亿元（约 375 亿美元）。"以上这些数据证明，互联网购物和网络订餐这种新兴的互联网＋业态已经通过便捷的消费体验、超强的消费补贴以及时尚的消费方式成为"互联网＋"实践的领跑者之一，以便利、实惠、多样、分享的特色深入了所有人的日常生活当中，改变了民众的消费方式。"互联网＋食品"概念释放出巨大市场潜力，以生鲜、零食、外卖为代表的网络消费习惯逐渐被用户认可，备受网络消费者的追捧，网络食品市场成为行业的一个新兴增长点。

有媒体的一项调查显示，超过70％的受访者表示在朋友圈买过自制食品，包括蛋糕甜点、水果生鲜、私房菜、咖啡饮料等。但是，我们要清楚地看到，这一新兴业态给人们的生活带来便捷的同时，食品质量、卫生状况等安全问题也随即渐入公众视野。食品质量是否合格、食品是否卫生、图片与实物是否一致等，单方面依靠消费者很难了解清楚。如此品类繁多的商品鱼龙混杂、真假难辨，人们在享受便捷的同时，是否对食品是否安全、是否真如商家所宣传的那样价廉物美存疑呢？

巨大的市场潜力让第三方交易平台和食品生产经营者看到了财富机遇，但是在这种利益诱惑下，食品安全问题却泼给了人们一盆"冷水"。由于在线销售的模式难监管、食物材料来源不明确等问题，人们在吃着外卖食品的同时也在担惊受怕。

瞬息万变的大数据时代，信息化建设日新月异，但是，因为网络食品而逐步攀升的投诉率也不容小觑。网络销售假冒伪劣食品的行为时有发生，既侵害了消费者的合法权益，也不利于网络经济快速、健康、持续发展。因此，如何有效实施网络食品安全监管，促进网络食品市场健康有序发展，是广大群众关注的热点问题之一；同时也是摆在食品药品监管部门面前的一个重大课题，成为食品药品监督管理部门一项全新的任务和挑战。

第二节　网络食品经营概述

一、网络食品经营特点

（一）高效性

互联网是一种功能强大的营销工具，不仅传播速度快，还同时兼具渠道、促销、电子交易、互动顾客服务以及市场信息分析与提供的多种功能，互联网可存储大量的信息，并能因市场需求及时更新产品或调整价格，因此能及时有效了解并满足顾客的需求。传播范围广，网络技术的发展使市场的范围突破了空间的限制，从过去受地理位置限制的局部市场扩展成为范围广泛的全球性市场。

（二）灵活性

网络市场可以每天24小时全天候提供服务，一年365天持续营业，方便了消费者的购买，对很多忙于工作而无暇购物的人来说具有很大的吸引力。

（三）经济性

相比普通店铺在经营过程中需要支付店面租金、装饰费用、水电费、营业税及人员的管理费等，网络经营只需要支付自建网站及网页成本、软硬件费用、网络使用费以及日常的维持费用，这样就大大降低了成本，也是其售价为什么比一般传统实体店铺要低的原因，有利于增加网络商家和网络市场的竞争力。

（四）个性化

互联网通过展示商品图像、商品信息资料库提供有关的查询，来实现供需互动与双向沟通，还可以进行产品测试与消费者满意度调查等活动，可以通过涉及文字、声音、图像等信息，传输商品联合设计、商品信息发布以及各项技术服务，使得为达成交易进行的信息交换能以多种形式存在和交换。

（五）交互性

互联网营销是一对一、理性的、消费者主导的、非强迫性的、循序渐进式的，而且是低成本和人性化的促销，避免了推销员强势推销的干扰，并通过信息提供与交互式交谈，与消费者建立长期良好的关系。

（六）整合性

网络技术的发展使消费者的个性化需求变成可能，消费者由原来的被动接收转变为主动参与，顾客不必等待企业的帮助，就可以自行查询所需产品的信息，还可以直接下单，快捷付款，做到从选购-销售-付款一气呵成，形成一种全程的营销渠道。

二、我国网络食品经营面临的问题

（一）食品质量安全问题

网络食品生产经营准入门槛低，绝大多数网店经营食品的资质、能力、生产经营环境以及责任心均无法确保。再加上互联网的隐蔽性和复杂性，成为一些商家虚假宣传，网上售卖假冒伪劣、"三无"食品、质价不相符食品的温床。消费者在无法了解其生产环境、生产环节和生产人员的健康状况以及食品安全认证情况下，食品质量以及食品安全根本无法得到保证。

自制食品卖家一般既无健康证件，也无专门的生产经营场所，而往往在自己的家中，用简单的工具自己制作并自行包装食品，其中大多不具备消毒、检疫等卫生检测手段，食品卫生安全也堪忧。

（二）虚假宣传问题

虚假宣传的情况也时有发生。不少卖家通过盗用他人的实拍图或者虚构官方授权等信息，在网上发布虚假的产品介绍及宣传广告。有的则利用消费者对商品信息的不了解，交付假冒伪劣、"三无"产品、有瑕疵、质价不相符的商品，甚至出现订购此物交付彼物的情形。

（三）食品标签标识问题

有些网上销售的预包装食品没有任何标签，很多进口食品则没有中文标识。一些食品的外包装上虽然有部分标识，但却只是简单的经营者的网店名称和 QQ 号码，对于品牌、厂家、生产日期、保质期、SC 许可等信息，消费者都只能得到卖家的口头承诺。

（四）食品储存、运输问题

除了数字化产品或服务可以迅速通过网络提供外，其他食品的传输仍需要传统分销渠道进行。因此，二次分装就造成了污染隐患。网络经营食品对储存和运输的条件有着较高的要求，一旦因为挤压、遭遇高温等情况产生破包、胀气，便会彻底变质。另外，一些经营者将整箱、整瓶、整包的食品拆开后再分装，致使直接入口的食品很容易受到二次污染，会造成消费者健康的损害。

（五）消费者维权问题

由于网上食品销售存在着很多监管真空，尤其是网络食品生产经营者是否具有经营资格、食品的来源是否合理合法等都无法得到有效监管，让网络经营变成了无监管状态下的避风港，假冒伪劣、"三无"食品等在这里畅通无阻，使得网络食品安全问题的严重性逐渐显露出来。网购食品的消费投诉逐年在提升，但网络食品消费者的维权仍然处于弱势。

具体体现在以下几个方面：

1. 发生食品质量问题后，不少消费者会因为畏难情绪而选择放弃追讨赔偿；

2. 虽然有些消费者会采取在商家网站或者页面留言、恶评、发帖曝光等舆论监督的方式，但是这种力量还是显得简单薄弱；

3. 由于网络食品交易是通过第三方平台或者手机客户端实现交易，因此一般没有购物发票，一旦发生食品安全事故，消费者因为没有消费凭证很难得到赔偿；

4. 网络食品交易具有跨地域性特点，因此涉及异地维权甚至境外维权，而消费者所在地食品安全监管部门不具有管辖权，增加了维权的难度。

（六）信息安全问题

互联网具有开放式特点，因此存在信息泄露或者发生消除、更改数据等情况。比如：一些商家会人为制造好评度、增加点击率等，一旦有不利于经营的情况发生，他们可以通过网络消除不良记录或者篡改数据，这对于食品安全监管人员的监管工作造成了很大的难度。

任何一个市场领域，缺乏管理，肯定会出问题。我们看到，网络食品生产经营这是一个新兴市场，存在立法空白和标准滞后问题，监管力度较弱，加之网络食品生产经营涉及食药监、工商、电信、商务等多个职能部门，监管主体不明确成为困扰网络食品经营的顽疾。在这种情况下，一旦出现质量问题，很难查证追责，使消费维权陷入窘境。

第三节 《办法》制订背景及过程

一、中国食品安全监管体制改革

食品安全监管体制在整个食品安全领域无疑具有非常重要的地位。它是国家食品安全法律法规、政策和方针能够有效执行的组织保障。科学、规范的食品安全监管体制，对于降低成本，提高食品安全监管的效能，有效预防和处理食品安全问题，具有重要的意义。中国食品安全监管体制大体上经历了分散监管阶段、协调监管阶段以及相对集中统一的监管阶段。2013 年 3 月 14 日，十二届全国人大一次会议通过了《国务院机构改革和职能转变方案的决定》，决定实施"相对集中统一的食品安全监管体制"。根据此次机构改革方案，今后除了国家卫生和计划生育委员会负责制定食品安全标准以外，由国家食品药品监督管理总局和农业部两个部门负责食品安全监管，从而开始实施相对集中统一的食品安全监管体制。中国目前实施的"相对集中统一"的食品安全监管体制，顺应了世界食品安全监管体制的发展趋势，有利于避免协调监管体制下不同食品安全监管机关之间相互推诿、相互扯皮的问题，可以集中有限的监管资源，有效地开展食品安全监管，真正做到对食品的全方位管理，从而有利于提高食品安全水平，保障食品安全。

二、新食品安全法简介

（一）食品安全概念

按照《食品安全法》的定义，食品安全指食品无毒、无害，符合应当有的营养要求，对人体健康不造成任何急性、亚急性或者慢性危害。

食品安全风险一般来自三个方面：一是生物性风险，二是物理性风险，三是化学性风险。生物性风险主要是食物腐化变质；物理性风险主要是食物中掺杂进不应有的异物；化学性风险是伴随着工业化和现代科技进步出现的。过去人们食用的农产品都是天然的，没有任何添加剂，现在农药、兽药、化肥大量使用。为了改善食物品质，满足人们对色、香、味的追求，食品添加剂广泛应用，现在允许使用的添加剂就有 22 类 2000 多种。添加剂是现代食品工业的灵魂，没有添加剂，就没有现代食品工业。但是，事物都有两面性，现代农牧业和食品工业给人们带来好处的同时，也产生了负面影响，这就是农产品质量和食品安全问题。

（二）我国食品安全面临的主要问题

在中国共产党和政府积极作为的情况下，禁用了一批有毒有害物质，淘汰了一批小乱差企业，严打了一批违法犯罪分子，消除了一大批风险隐患，食品安全形势总体稳定向好，2008 年以来全国没有发生系统性、区域性重大食品安全事件，各类食品抽检合格率达到 95％以上。2013 年英国《经济学人》发布了各国食品安全指数，我国排在第 42 位，属于食品安全水平超越社会富裕程度的国家。食品安全监管工作卓有成效。但由于我国所处的历史阶段，食品安全形势依然比较严峻。

1. 一些地方工业"三废"违规排放，农业生产环境受到污染，农产品质量安全存在隐患；

2. 蔬菜水果种植、畜禽水产养殖中的农药兽药残留超标问题屡有检出；

3. 食品生产加工和餐饮环节，存在非法添加非食用物质，超限量、超范围使用添加剂等问题；

4. 城乡结合部、农村地区，"山寨食品"、不合格食品屡打不绝，一些小散业态违法犯罪主观恶意、隐蔽性强，往往前整后乱、重复反弹。

（三）我国食品安全问题的复杂性

1. **体量大**

我国人口 13.6 亿，占到世界总人口的 22％。全国一天要消费 40 亿斤食品。我国有 2亿多农户、1100 多万家获证食品生产经营企业，没有哪个国家能有如此大的规模。

2. **食性杂**

我国食品品种的丰富、变化、增加速度惊人。

3. **企业规模小**

全国 1100 多万家获得食品生产经营许可的企业中，80％为 10 人以下的小企业，还有不计其数的小作坊、小摊贩，标准化生产程度不高。

4. **农业投入品使用多**

我国耕地面积占世界的 7％，但用了世界上 35％的化肥、20％的农药。

5. **言论多、传播快**

信息社会，讨论食品安全问题门槛低，人人关心，人人都有发言权。各种观点莫衷一是，各种说法流传甚广。科学的解读不科学的解读，有害无害的辩论，事实不明、是非不清，给监管工作带来新的挑战。

（四）新食品安全法"四个最严"定义

加强食品安全工作，既是健全公共安全体系、全面建成小康社会的关键环节，也是适应经济发展"新常态"、全面推进依法治国的重要任务。抓好食品安全工作，必须坚持做到"四个最严"。

1. 建立最严谨的标准

食品安全标准是公众健康的重要保障，是生产者的基本遵循，是合法与违法的重要界限，是监管部门的执法依据。食品安全标准体系的建立和完善，也是一个国家科技发展水平、生产现代化水平的重要标志。我国目前存在着标准缺失、检验方法不配套等问题。

食品安全标准的缺失是系统性风险的隐患。制定和完善食品安全标准体系，是食品安全最重要的基础性工作。新修订的食品安全法将食品药品监管部门列为食品安全标准制定的参与部门，食药监部门将积极配合卫计委、农业部，加快推进食品安全风险监测、评估和标准制修订工作，实现标准制定目标计划，力争限量标准覆盖所有批准使用的农药和相应的食品，检测方法覆盖所有限量标准，早日构建起最严谨的食品安全标准体系。

2. 实行最严格的监管

加快健全覆盖从农田到餐桌全链条的最严格的监管制度，严把从农田到餐桌的每一道防线。通过源头严防、过程严管、风险严控，对农药兽药残留、非法添加、生产企业履行义务情况实行严格监管，并用好抽检监测手段，加大重点产品、重点问题监督抽检频次，抽检信息及时向社会公布，对存在风险的产品，要责令企业及时召回；问题严重的要立案调查，停产整顿，倒逼生产经营者落实主体责任。起到对消费者最好的保护、对违法者最大的震慑、对执法者最硬的约束、对社会舆论最好的引导的社会作用。

3. 实施最严厉的处罚

企业是生产经营的主体，是食品安全第一责任人。新的《食品安全法》加大了对违法违规行为的处罚力度，对触犯法律禁止性规定、未能履行法律义务的，最高可执行 30 倍的行政处罚；凡明知危害公众健康而故意为之，构成犯罪的，将追究刑事责任。这为治理食品安全问题提供了有力的法律重器。

4. 实现最严肃的问责

问责的前提是明确责任。什么事情都怕责任不清，遇到问题推诿扯皮。要在厘清各级事权的基础上，建立主体明确的食品安全责任体系。

三、《办法》制定的背景

2015 年 10 月 1 日，被称为"史上最严"的新《食品安全法》颁布，用"四个最严"对食品安全监管提出了新要求，将食品安全监管工作上升到了一个新高度。

新《食品安全法》首次将网络食品纳入监管范畴。明确了网络食品生产、经营者以及第三方平台主体责任。接连出台的《网络食品经营监督管理办法》以及《网络食品安全违法行为查处办法》为网络食品生产、经营者以及第三方平台戴上了紧箍咒。

加强对网络食品安全监管，这是"互联网＋"时代的迫切需要，也是加强食品安全监管工作的必要手段。2016 年上半年，因第三方交易平台出现审核把关不严，致使无证黑作坊进驻等问题，暴露出了监管盲区。因此，有针对性地建立以《食品安全法》为基础的完善的网络食品安全监管法律法规体系，对第三方交易平台、入网食品生产经营者以及自建平台的食品生产经营者的食品生产经营环节以及储存、运输环节包括售后服务进行全方位、全链条监管。从事网络食品交易第三方平台提供者以及自建平台的食品生产经营者、第三方平台入网食品生产经营者，都应承担相应的法律责任，履行相应的法律义务。

四、《办法》制定的过程

> 2014年5月，国家食品药品监督管理总局制定《互联网食品药品经营监督管理办法》（征求意见稿）上网公开征求意见。

> 2015年8月，将《互联网食品药品经营监督管理办法》（征求意见稿）分开，对网络食品交易单独立法。

> 2016年7月，国家食品药品监督管理总局出台《网络食品安全违法行为查处办法》，(以下简称《办法》)，根据风险管理原则、透明度原则、科学治理原则以及社会共治原则，将查处网络食品交易违法行为作为重点进行立法。

为贯彻落实《食品安全法》，规范网络食品交易行为，保证网络食品安全，在众多期盼下，针对网络食品安全管理的新办法终于出台。2016 年 7 月 13 日，国家食品药品监督管理总局毕井泉局长签署第 27 号令《网络食品安全违法行为查处办法》。对入网食品经营者、第三方平台责任等实行"最严监管"，并于 2016 年 10 月 1 日起施行。

此后，北京、上海、广东、河南等多地又根据本省的实际情况，相继出台了《北京市网络食品经营监督管理办法（暂行）》、《上海市网络餐饮服务监督管理办法》、《广东省网络食品经营监督管理办法（征求意见稿）》、《河南省网络订餐第三方平台及自建网站经营者备案管理办法（征求意见稿）》等规范性文件。

第四节 《办法》产生的目的和意义、特点

一、《办法》产生的目的

随着信息技术的革新和网络应用的普及，中国的网络交易活动进入了一个飞速发展的阶段，但由于网络交易市场的虚拟性、开放性以及跨地域性，网络商品交易活动中出现了不少新的问题，对监管机构带来了新的挑战。对网络市场进行立法监管，以及采取"以网管网"监管，是监管部门必要的监管手段，也是监管方式的创新和与时俱进。

二、《办法》产生的意义

由于网络食品安全与人民群众的日常生活越来越息息相关，网络食品安全监管已经成为食品安全监管部门关注的焦点。网络系统的日益庞大与复杂，使网络监管存在和面临着具体的现实困境。因此，必须通过完善法律制度和制定新的法律、法规来填补监管工作的

空白和盲区。《网络食品安全违法行为查处办法》的实施，让中国开创了全世界网络食品安全监管"两个第一"的先例，是全世界第一个提出网络监管食品安全的国家，第一个出台网络食品安全监管与违法查处的国家！是健全网络食品市场规范体系的里程碑事件，对推动我国建设全方位、透明化的食品安全监管制度起到了积极的正面作用，对保卫人民群众"舌尖上的安全"提出了监管工作新要求，对促进社会经济秩序的良性发展起到了积极作用，具有进步意义。相信在克服网络食品交易的"黑洞"后，我国的网络食品市场将更为规范、合理，从而得到可持续发展的机会。

三、《办法》的特点

（一）针对性

《办法》主要针对网络交易第三方平台、入网食品生产经营者以及自建网站的食品生产经营者，依据《办法》规定，履行具体法律责任和法律义务。

（二）可操作性

《办法》明确了食品安全监管部门的监管对象、监管目的、法律责任，对网络食品经营违法行为以及查处力度做出了具体的规定，并明确了食品安全监管部门对违法行为的具体管辖权。

第五节　《办法》的内容解读

一、《办法》的主要亮点

（一）进一步细化和深入新《食品安全法》

《办法》的制定和实施，是落实总书记"四个最严"的具体体现，是执行《食品安全法》对食品生产经营监管要求的具体举措，是强化"四有两责"和加快构建事中事后监管体系的具体要求。

1. "四有"：即要有责，保证履行日常现场检查职责和市场产品抽检两项职责；要有岗，包括日常检查、抽检执法、检验检测三类岗位；要有人，即根据岗位需要，配备具有专业知识、法律知识和工作技能的人员；要有手段，配备日常检查、市场抽检、样品检验必需的设备。

2. "两责"：一个是对食品生产经营企业和餐饮企业进行日常检查的责任；另一个是对市场上蔬菜、水果、猪牛羊肉、水产品、乳制品等食品中农兽药残留和非法添加的抽检责任。

（二）进一步强化平台和经营者的法律责任和义务

《办法》明确了网络食品交易第三方平台提供者和通过自建网站交易的食品生产经营者以及入网的生产经营者均需履行备案，保障网络食品交易数据和资料可靠性、安全性以及记录保存交易信息等义务；规定了网络食品交易第三方平台提供者应建立登记审查制度，建立入网食品生产经营者档案，检查经营行为，发现入网生产经营者严重违法行为时停止提供平台服务等义务以及违反《办法》规定后应承担的相应法律责任。

（三）新增"神秘买家"网络抽检制度

在借鉴网络食品交易第三方平台既往经验的基础上，针对网络食品检测难的问题，《办法》对网络食品抽检采取了"神秘买家"的制度，通过还原模拟消费者的购买场景，可以更加真实的还原消费者所购食品的安全状况，从而更好地保障消费者权益。这是监管工作方式的创新，同时也加强了对食品生产经营者和第三方平台的问责追责。

（四）细化了严重违法行为的具体情形

《办法》明确网络食品交易第三方平台提供者发现入网食品生产经营者因涉嫌食品安全相关犯罪被立案侦查或者提起公诉的，因食品安全相关犯罪被人民法院判处刑罚的，因食品安全违法行为被公安机关拘留或者给予其他治安管理处罚的，被食品药品监督管理部门依法作出吊销许可证、责令停产停业等处罚的应当对其停止提供网络交易平台服务。

（五）加大了网络餐饮以及食品销售的查处力度

《办法》规定网络食品交易第三方平台提供者未履行相关义务，如：未按要求建立食品生产经营者审查登记、食品安全自查等制度的或者未公开以上制度的，由县级以上地方食品药品监督管理部门责令改正，给予警告；拒不改正的，处 5000 元以上 3 万元以下罚款。导致发生严重危害后果的，由食品药品监督管理部门依照食品安全法责令平台停业，并将相关情况移交通信主管部门处理。

（六）明确了责任约谈的情形

《办法》规定网络食品交易第三方平台提供者和入网食品生产经营者有下列情形之一的，食品药品监督管理部门可以对其法定代表人或者主要负责人进行责任约谈：

1. 发生食品安全问题，可能引发食品安全风险蔓延的；

2. 未及时妥善处理投诉举报的食品安全问题，可能存在食品安全隐患的；

3. 未及时采取有效措施排查、消除食品安全隐患，落实食品安全责任等情形。

（七）明确了食品安全监管部门对违法行为的管辖

1. 对网络食品交易第三方平台提供者食品安全违法行为的查处，由平台提供者所在地县级以上地方食品药品监督管理部门管辖；

2. 对入网食品生产经营者的查处，由入网食品生产经营者所在地或者生产经营场所所在地县级以上地方食品药品监督管理部门管辖；

3. 因网络食品交易引发食品安全事故或者其他严重危害后果的，也可以由网络食品安全违法行为发生地或者违法行为结果地的县级以上地方食品药品监督管理部门管辖。

4. 消费者因网络食品安全违法问题进行投诉举报的，由网络食品交易第三方平台提供者所在地、入网食品生产经营者所在地或者生产经营场所所在地等县级以上地方食品药品监督管理部门处理。

二、《办法》的适用对象

（一）第三方交易平台提供者

第三方交易平台是指一种能够自行选购商品、生成订单、支付结算的网络交易平台，并且具有稳定性和持续性。它可能不直接参与食品生产经营的具体环节，却参与交易过程并从中获利。因此，它应该承担必要的管理责任，否则就须承担连带责任。比如：天猫、京东、云猴……属于第三方平台。

（二）自建网站进行交易的食品生产经营者

又被称为自建网站的入网食品生产经营者。包括：

1. 入网的食品生产者（可以免于取得经营许可通过网络销售自己生产的产品）；

2. 入网的食品经营者（在取得经营许可的食品经营主体业态和经营项目规定的范围内经营）。

（三）通过第三方平台进行交易的食品生产经营者

三、食品安全义务

（一）第三方交易平台提供者和入网食品生产经营者共同义务

1. 食品安全义务及信息真实性（第 4 条）

网络食品交易第三方平台提供者和入网食品生产经营者应当履行法律、法规和规章规定的食品安全义务。网络食品交易第三方平台提供者和入网食品生产经营者应当对网络食品安全信息的真实性负责。

（1）对网络食品安全信息的真实性负责的具体内容包括：

1）标签、说明书信息；2）广告信息；3）网上刊载信息；4）交易信息。

（2）确定备案信息的真实性，就是备案主体要明确主体责任之后具体的食品安全义务。

1）平台（新食品安全法第 62 条以及本办法中有规定）；2）入网食品生产经营者（新食品安全法第 62 条、本办法以及总局其他配套相关规章有规定）。

2. 配合查处（第 5 条）

网络食品交易第三方平台提供者和入网食品生产经营者应当配合食品药品监督管理部门对网络食品安全违法行为的查处，按照食品药品监督管理部门的要求提供网络食品交易相关数据和信息。

（1）只要与食品安全生产经营有关的数据，理论上都需要配合检查；

（2）执法部门有数据保密义务。

（二）第三方平台义务（第 8～第 15 条）

具体分为备案义务、具备技术条件的义务、建立食品安全相关制度的义务、对入网食品生产经营者材料的审查登记、建档义务、记录保存食品交易信息义务、检查以及发现报告义务以及主动停止网络交易平台服务义务等八项。

1. 备案义务（第 8 条）

备案部门：网络食品交易第三方平台提供者应当在通信主管部门批准后 30 个工作日内，向所在地省级食品药品监督管理部门备案，取得备案号。通过自建网站交易的食品生产经营者应当在通信主管部门批准后 30 个工作日内，向所在地市、县级食品药品监督管理部门备案，取得备案号。

备案信息公开：省级和市、县级食品药品监督管理部门应当自完成备案后 7 个工作日内向社会公开相关备案信息。

备案信息：包括域名、IP 地址、电信业务经营许可证、企业名称、法定代表人或者负责人姓名、备案号等。

例：湖南省局于 2016 年 9 月，出台关于湖南省食品药品监督管理局关于贯彻实施《网络食品安全违法行为查处办法》的通知以及湖南省网络食品经营备案工作指南，并于

2016 年 10 月 1 日起施行。具体食品经营申报界面如图 10-1 所示。

图 10-1　湖南省食品经营申报界面

——网络食品交易第三方平台备案材料包括：（1）网站域名；（2）IP 地址；（3）增值电信业务经营许可证号；（4）公司名称、地址；（5）社会信用代码或工商营业执照编号；（6）从事食品经营的网络食品交易平台，须提交食品经营许可证编号；（7）法定代表人、食品安全管理员、联络员身份证号码及联系方式（含电子邮箱）。

——申请自建经营性网站备案材料包括：（1）网站域名；（2）IP 地址；（3）增值电信业务经营许可证号；（4）食品生产经营者（含食用农产品、食品添加剂）名称、地址；（5）社会信用代码或工商营业执照编号；（6）经营主体的《食品生产许可证》和《食品经营许可证》编号；（7）法定代表人、食品安全管理员、联络员身份证号码及联系方式（含电子邮箱）。

要注意的是，仅仅只是介绍企业和产品而建立的企业官网，若无订单生成、网上支付等交易服务功能，不需要办理备案！

——备案信息包括：（1）域名；（2）IP 地址；（3）电信业务经营许可证；（4）企业名称法定代表人或者负责人姓名；（5）备案号。

湖南省食品经营许可管理系统（审批端）界面如图 10-2 所示。

2. 具备技术条件的义务（第 9 条）

网络食品交易第三方平台提供者和通过自建网站交易的食品生产经营者应当具备数据备份、故障恢复等技术条件，保障网络食品交易数据和资料的可靠性与安全性。

（1）可靠性：数据可信赖，忠于事实。

（2）安全性：数据可恢复，防止黑客攻击。

注：本条适用网络食品安全交易第三方平台提供者和通过自建网站交易的食品生产经营者！

在各省食品安全监管部门逐渐加大监管力度和手段的同时，百度外卖、饿了么、美团外卖等平台相继宣布，已在北京、上海等地实现与食药监部门的数据对接，通过 APP 查询平台为用户提供权威数据，并通过向食药监部门共享商户注册信息以配合监管。

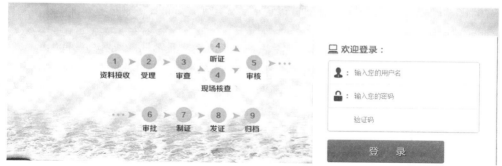

图 10-2　湖南省食品经营许可管理系统（审批端）界面

3. 建立食品安全相关制度的义务（第 10 条）

网络食品交易第三方平台提供者应当建立：（1）入网食品生产经营者审查登记；（2）食品安全自查；（3）食品安全违法行为制止及报告；（4）严重违法行为平台服务停止；（5）食品安全投诉举报处理等制度。

所有制度都应在网络平台上公开。

4. 对入网食品生产经营者材料的审查登记（第 11 条）

（1）审查：网络食品交易第三方平台提供者应当对入网食品生产经营者食品生产经营许可证、入网食品添加剂生产企业生产许可证等材料进行审查，如实记录并及时更新。

（2）登记：网络食品交易第三方平台提供者应当对入网食用农产品生产经营者营业执照、入网食品添加剂经营者营业执照以及入网交易食用农产品的个人的身份证号码、住址、联系方式等信息进行登记，如实记录并及时更新。

5. 建档义务（第 12 条）

网络食品交易第三方平台提供者应当建立入网食品生产经营者档案，记录入网食品生产经营者的基本情况、食品安全管理人员等信息。

6. 记录保存食品交易信息义务（第 13 条）

网络食品交易第三方平台提供者和通过自建网站交易食品的生产经营者应当记录、保存食品交易信息，保存时间不得少于产品保质期满后 6 个月；没有明确保质期的，保存时间不得少于 2 年。

7. 检查以及发现报告义务（第 14 条）

网络食品交易第三方平台提供者应当设置专门的网络食品安全管理机构或者指定专职食品安全管理人员，对平台上的食品经营行为及信息进行检查。这是关于落实主体责任的规定条款，是严重违法行为停止服务的前提条件。包含以下几层含义：

（1）网络食品交易第三方平台提供者发现存在食品安全违法行为的，应当及时制止，并向所在地县级食品药品监督管理部门报告。

（2）信息。包括网上刊载信息、广告、标签、说明书、包装等。

（3）行为：1）一般食品安全违法行为（比照《食品安全法》第四章有关食品生产经营）；2）犯罪行为（参看本办法第 15 条）。

8. 主动停止网络交易平台服务义务（第 15 条）

此条款与 14 条构成了递进关系，也是对新《食品安全法》第 62 条的"严重违法行为"的细化。网络食品交易第三方平台提供者发现入网食品生产经营者有下列严重违法行为之一的，应当停止向其提供网络交易平台服务：

（1）入网食品生产经营者因涉嫌食品安全犯罪被立案侦查或者提起公诉的；

（2）入网食品生产经营者因食品安全相关犯罪被人民法院判处刑罚的；

（3）入网食品生产经营者因食品安全违法行为被公安机关拘留或者给予其他治安管理处罚的；

（4）入网食品生产经营者被食品药品监督管理部门依法作出吊销许可证、责令停产停业等处罚的。

（三）入网食品生产经营者的义务（第 16～第 20 条）

具体分为取得食品生产经营许可的义务、网络食品经营过程中相关义务、公示义务、特殊食品相关义务以及贮存、运输义务。

1. 取得食品生产经营许可的义务（第 16 条）

入网食品生产经营者应当依法取得许可，入网食品生产者应当按照许可的类别范围销售食品，入网食品经营者应当按照许可的经营项目范围从事食品经营。法律、法规规定不需要取得食品生产经营许可的除外。要注意以下几点：

（1）取得食品生产许可的食品生产者，通过网络销售其生产的食品，不需要取得食品经营许可。（2）取得食品经营许可的食品经营者通过网络销售其制作加工的食品，不需要取得食品生产许可。（3）制作加工包括中央厨房等具有大规模加工制作行为的经营业态，按《食品经营许可管理办法》监管。

2. 禁止性行为（第 17 条）

入网食品生产经营者不得从事下列行为：

（1）网上刊载的食品名称、成分或者配料表、产地、保质期、贮存条件，生产者名称、地址等信息与食品标签或者标识不一致（这一条是对新《食品安全法》第 71 条的细化和重申）；

（2）网上刊载的非保健食品信息明示或者暗示具有保健功能；网上刊载的保健食品的注册证书或者备案凭证等信息与注册或者备案信息不一致（这一条是对新《食品安全法》第 78 条的重申）；

（3）网上刊载的婴幼儿配方乳粉产品信息明示或者暗示具有益智、增加抵抗力、提高免疫力、保护肠道等功能或者保健作用（这一条是对新《食品安全法》第 74 条的细化）；

（4）对在贮存、运输、食用等方面有特殊要求的食品，未在网上刊载的食品信息中予以说明和提示（这一条是对新《食品安全法》第 33 条第 1 款第（六）项的细化）。

特殊要求定义：是相对于一般要求而言，包括但不限于以下要求：1）食品安全法第 72 条规定，食品经营者应当按照食品标签标示的警示标志、警示说明或者注意事项的要求销售食品。如啤酒应标示"切勿撞击、防止爆瓶"等警示语；2）《食品标识管理规定》第 15 条规定，混装非食用产品容易造成误食，使用不当，造成人身伤害，应当标注警示说明；3）"小心轻放，避免阳光直射"等若是在食品安全标准或相关规章的规定，则也应该算贮存的特殊要求。

（5）法律、法规规定禁止从事的其他行为。

3. 公示义务（第 18 条）

通过第三方平台进行交易的食品生产经营者应当在其经营活动主页面显著位置公示其食品生产经营许可证。通过自建网站交易的食品生产经营者应当在其网站首页显著位置公示营业执照、食品生产经营许可证。

从网络上购买食品，应认真查看食品生产经营者的餐饮服务许可信息，应选择证照齐全、信誉良好的供餐单位，切勿选择无证无照、无实体门店、证照信息与实际不符的供餐单位。例：肯德基在饿了么交易平台上的有关证件公示截图如图 10-3 所示。

餐饮服务提供者还应当同时公示其餐饮服务食品安全监督量化分级管理信息。相关信息应当画面清晰，容易辨识。餐饮服务安全监督量化分级管理信息已由笑脸、平脸、哭脸变成了大笑、微笑、平脸，请大家注意餐饮服务商家的量化分级等级，凭借"笑脸"就餐（具体见图 10-4、图 10-5）。

图 10-3　有关证件公示截图

图 10-4　餐饮服务食品安全监督旧版量化分级管理信息

图 10-5　餐饮服务食品安全监督新版量化分级管理信息

（四）特殊食品相关义务（第 19 条）

入网销售保健食品、特殊医学用途配方食品、婴幼儿配方乳粉的食品生产经营者，除依照本办法第 18 条的规定公示相关信息外，还应当依法公示产品注册证书或者备案凭证，持有广告审查批准文号的还应当公示广告审查批准文号，并链接至食品药品监督管理部门网站对应的数据查询页面。保健食品还应当显著标明"本品不能代替药物"。

要注意以下几点：

（1）特殊医学用途配方食品中特定全营养配方食品不得进行网络交易；

（2）新《食品安全法》第 74 条规定特医食品属于特殊食品，必须严格监管；

（3）特医食品国家标准对特定全营养食品的规定，在医生指导下服用；

（4）国家食药监总局将药品第三方平台对个人网络销售已经停止试点。

（五）贮存、运输义务（第 20 条）

网络交易的食品有保鲜、保温、冷藏或者冷冻等特殊贮存条件要求的（食物的运输和保存要严格按照安全温度和贮存时间执行。冷藏食品 5℃以下，需加热食品 60℃以上，常温 36℃。保存时间最长 3 个小时，最短 2 个小时）。

入网食品生产经营者应当采取能够保证食品安全的贮存、运输措施，或者委托具备相应贮存、运输能力的企业贮存、配送。

四、违法行为查处

（一）管辖

1. 第三方平台违法：对网络食品交易第三方平台提供者食品安全违法行为的查处，由网络食品交易第三方平台提供者所在地县级以上地方食品药品监督管理部门管辖。

2. 第三方平台分支机构违法：对网络食品交易第三方平台提供者分支机构的食品安全违法行为的查处，由网络食品交易第三方平台提供者所在地或者分支机构所在地县级以上地方食品药品监督管理部门管辖。

3. 入网食品生产经营者食品安全违法：由入网食品生产经营者所在地或者生产经营场所所在地县级以上地方食品药品监督管理部门管辖；对应当取得食品生产经营许可而没有取得许可的违法行为的查处，由入网食品生产经营者所在地、实际生产经营地县级以上地方食品药品监督管理部门管辖。

4. 造成严重危害后果：因网络食品交易引发食品安全事故或者其他严重危害后果的，也可以由网络食品安全违法行为发生地或者违法行为结果地的县级以上地方食品药品监督管理部门管辖。

5. 指定管辖：两个以上食品药品监督管理部门都有管辖权的网络食品安全违法案件，由最先立案查处的食品药品监督管理部门管辖。对管辖有争议的，由双方协商解决。协商不成的，报请共同的上一级食品药品监督管理部门指定管辖。

6. 投诉举报处理：消费者因网络食品安全违法问题进行投诉举报的，由网络食品交易第三方平台提供者所在地、入网食品生产经营者所在地或者生产经营场所所在地等县级以上地方食品药品监督管理部门处理。

（二）抽检（神秘买家制度）

县级以上食品药品监督管理部门通过网络购买样品进行检验的，应当按照相关规定填写抽样单，记录抽检样品的名称、类别以及数量、购买样品的人员以及付款账户、注册账号、收货地址、联系方式，并留存相关票据。买样人员应当对网络购买样品包装等进行查验，对样品和备份样品分别封样，并采取拍照或者录像等手段记录拆封过程。

"神秘买家"说法的提出，也反映了网络抽检制度的四大特点：

1. 必要性

传统实体有形店铺购物以及有形市场的商品抽检，可以面对面地完成直接取样、封样等一系列流程。结合网络食品的特点，在总结监管实践并借鉴网络食品交易第三方平台的经验的基础上，设计了针对网络食品的抽检制度。为保证抽样的合理性，抽样人员以顾客的身份买样，记录抽检样品的名称、类别以及数量、购买样品的人员以及付款账户、注册账号、收货地址、联系方式，并留存相关票据。以顾客的身份实际上是在还原模拟消费者的购买场景，可以更加真实地还原消费者所购食品的安全状况，从而更好地保障消费者权益。

2. 神秘性

抽验制度设计有一个重要的时间节点，就是购买的样品到达买样人后，要进行查验和封样。在这个时间节点前，需保证一定程度的"神秘性"，即对卖家及相关人员的"神秘购买"。这是为了确保样品的真实性和有效性。同时，为了保证抽样对卖家的公正性，我们也规定，买样人员应当对网络购买样品包装等进行查验，对样品和备份样品分别封样，并采取拍照或者录像等手段记录拆封过程。

3. 监督抽检的多层级性

《办法》规定，县级以上食品药品监督管理部门都可以通过网络购样进行抽检。也就是说，鉴于网络食品影响的广泛性和民众高度关注性，包括国家局和地方局在内都可以根据监管的需要对网络食品进行抽检。

4. 社会共治

入网食品生产经营者以及第三方平台对抽检结果一定程度上责任共担。《办法》首先规定入网食品生产经营者的对抽检结果需承担的责任。检验结果表明产品不合格时，入网食品生产经营者应当采取停止生产经营、封存不合格食品等措施，控制食品安全风险。《办法》同时规定了网络食品交易第三方平台提供者在抽检上义务和责任：一是应当依法制止不合格食品的销售；二是入网食品生产经营者联系方式不详的，网络食品交易第三方平台提供者应当协助通知；三是入网食品生产经营者无法联系的，网络食品交易第三方平台提供者应当停止向其提供网络食品交易平台服务。

（三）责任约谈

网络食品交易第三方平台提供者和入网食品生产经营者有下列情形之一的，县级以上食品药品监督管理部门可以对其法定代表人或者主要负责人进行责任约谈：

1. 发生食品安全问题，可能引发食品安全风险蔓延的；

2. 未及时妥善处理投诉举报的食品安全问题，可能存在食品安全隐患的；

3. 未及时采取有效措施排查、消除食品安全隐患，落实食品安全责任的；

4. 县级以上食品药品监督管理部门认为需要进行责任约谈的其他情形。

责任约谈不影响食品药品监督管理部门依法对其进行行政处理，责任约谈情况及后续处理情况应当向社会公开。

被约谈者无正当理由未按照要求落实整改的，县级以上地方食品药品监督管理部门应当增加监督检查频次。

五、法律责任

（一）第三方平台法律责任

《办法》第37条规定，网络食品交易第三方平台提供者未履行相关义务，导致发生下列严重后果之一的，由县级以上地方食品药品监督管理部门依照食品安全法第131条的规定责令停业，并将相关情况移送通信主管部门处理。

（1）致人死亡或者造成严重人身伤害的；

（2）发生较大级别以上食品安全事故的；

（3）发生较为严重的食源性疾病的；

（4）侵犯消费者合法权益，造成严重不良社会影响的；

（5）引发其他的严重后果的。

长沙市 2016 年涉及网络订餐平台投诉举报汇总表　　　　　表 10-1

平台名称	投诉举报数量	投诉问题	查处情况
饿了么	7	水果配送不及时	立案查处罚款 10 万元
		食物有锅渣、经营地址与标示不符	
		王府井餐饮商家：与商家服务纠纷	
		浏阳人蒸菜：无证	
美团外卖	2	重庆小面：牛肉面中出现虫子	立案查处罚款 10 万元
		浏阳人蒸菜：无证	

（表 10-1 为长沙市食品药品监管局针对饿了么和美团投诉举报进行的违法行为查处）

按食品安全事故的性质、危害程度和涉及范围，将食品安全事故分为四级：

1. Ⅰ级食品安全事故

出现下列情况之一时，为Ⅰ级食品安全事故，由省人民政府报请国务院启动Ⅰ级应急响应：（1）有证据证明存在严重健康危害的污染食品，流入 2 个以上省份，造成特别严重健康损害后果的；（2）发生跨境（包括港澳台地区）食品安全事故，造成特别严重社会影响的；（3）国务院认定的其他Ⅰ级食品安全事故。

2. Ⅱ级食品安全事故

出现下列情况之一时，为Ⅱ级食品安全事故，由省食品安全委员会办公室报请省人民政府启动Ⅱ级应急响应：（1）受污染食品流入 2 个以上市州，造成对社会公众健康产生严重损害的食源性疾病；（2）发现在我国首次出现的新的污染物引起的食源性疾病，造成严重健康危害后果，并有扩散趋势；（3）一起食源性疾病中毒人数在 100 人以上并出现死亡病例，或一起食源性疾病造成 10 例以上死亡病例的；（4）省人民政府认定的其他Ⅱ级食品安全事故。

3. Ⅲ级食品安全事故

出现下列情况之一时，为Ⅲ级食品安全事故，由事发地市州人民政府启动Ⅲ级应急响应：（1）有证据证明存在或可能存在健康危害的污染食品，并涉及 1 个市州内 2 个以上县区，已造成严重健康损害后果的；（2）一起食源性疾病中毒人数在 100 人以上，或出现死亡病例的；（3）市级以上人民政府认定的其他Ⅲ级食品安全事故。

4. Ⅳ级食品安全事故

出现下列情况之一时，为Ⅳ级食品安全事故，由事发地县级人民政府启动Ⅳ级应急响应：（1）有证据证明存在或可能存在健康危害的污染食品，已造成严重健康损害后果的；（2）一起食源性疾病中毒人数在 10～99 人，且未出现死亡病例的；（3）县级以上人民政府认定的其他Ⅳ级食品安全事故。

发生食物中毒或疑似食物中毒情况时，应及时报告、组织救治、现场控制、调查处理、善后处置。

（二）入网食品生产经营者法律责任

表 10-2

违法依据	处罚依据
未取得许可（第 16 条）	《食品安全法》122 条
违反禁止性规定（第 17 条）	《办法》39 条　5000-30000 元
违反公示义务（第 18 条）	《办法》40 条　5000-30000 元
违反特殊食品相关义务（第 19 条）	《食品安全办法》41 条　5000-30000 元
违反贮存运输有关规定（第 20 条）	《食品安全法》132 条

（表 10-2 为食品安全监管违法及处罚依据）

（三）其他法律责任

1. 提供虚假信息的处罚（第 43 条）

违反本办法规定，网络食品交易第三方平台提供者、入网食品生产经营者提供虚假信息的，由县级以上地方食品药品监督管理部门责令改正，处 1 万元以上 3 万元以下罚款。

2. 不配合监管处罚

如果网络食品交易第三方平台提供者和入网食品生产经营者不配合食品药品监督管理部门，按照食品药品监督管理部门的要求提供网络食品交易相关数据和信息（第 5 条）的要求，则按照食品安全法第 133 条处理。

3. 刑事责任（第 44 条）

网络食品交易第三方平台提供者、入网食品生产经营者违反食品安全法规定，构成犯罪的，依法追究刑事责任。

4. 监管人员责任（第 45 条）

食品药品监督管理部门工作人员不履行职责或者滥用职权、玩忽职守、徇私舞弊的，依法追究行政责任；构成犯罪的，移送司法机关，依法追究刑事责任（第 45 条）。

六、备案流程

（一）备案申报流程

（1）第三方平台提供者备案管辖（多业态经营者（即自建网站＋第三方平台）在省级食品药品监管部门备案）。

通信主管部门批准后 30 个工作日内

所在地省级食品药品监督部门备案，取得备案号

备案后 7 个工作日内向社会公开相关备案信息

（2）自建网站交易的食品生产经营者备案管辖（食用农产品和食品添加剂销售者自建网站的备案，由其营业执照所在地的县级食品药品监管部门备案）

通信主管部门批准后 30 个工作日内

所在地市、县级食品药品监督部门备案，取得备案号

备案后 7 个工作日内向社会公开相关备案信息

（二）备案审批流程

以湖南省为例，备案审批流程为：

申请→受理→审核→发放备案号→归档

《办法》的出台总归是对网络食品加强监管的重大举措，大家也都期待在新办法实施下，网络订餐的诸多问题能够得到改善或解决，为食品安全建设工作开创新的局面。但要知道的是，食品安全建设永远在路上。网络食品现存待改进的地方还有很多，这需要食品行业、广大群众、食品安全监管部门的后续努力。

第六节　实践中应注意的问题

1. 严格准入关，推行网络食品经营者实名制管理机制。《办法》中规定，第三方交易平台及入网食品生产经营者、自建平台食品生产经营者网上店名必须跟监管部门核发的证件名字一致，并且将许可证和相关的资质在显著位置上进行公布。也就是说，应明确市场准入的门槛，网络食品生产经营者应首先取得食品生产、经营许可证、营业执照等相关资质后，再上网经营，从源头上引导食品生产经营者自律。并且必须在网络店铺主页公布食品生产经营者主体信息、许可证证明等信息。

2. 加强行业自律。要明确第三方交易平台及入网食品生产经营者、自建平台食品生产经营者是第一责任人，对于网络平台疏于监管而引发的食品安全事故，网络第三方交易平台承担连带赔偿责任。要保留网络食品经营档案和交易历史数据，并积极配合职能部门检查；严格审查经营主体资格，发现问题及时采取措施并向监管部门报告；保障网络交易安全，包括技术安全、支付安全。

3. 网络食品交易第三方平台提供者和入网食品生产经营者、自建平台食品生产经营者应积极开展和参加食品安全法律、法规以及食品安全标准和食品安全知识的培训学习，形成食品安全共治共管的良好格局。

4. 任何组织或者个人均可向食品药品监督管理部门举报网络食品安全违法行为。一旦发现网络食品安全违法行为，请拨打当地的食品药品监管部门的投诉举报电话：12331。

5. 县级以上地方食品药品监督管理部门，对网络食品安全违法行为进行调查处理时，可以行使下列职责：（1）进入当事人网络食品交易场所实施现场检查；（2）对网络交易的食品进行抽样检验；（3）询问有关当事人，调查其从事网络食品交易行为的相关情况；（4）查阅、复制当事人的交易数据、合同、票据、账簿以及其他相关资料；（5）调取网络交易的技术监测、记录资料；（6）法律、法规规定可以采取的其他措施。

第七节　国外食品安全监管情况

发达国家和国际组织以综合管理、科学管理、协作管理、责任管理为特点的先进食品安全监管理念和经验为我们提供了较好的借鉴。法律制度不健全、现存体制有缺陷、管理技术薄弱是我国食品问题产生的主要原因。因此，应尽快制定食品安全基本法，整合现有的监管制度，重新构筑我国食品安全保障体系，切实保障我国食品安全。

一、德国（建立监管体系）

德国是在食品质量控制和安全保障方面做得最好的少数几个国家之一。

德国建立了一整套食品质量和安全管理体系，确立了三大目标：1）保护消费者健康，仅允许提供质量可靠和符合安全标准的食品；2）保护消费者不受欺骗，严防欺诈；3）保护消费者知情权，提供的信息必须实事求是。

制定了七项原则，即：1）食品链原则；2）企业责任原则；3）可追溯原则；4）独立而科学的风险评估原则；5）风险评估与风险管理分离原则；6）预防原则和风险沟通原则；7）透明原则。

在2013年德国成立全国统一的网络食品销售监督机构——互联网销售食品、饲料、化妆品、消费品及烟草产品控制中心。该中心采取消费者举报、欧盟食品安全预警系统、与包括税务等其他政府职能部门及媒体合作的方式，多方位、多角度加强网络食品监管。

二、美国（严把食品源头关）

美国食品安全体系的特点：1）"六位一体"，统一管理；2）立法先行，动态调整；3）风险管理，预防为主；4）信息透明，公众参与。

美国食品安全监管机构严格监管产品源头，采取聘请相关领域专家进驻饲养场、食品生产企业等方式，从原料采集、生产、流通、销售和售后等各个环节进行全方位监管，构成覆盖全国的立体监管网络。

三、日本（实现食品可追溯）

日本是世界上食品安全监管最严厉的国家之一，在进口食品的检验检疫方面尤为突出。增进对日本食品安全的监管体制及相关法律法规了解有助于减少我国食品企业因产品不合格或标签标识问题带来的重大损失。

日本对米面、果蔬、肉制品、乳制品等农产品的生产者、农田所在地、使用的农药和肥料、使用次数、出售日期等等信息建立档案，并为每种农产品生成一个号码，便于消费者查询。实现从生产、加工、销售等各个环节的溯源。

四、韩国（重处食品违法行为）

韩国食品安全监管体系有以下特点：1）食品安全管理体系较为完善。成立了由国务总理主持的食品安全协议会，负责制定食品安全管理的方针政策、部门间的组织协调，食品安全事故的组织处理；2）食品法规和标准涉及面广，几乎把所有食品都置于各种质量安全和检疫法规的保护之下，不仅有效保证了民众的食品安全，而且还利用各种技术标准和检测手段，保护其本国农业和食品加工业不受冲击；3）食品安全法规和标准处于不断的修订、完善中；4）大众参与。韩国政府开设了专门为消费者提供农产品安全信息服务的网站，消费者可以通过浏览该网站追溯到某一农产品的原产地，并找到有关农产品所用农药等方面的信息，通过这种手段，在增加消费者食品安全意识的同时，也提醒农产品生产者更加注重质量和信誉。这种从上到下、从内到外、协调一致的食品安全监管体系有效地保障了实施效果，提升了韩国食品安全等级和保护了本国食品产业。

自从韩国 2004 年爆出"垃圾饺子"风波后，韩国《食品卫生法》随之修改，规定故意制造以及销售伪劣食品的人员将处以 1 年以上有期徒刑；对国民健康产生严重影响的有关责任人员将处以 3 年以上有期徒刑；一旦因制造或销售有害食品被判刑者，10 年之内将被禁止在《食品卫生法》所管辖的领域从事经营活动，并处以高额罚款。

第八节　问题答疑

1. 入网的食品生产者是否只能交易自己生产的产品而不能销售非自己生产产品？

入网的食品生产者销售非自己生产产品，须首先取得食品经营许可，变成真正的食品经营者后，就可以销售非自己生产产品。

2. 海外购和保税区属于本办法调整范畴吗？

海淘代购视为赴境外购买消费行为，保税区属于境内关外区域，都不在本办法调整范畴。

现在分为海外直邮和保税直邮两种方式。海外直邮是客户购买信息在国外购物网站接收后，由国外直接寄送给客户；保税直邮是海外网站将商品寄送到保税区，由保税区标注中文标签标识后再寄送给客户，如果保税区未在收货后标准中文标签标识，就属于本办法监管和调整对象范畴。

跨境电商利用自己的自建平台为消费者代购海外食品的，该如何监管呢？

海外代购可以分两步分解来理解：一是客户通过境内网站下单；二是境内电商平台提供者去境外的网站下单，然后境外网站发货。第一步说明境内跨境电商网站是信息平台，并没有发生交易；第二步代购交易行为发生在境外，按本办法第 2 条规定，不在本办法监管范围内。

3. 微商或者在微信朋友圈销售食品的，适用本办法吗？如销售无证产品，属不属于我们监管的范畴呢？

首先我们来理解"微商"含义：主要指与通过微信、微博发生商品交易的，类似于淘宝、京东等手机端的 APP，比如微信有微店，这个就是办法中所称的第三方平台，与淘宝、京东手机端 APP 相似，按第三方平台定性监管；从字面上理解"微商"还有小的意思，意味着它是小业态。

微商模式区分两种情况：

（1）一体化交易平台：应当取得生产经营许可而没有取得，按《办法》进行监管；

（2）碎片化交易平台中又分成两种情况：

1）如果入网食品生产经营者是小作坊等小业态且付款交易发生在平台内，按办法第 46 条规定可以参照本办法进行监管；

2）如果平台没有付款交易，由工商部门按照广告定性监管。

第十一章 食品生产加工小作坊、小餐饮和食品摊贩监管

第一节 食品生产加工小作坊

一、食品生产加工小作坊的概念

食品小作坊，一般是指从业人员较少、生产规模小、生产条件简单，在固定门店或者其他固定场所从事食品生产加工的生产经营者。

在《湖南省食品生产加工小作坊小餐饮和食品摊贩管理条例》第二条第二款，并未就食品生产加工小作坊的概念进行明确定义，但是在法规中明确规定食品小作坊的具体认定标准，由省人民政府食品药品监督管理部门制定，并向社会公布。故在省食品药品监督管理局制定的《湖南省食品加工小作坊许可管理办法（试行）》第二条，对食品小作坊进行了界定。食品小作坊是指从业人员较少，年生产加工规模较小，生产条件和工艺技术简单，在固定生产场所，按照一定工艺流程，从事传统低风险食品生产加工的个体工商户。

二、食品生产加工小作坊生产经营者的责任

食品小作坊从事生产经营活动，应当遵守食品安全法律法规，诚信自律，保证生产经营的食品卫生、无毒、无害，对社会和公众负责，接受社会监督，承担社会责任。

三、食品生产加工小作坊的设立

（一）设立条件

设立食品小作坊，应当办理工商营业执照，并具备如下条件：

1. 具有与生产经营规模、食品品种相适应的固定场所，并与有毒、有害场所和其他污染源保持规定的距离；2. 具有与生产经营食品品种、数量相适应，并符合食品安全要求的生产设施、设备和卫生防护措施；3. 具有合理的设备布局和工艺流程，食品原料处理和食品加工、包装、存放等区域分开设置；4. 具有保证食品安全的管理制度；5. 试制的食品检验合格。

（二）申请材料

设立食品小作坊应当向所在地县级人民政府食品药品监督管理部门申请食品小作坊许可证，并提供下列七项材料：

1. 申请书；2. 申请人的身份证明复印件；3. 营业执照复印件；4. 生产经营场地设备布局和卫生设施说明；5. 食品生产经营主要设备、设施清单和工艺流程说明；6. 包含进货查验记录、销售记录、从业人员健康管理、食品安全事故处置等保证食品安全的规章制

度；7. 自行检验或者委托具有资质的法定检验机构检验后出具的试制食品合格的证明材料。

（三）许可程序和期限

县级人民政府食品药品监督管理部门自收到申请材料之日起十个工作日内对申请人提交的材料进行审核，必要时进行现场核查。对符合条件的依法予以许可，并将许可信息书面告知所在地乡镇人民政府或者街道办事处；对不符合条件的不予许可并书面说明理由。

食品小作坊许可证有效期为三年。有效期届满需要延续的，应当在有效期届满三十日前向发证机关提出申请。发证机关应当在有效期届满前作出是否准予延续的决定；逾期未作决定的，视为准予延续。

食品小作坊许可证载明的信息发生变更时，应当在十日内向发证机关提出变更申请；生产经营场所迁出原发证的食品药品监督管理部门管辖范围的，应当重新申请食品小作坊许可证。

办理食品小作坊许可证，不收取任何费用。

四、食品生产加工小作坊行为规范

（一）生产经营规范

食品生产加工小作坊在生产加工过程中，应当遵守下列规定：

1. 食品原料、食品相关产品符合食品安全标准；2. 用水符合国家规定的生活饮用水卫生标准；3. 使用的洗涤剂、消毒剂对人体安全、无害；4. 保持食品加工经营场所环境整洁，有密闭的废弃物收集设施；5. 食品包装材料无毒、无害、清洁；6. 贮存、运输、装卸食品的容器和设备安全、无害，保持清洁，不得将食品与有毒、有害物品一同贮存、运输；7. 食品添加剂专区（柜）存放，并按照国家标准和规定使用；8. 接触直接入口食品工作的从业人员具有有效健康证明，工作时穿戴清洁的工作衣、帽，保持个人卫生；9. 在生产经营场所醒目位置悬挂食品小作坊许可证、营业执照和从业人员的有效健康证明、食品质量安全承诺书，公示食品添加剂使用情况等相关信息；10. 经营者知晓食品安全法律法规和相关知识；11. 法律法规规定的其他要求。

（二）禁止性规定

1. 禁止性行为事项

禁止食品小作坊从事下列行为：

（1）使用非食品原料生产食品或者在食品中添加食品添加剂以外的化学物质和其他可能危害人体健康的物质，或者使用回收食品生产加工食品；（2）生产经营致病性微生物，农药残留、兽药残留、生物毒素、重金属等污染物质以及其他危害人体健康的物质含量超过食品安全标准限量的食品；（3）生产经营腐败变质、油脂酸败、霉变生虫、污秽不洁、混有异物、掺假掺杂或者感官性状异常的食品；（4）使用未经检疫或者检疫不合格的肉类，或者使用未经检验或者检验不合格的肉类制品生产加工食品；（5）使用病死、毒死或者死因不明的禽、畜、兽、水产动物肉类及其制品生产加工食品；（6）以餐厨废弃物、废弃油脂为原料加工制作食用油或者以此类油脂为原料生产加工食品；（7）使用超过保质期的食品原料、食品添加剂生产加工食品，或者销售超过保质期的食品；（8）生产经营被包装材料、容器、运输工具等污染的食品；（9）标注虚假生产日期、保质期；（10）使用其他不符合食品安全标准的原料、食品添加剂和食品相关产品或者超范围、超限量使用食品添加剂；（11）接受食品生产企业和其他食品小作坊的委托生产加工或者分装食品；（12）法律法规禁止的其他行为。

2.禁止生产加工的产品类型

禁止食品小作坊生产加工下列产品：

（1）乳制品、罐头制品、果冻；（2）声称具有保健功能的食品；（3）专供婴幼儿、孕产妇和其他特定人群的主辅食品；（4）采用传统酿制工艺以外的其他方法生产的酒类、酱油和醋；（5）食品添加剂；（6）国家和省规定禁止生产加工的其他食品。

3.授权市州政府制定禁止目录

根据《湖南省食品生产加工小作坊小餐饮和食品摊贩管理条例》第十四条第二款的授权，设区的市、自治州人民政府可以制定、公布第十四条第一款规定以外禁止食品小作坊生产加工的食品目录，并报省人民政府食品药品监督管理部门备案。

（三）产品标签标识

食品小作坊生产的预包装食品应当符合预包装食品标签标识相关规定。

食品小作坊生产的散装食品应当在容器、外包装上清晰标明食品的名称、原料、添加剂、生产日期、保质期以及食品小作坊的名称、地址及联系方式等内容。

（四）食品生产加工小作坊进货查验记录和生产、批发台账

食品小作坊应当建立进货查验记录制度，如实记录食品原料、食品添加剂、食品相关产品的名称、规格、数量、生产日期或者生产批号、保质期、进货日期以及供货者名称、地址、联系方式等内容。

食品小作坊应当建立生产、批发台账，如实记录生产食品的名称、规格、数量、添加剂的使用情况、生产日期以及批发购货者名称、地址、联系方式等内容。

进货查验记录和生产、批发台账以及相关凭证保存期限不得少于产品保质期满后六个月；没有明确产品保质期的，保存期限不得少于二年。

五、法律责任

（一）食品生产加工小作坊无证生产经营的法律责任

未取得食品小作坊许可证从事食品生产加工活动的，由县级以上人民政府食品药品监督管理部门责令改正，没收违法所得和违法生产加工的食品；违法生产加工食品的货值金额不足一万元的，并处五千元以上三万元以下罚款；货值金额一万元以上的，并处货值金额三倍以上五倍以下罚款；逾期不改正的，可以并处没收用于违法生产加工的工具、设备、原料等物品。

（二）食品生产加工小作坊违反生产经营规范的法律责任

食品生产加工小作坊违反《湖南省食品生产加工小作坊小餐饮和食品摊贩管理条例》规定的生产经营规范的，由县级以上人民政府食品药品监督管理部门责令改正，给予警告；逾期不改正的，处五百元以上三千元以下罚款；情节严重的，由发证机关责令停产停业或者吊销许可证。

（三）食品生产加工小作坊违反禁止性规定的法律责任

食品小作坊从事禁止的违法行为或者生产经营禁止的产品的，由县级以上人民政府食品药品监督管理部门没收违法所得和违法生产的产品，并可以没收用于违法生产的工具、设备、原料等物品；违法生产的产品货值金额不足五千元的，并处五千元以上三万元以下罚款；货值金额五千元以上的，并处货值金额十倍以上二十倍以下罚款；情节严重的，吊销许可证。

（四）食品生产加工小作坊违反标签标识规定的法律责任

食品小作坊未按照要求在食品包装上标明相关信息的，由县级以上人民政府食品药品监督管理部门责令改正，给予警告；情节严重的，处一千元以上五千元以下罚款；逾期不改正的，没收违法生产经营的食品，并吊销许可证。

（五）食品生产加工小作坊违反进货查验记录等规定的法律责任

未按照要求建立进货查验记录和生产、批发台账或者未按照要求保存凭证的，由县级以上人民政府食品药品监督管理部门责令改正，给予警告；逾期不改正的，处一千元以上五千元以下罚款；情节严重的，责令停产停业，或者由发证机关吊销许可证。

第二节 小 餐 饮

一、小餐饮的概念

小餐饮，一般是指从业人员较少、经营条件简单，经营面积较小，在固定门店从事餐饮服务的经营者。

在《湖南省食品生产加工小作坊小餐饮和食品摊贩管理条例》第二条第二款，并未就小餐饮的概念进行明确定义，但是在法规中明确规定小餐饮的具体认定标准，由省人民政府食品药品监督管理部门制定，并向社会公布。故在省食品药品监督管理局制定的《湖南省小餐饮经营许可和食品摊贩登记管理办法（试行）》第三条第一款中，对小餐饮进行了界定。小餐饮是指有固定门店，从业人员较少，经营条件简单，经营面积 $50m^2$ 以下的餐饮服务经营者。

二、小餐饮经营者的责任

小餐饮从事生产经营活动，应当遵守食品安全法律法规，诚信自律，保证生产经营的食品卫生、无毒、无害，对社会和公众负责，接受社会监督，承担社会责任。

三、小餐饮的设立

（一）设立条件

设立小餐饮应当办理工商营业执照，并具备下列条件：

1. 具有与经营规模相适应的固定门店，并与有毒、有害场所和其他污染源保持规定的距离；2. 配备有效的冷藏、洗涤、消毒、油烟排放、防蝇、防尘、防鼠、防虫以及处理废水、存放垃圾和废弃物的设备或者设施；3. 各功能区布局合理，能有效防止食品存放、操作过程中产生交叉污染；4. 具有专用餐饮具清洗消毒设施或者有符合规定的消毒措施；5. 具有保证食品安全的管理制度。

（二）申请材料

设立小餐饮应当向所在地县级人民政府食品药品监督管理部门申请小餐饮经营许可证，并提供以下材料：

1. 申请书；2. 申请人的身份证；3. 营业执照复印件；4. 生产经营场地设备布局和卫生设施说明；5. 包含进货查验记录、从业人员健康管理、食品安全事故处置等保证食品安全的规章制度。

（三）许可的程序和期限

县级人民政府食品药品监督管理部门自收到申请材料之日起十个工作日内对申请人提交的材料进行审核，必要时进行现场核查。对符合条件的依法予以许可，并将许可信息书面告知所在地乡镇人民政府或者街道办事处；对不符合条件的不予许可并书面说明理由。

小餐饮经营许可证有效期为三年。有效期届满需要延续的，应当在有效期届满三十日前向发证机关提出申请。发证机关应当在有效期届满前作出是否准予延续的决定；逾期未作决定的，视为准予延续。

小餐饮经营许可证载明的信息发生变更时，应当在十日内向发证机关提出变更申请；生产经营场所迁出原发证的食品药品监督管理部门管辖范围的，应当重新申请小餐饮经营许可证。

办理小餐饮经营许可证，不收取任何费用。

四、小餐饮行为规范

（一）经营规范

小餐饮应当遵守下列规定：

1. 食品原料、食品相关产品符合食品安全标准；2. 用水符合国家规定的生活饮用水卫生标准；3. 使用的洗涤剂、消毒剂对人体安全、无害；4. 保持食品加工经营场所环境整洁，有密闭的废弃物收集设施；5. 对餐具、饮具进行清洗并按规定消毒，使用专用消毒餐饮具的应当查验餐饮具消毒合格证明文件；6. 定期维护食品加工、贮存、陈列、消毒、保洁、保温、冷藏、冷冻等设备设施，确保正常运转和使用；7. 贮存食品原料的场所、设备应当保持清洁，禁止存放有毒、有害物品；8. 全部从业人员具有有效健康证明，保持个人卫生；9. 在门店醒目位置悬挂小餐饮经营许可证、从业人员有效健康证明等食品安全相关信息；10. 经营者知晓食品安全法律法规和相关知识；11. 法律法规规定的其他要求。

（二）禁止性规定

1. 禁止性行为事项

禁止小餐饮从事下列行为：

（1）使用非食品原料生产食品或者在食品中添加食品添加剂以外的化学物质和其他可能危害人体健康的物质，或者使用回收食品生产加工食品；（2）生产经营致病性微生物，农药残留、兽药残留、生物毒素、重金属等污染物质以及其他危害人体健康的物质含量超过食品安全标准限量的食品；（3）生产经营腐败变质、油脂酸败、霉变生虫、污秽不洁、混有异物、掺假掺杂或者感官性状异常的食品；（4）使用未经检疫或者检疫不合格的肉类，或者使用未经检验或者检验不合格的肉类制品生产加工食品；（5）使用病死、毒死或者死因不明的禽、畜、兽、水产动物肉类及其制品生产加工食品；（6）以餐厨废弃物、废弃油脂为原料加工制作食用油或者以此类油脂为原料生产加工食品；（7）使用超过保质期的食品原料、食品添加剂生产加工食品，或者销售超过保质期的食品；（8）生产经营被包装材料、容器、运输工具等污染的食品；（9）标注虚假生产日期、保质期；（10）使用其他不符合食品安全标准的原料、食品添加剂和食品相关产品或者超范围、超限量使用食品添加剂；（11）接受食品生产企业和其他食品小作坊的委托生产加工或者分装食品；（12）法律法规禁止的其他行为。

2. 禁止经营的产品类型

禁止小餐饮经营：（1）自制裱花蛋糕；（2）生食水（海）产品；（3）乳制品（发酵乳、奶酪除外）；（4）法律法规禁止经营的其他食品。

（三）进货查验记录制度

小餐饮应当建立进货查验记录制度，如实记录食品原料、食品添加剂、食品相关产品的名称、规格、数量、生产日期或者生产批号、保质期、进货日期以及供货者名称、地址、联系方式等内容。

进货查验记录和生产、批发台账以及相关凭证保存期限不得少于产品保质期满后六个月；没有明确产品保质期的，保存期限不得少于二年。

五、法律责任

（一）小餐饮无证经营的法律责任

未取得小餐饮经营许可证从事小餐饮经营活动的，由县级以上人民政府食品药品监督管理部门责令限期改正；逾期不改正的，没收违法所得和违法经营的食品，并处一千元以上五千元以下罚款。

（二）小餐饮违反生产经营规范的法律责任

违反《湖南省食品生产加工小作坊小餐饮和食品摊贩管理条例》规定的生产经营规范的，由县级以上人民政府食品药品监督管理部门责令改正，给予警告；逾期不改正的，处三百元以上一千元以下罚款；情节严重的，由发证机关责令停产停业或者吊销许可证。

（三）小餐饮违反进货查验记录等规定的法律责任

未按照要求建立进货查验记录和生产、批发台账或者未按照要求保存凭证的，由县级以上人民政府食品药品监督管理部门责令改正，给予警告；逾期不改正的，处五百元以上一千元以下罚款；情节严重的，责令停产停业，或者由发证机关吊销许可证。

（四）小餐饮违反禁止性规定的法律责任

违反《湖南省食品生产加工小作坊小餐饮和食品摊贩管理条例》规定，从事禁止的违法行为的，由县级以上人民政府食品药品监督管理部门没收违法所得和违法生产的产品，并可以没收用于违法生产的工具、设备、原料等物品；违法生产的产品货值金额不足五千元的，并处五千元以上三万元以下罚款；货值金额五千元以上的，并处货值金额十倍以上二十倍以下罚款；情节严重的，吊销许可证。

（五）小餐饮经营禁止经营的食品的法律责任

违反《湖南省食品生产加工小作坊小餐饮和食品摊贩管理条例》规定，小餐饮经营禁止经营的食品的，由县级以上人民政府食品药品监督管理部门责令改正，给予警告；逾期不改正的，没收违法所得和违法经营的食品，并可以没收用于违法经营的工具、设备、原料等物品，处一千元以上一万元以下罚款；情节严重的，由发证机关吊销许可证。

第三节　食品摊贩

一、食品摊贩的概念

食品摊贩，是指不在固定门店从事食品销售或者提供餐饮服务的经营者。

在《湖南省食品生产加工小作坊小餐饮和食品摊贩管理条例》第二条第二款，并未就食品摊贩的概念进行明确定义，但是在法规中明确规定食品摊贩的具体认定标准，由省人民政府食品药品监督管理部门制定，并向社会公布。故在省食品药品监督管理局制定的《湖南省小餐饮经营许可和食品摊贩登记管理办法（试行）》第三条第二款中，对食品摊贩进行了界定。食品摊贩是指在有形市场或固定店铺以外的划定经营区域或指定经营场所，从事预包装食品或散装食品销售以及现场制售食品的经营者。

二、食品摊贩经营者的责任

食品摊贩从事生产经营活动，应当遵守食品安全法律法规，诚信自律，保证生产经营的食品卫生、无毒、无害，对社会和公众负责，接受社会监督，承担社会责任。

三、食品摊贩的经营时段和地点

县级人民政府和乡镇人民政府、街道办事处根据实际需要，按照方便群众、合理布局的原则，在征求社会公众意见后，划定食品摊贩经营区域、确定经营时段，并向社会公布。食品摊贩应当在规定的地点和时段经营。中、小学校校门外道路两侧 100m 范围内不得划定为食品摊贩经营区域。

在划定区域外，乡镇人民政府、街道办事处根据群众需求，在不影响安全、交通、市容环保等情况下，可以在城市非主干道两侧临时指定一定路段、时段供食品摊贩经营，并向社会公布。

四、食品摊贩的登记

乡镇人民政府、街道办事处应当按照规定对本行政区域内的食品摊贩予以登记，记录经营者的姓名、住址、经营范围、经营地点等信息，发放食品摊贩登记证，并将登记信息书面告知县级人民政府食品药品监督管理部门。发放食品摊贩登记证不得收取任何费用。

五、食品摊贩的经营规范

（一）经营规范

1. 一般食品摊贩的经营规范要求

食品摊贩应当遵守下列规定：

（1）食品原料、食品相关产品符合食品安全标准；（2）食品包装材料无毒、无害、清洁；（3）配备符合食品安全和卫生条件的食品制作和销售的亭或者棚、车、台等设施以及密闭的废弃物收集设施；（4）售卖散装直接入口食品的，配有防尘、防蝇等设施；（5）在醒目位置摆放或者悬挂食品摊贩登记证和有效健康证明；（6）经营者知晓食品安全法律法规和相关知识；（7）法律法规规定的其他要求。

2. 餐饮类食品摊贩的特殊要求

食品摊贩提供餐饮服务的，除遵循一般食品摊贩的经营规范，还应遵守下列规定：

（1）用水符合国家规定的生活饮用水卫生标准；（2）使用的洗涤剂、消毒剂对人体安全、无害；（3）保持食品加工经营场所环境整洁，有密闭的废弃物收集设施；（4）对餐具、饮具进行清洗并按规定消毒，使用专用消毒餐饮具的应当查验餐饮具消毒合格证明文件。

（二）禁止性规定

1. 禁止性行为事项

禁止食品摊贩从事下列行为：

（1）使用非食品原料生产食品或者在食品中添加食品添加剂以外的化学物质和其他可能危害人体健康的物质，或者使用回收食品生产加工食品；（2）生产经营致病性微生物，农药残留、兽药残留、生物毒素、重金属等污染物质以及其他危害人体健康的物质含量超过食品安全标准限量的食品；（3）生产经营腐败变质、油脂酸败、霉变生虫、污秽不洁、混有异物、掺假掺杂或者感官性状异常的食品；（4）使用未经检疫或者检疫不合格的肉类，或者使用未经检验或者检验不合格的肉类制品生产加工食品；（5）使用病死、毒死或者死因不明的禽、畜、兽、水产动物肉类及其制品生产加工食品；（6）以餐厨废弃物、废弃油脂为原料加工制作食用油或者以此类油脂为原料生产加工食品；（7）使用超过保质期的食品原料、食品添加剂生产加工食品，或者销售超过保质期的食品；（8）生产经营被包装材料、容器、运输工具等污染的食品；（9）标注虚假生产日期、保质期；（10）使用其他不符合食品安全标准的原料、食品添加剂和食品相关产品或者超范围、超限量使用食品添加剂；（11）接受食品生产企业和其他食品小作坊的委托生产加工或者分装食品；（12）法律法规禁止的其他行为。

2. 禁止经营的产品类型

禁止食品摊贩经营：（1）自制裱花蛋糕；（2）生食水（海）产品；（3）现制乳制品；（4）散装白酒；（5）专供婴幼儿和其他特定人群的主辅食品；（6）国家禁止经营的其他食品。

（三）进货票据或者凭证保存要求

食品摊贩进货应当索取票据或者相关凭证。票据或者相关凭证保存期限不得少于产品保质期限；没有明确保质期限的，保存期限不得少于三个月。

六、法律责任

（一）食品摊贩违反生产经营规范的法律责任

违反《湖南省食品生产加工小作坊小餐饮和食品摊贩管理条例》规定的经营规范的，由乡镇人民政府或者县级以上人民政府食品药品监督管理部门委托的街道办事处责令改正，给予警告；逾期不改正的，对食品摊贩处一百元以上五百元以下罚款。

（二）食品摊贩未按要求保存进货票据或者凭证的法律责任

食品摊贩未按照要求保存进货票据或者相关凭证的，由乡镇人民政府或者县级以上人民政府食品药品监督管理部门委托的街道办事处责令改正，给予警告；逾期不改正的，处一百元以上三百元以下罚款。

（三）食品摊贩违反禁止性规定的法律责任

违反《湖南省食品生产加工小作坊小餐饮和食品摊贩管理条例》规定，从事禁止的违法行为的，由县级以上人民政府食品药品监督管理部门没收违法所得和违法生产的产品，并可以没收用于违法生产的工具、设备、原料等物品；违法生产的产品货值金额不足五千元的，并处五千元以上三万元以下罚款；货值金额五千元以上的，并处货值金额十倍以上二十倍以下罚款；情节严重的，吊销许可证。

（四）食品摊贩经营禁止经营的食品的法律责任

违反《湖南省食品生产加工小作坊小餐饮和食品摊贩管理条例》规定，食品摊贩经营禁止经营的食品的，由乡镇人民政府或者县级以上人民政府食品药品监督管理部门委托的街道办事处责令改正，给予警告；逾期不改正的，没收违法所得和违法经营的食品，并可以没收用于违法经营的工具、设备、原料等物品，处三百元以上一千元以下罚款。

第四节　其他规定

一、监管部门履职时可采取的行政执法措施

县级以上人民政府食品药品监督管理部门对食品小作坊、小餐饮和食品摊贩履行食品安全监督管理职责时，有权采取下列措施：

（1）进入生产经营场所实施现场检查；

（2）对生产经营者的食品、食品添加剂、食品相关产品等进行抽样检验；

（3）查阅、复制有关合同、票据、账簿以及其他有关资料；

（4）查封、扣押有证据证明不符合食品安全标准、存在安全隐患或者用于违法生产经营的食品、食品添加剂、食品相关产品；

（5）查封违法从事食品生产经营活动的场所。

二、集中交易市场的开办者等未履行查验报告义务的法律责任

集中交易市场的开办者、食品柜台的出租者、展销会的举办者等应当查验进入本市场生产经营的食品小作坊许可证、小餐饮经营许可证、食品摊贩登记证和从业人员的有效健康证明，定期检查生产经营环境和条件，发现违法行为的，立即予以制止并报告食品药品监督管理部门。

集中交易市场的开办者、食品柜台的出租者、展销会的举办者允许未取得食品小作坊许可证、小餐饮经营许可证、食品摊贩登记证的生产经营者进入市场生产经营食品，或者未履行检查、报告等义务的，由县级以上人民政府食品药品监督管理部门责令改正，没收违法所得，并处一千元以上一万元以下罚款；致使消费者合法权益受到损害的，依法与食品小作坊、小餐饮、食品摊贩承担连带责任。

三、事故单位发生食品安全事故未进行处置、报告的法律责任

食品小作坊、小餐饮和食品摊贩发生食品安全事故时，应当立即停止生产经营，封存有关食品及原料、工具、设备，采取措施防止事故扩大，并向当地人民政府食品药品监督管理部门报告。任何单位和个人不得隐瞒、谎报、缓报食品安全事故，不得隐匿、伪造、毁灭有关证据。

违反《湖南省食品生产加工小作坊小餐饮和食品摊贩管理条例》规定，事故单位在发生食品安全事故后未进行处置、报告的，由有关主管部门依法责令改正，给予警告；隐匿、伪造、毁灭有关证据的，责令停产停业，并处一千元以上二万元以下罚款；情节严重的，由发证机关吊销许可证。

四、被吊销许可证的责任人的禁业限制

被吊销食品小作坊许可证、小餐饮经营许可证的，食品生产经营者、直接负责的主管人员和其他直接责任人员自处罚决定作出之日起五年内不得从事食品生产经营。

五、违法后的民事责任和刑事责任追究

食品小作坊、小餐饮和食品摊贩违反《湖南省食品生产加工小作坊小餐饮和食品摊贩管理条例》规定，造成他人人身、财产损害的，依法承担民事责任；构成违反治安管理行为的，由公安机关依法给予治安管理处罚；构成犯罪的，依法追究刑事责任。

第十二章　保健食品基础理论

保健食品是一个特定的食品种类，在分类上属于食品范畴。本章将简要介绍保健食品基础理论，包含保健食品的定义及原料、保健食品的种类、保健食品中的功效成分、保健食品功效成分的检测与功能评价。

第一节　保健食品的定义及原料

一、保健食品的定义

《食品安全国家标准 保健食品》GB 16740—2014 对保健食品的定义，是指声称具有特定保健功能或者以补充维生素、矿物质为目的的食品。即适宜于特定人群食用，具有调节机体功能，不以治疗疾病为目的，并且对人体不产生任何急性、亚急性或者慢性危害的食品。

2015 年《食品安全法》第 75 条　保健食品声称保健功能，应当具有科学依据，不得对人体产生急性、亚急性或者慢性危害。因此，保健食品的定义主要根据 2015 年 10 月 1 日起施行的《食品安全法》规定执行。

1. 保健食品与食品的主要区别

保健食品是食品的一个特殊种类，属于食品范畴内的特殊食品；需要指出的是，食品范畴内的特殊食品包含保健食品、特殊医学用途配方食品和婴幼儿配方食品等。（1）保健食品强调具有特定保健功能，而其他食品强调提供营养成分。（2）保健食品具有规定的食用量，而其他食品一般没有服用量的要求。（3）保健食品根据其保健功能的不同，具有特定适宜人群和不适宜人群，而其他食品一般不进行区分。

2. 保健食品与药品的主要区别

（1）使用目的不同。保健食品是用于调节机体机能，提高人体抵御疾病的能力，改善亚健康状态，降低疾病发生的风险，不以预防、治疗疾病为目的。药品是指用于预防、治疗、诊断人的疾病，有目的地调节人的生理机能并规定有适应证或者功能主治、用法和用量的物质。（2）使用方法不同。保健食品仅口服使用，药品可以用注射、涂抹等方法使用。（3）可以使用的原料种类不同。有毒有害物质不得作为保健食品原料。（4）保健食品按照规定的食用量食用，不能给人体带来任何急性、亚急性和慢性危害。药品可以有毒副作用。

3. 保健食品与保健品的区别

保健食品不等同于保健品，保健食品范围小于保健品。保健食品、保健用品、保健器械甚至可以包括部分特殊用途化妆品，统称为保健品。

保健用品在大体上可分为：男用保健用品、女用保健用品、中老年保健用品、婴幼儿保健用品、性保健用品等。保健器械和医疗器械的最大区别在于，一个是强身健体防病用，一个是治疗疾病用，二者不宜混淆。

4. 保健食品产品标志

保健食品产品标志俗称"蓝帽子标志"，为天蓝色图案，下有保健食品字样。标志应当按照国家食品药品监督管理总局规定的图案等比例标注在版面的左上方，清晰易识别。《保健食品标签标识检查要点》对产品外包装做了规定。

（1）保健食品标志与保健食品批准文号应并排或上下排列标于保健食品主要展示版面的左上方。（2）保健食品批准文号分为上下两行，上行为保健食品批准文号，下行为"中华人民共和国卫生部批准"或"国家食品药品监督管理（总）局批准"，原则上以该保健食品最新有效批件的批准机构为准。（3）2003年以前的国产保健食品注册号格式为：卫食健字（4位年份代码）＋第××××号；进口保健食品注册号格式为：卫食健进字（4位年份代码）＋第××××号。2003年以后的国产保健食品注册号格式为：国食健字G＋4位年代号＋4位顺序号；进口保健食品注册号格式为：国食健字J＋4位年代号＋4位顺序号。

5. 如何正确选择和食用保健食品

（1）检查保健食品包装上是否有保健食品标志及保健食品批准文号。（2）检查保健食品包装上是否注明生产企业名称及其生产许可证号，生产许可证号可到企业所在地省级主管部门网站查询确认其合法性。（3）食用保健食品要依据其功能有针对性地选择，切忌盲目使用。（4）保健食品不能代替药品，不能将保健食品作为灵丹妙药。（5）食用保健食品应按标签说明书的要求食用。（6）保健食品不含全面的营养素，不能代替其他食品，要坚持正常饮食。（7）不能食用超过标示有效期和变质的保健食品。

二、保健食品的原料

1. 国家食品药品监督管理总局会同国家卫生计生委和国家中医药管理局发布了"关于《保健食品原料目录（一）》和《允许保健食品声称的保健功能目录（一）》的公告（2016年第205号）"。

（1）《保健食品原料目录（一）》营养素补充剂原料目录（见下载文件）

（2）《允许保健食品声称的保健功能目录（第一批）》（见表12-1）

营养素补充剂保健功能目录　　　　　　　　　　　　　　　　　　　　表12-1

保健功能	备注
补充维生素、矿物质	钙、镁、钾、锰、铁、锌、硒、铜、维生素A、维生素D、维生素B1、维生素B2、维生素B6、维生素B12、烟酸（尼克酸）、叶酸、生物素、胆碱、维生素C、维生素K、泛酸、维生素E

2. 原卫生部卫法监发〔2002〕51号规定

原卫生部于2002年发布《关于进一步规范保健食品原料管理的通知》，（卫法监发〔2002〕51号）公布了《可用于保健食品的物品名单》和《保健食品禁用物品名单》。保健食品原料的具体管理规定，请参照该通知。国家食品药品监督管理总局另有规定的从其规定。

（1）可用于保健食品的物品名单（按笔画顺序排列）

人参、人参叶、人参果、三七、土茯苓、大蓟、女贞子、山茱萸、川牛膝、川贝母、川芎、马鹿胎、马鹿茸、马鹿骨、丹参、五加皮、五味子、升麻、天门冬、天麻、太子参、巴戟天、木香、木贼、牛蒡子、牛蒡根、车前子、车前草、北沙参、平贝母、玄参、生地黄、生何首乌、白及、白术、白芍、白豆蔻、石决明、石斛（需提供可使用证明）、地骨皮、当归、竹茹、红花、红景天、西洋参、吴茱萸、怀牛膝、杜仲、杜仲叶、沙苑子、牡丹皮、芦荟、苍术、补骨脂、诃子、赤芍、远志、麦门冬、龟甲、佩兰、侧柏叶、制大黄、制何首乌、刺五加、刺玫果、泽兰、泽泻、玫瑰花、玫瑰茄、知母、罗布麻、苦丁茶、金荞麦、金樱子、青皮、厚朴、厚朴花、姜黄、枳壳、枳实、柏子仁、珍珠、绞股蓝、葫芦巴、茜草、荜茇、韭菜子、首乌藤、香附、骨碎补、党参、桑白皮、桑枝、浙贝母、益母草、积雪草、淫羊藿、菟丝子、野菊花、银杏叶、黄芪、湖北贝母、番泻叶、蛤蚧、越橘、槐实、蒲黄、蒺藜、蜂胶、酸角、墨旱莲、熟大黄、熟地黄、鳖甲。

（2）保健食品禁用物品名单（按笔画顺序排列）

八角莲、八里麻、千金子、土青木香、山莨菪、川乌、广防己、马桑叶、马钱子、六角莲、天仙子、巴豆、水银、长春花、甘遂、生天南星、生半夏、生白附子、生狼毒、白降丹、石蒜、关木通、农吉痢、夹竹桃、朱砂、米壳（罂粟壳）、红升丹、红豆杉、红茴香、红粉、羊角拗、羊踯躅、丽江山慈姑、京大戟、昆明山海棠、河豚、闹羊花、青娘虫、鱼藤、洋地黄、洋金花、牵牛子、砒石（白砒、红砒、砒霜）、草乌、香加皮（杠柳皮）、骆驼蓬、鬼臼、莽草、铁棒槌、铃兰、雪上一枝蒿、黄花夹竹桃、斑蝥、硫黄、雄黄、雷公藤、颠茄、藜芦、蟾酥。

3. 关于停止冬虫夏草用于保健食品试点工作的通知（食药监食监三〔2016〕21 号）

2012 年 8 月，原国家食品药品监督管理局印发了《冬虫夏草用于保健食品试点工作方案》（国食药监保化〔2012〕225 号），要求试点企业按照要求组织开展试点相关工作。根据新修订的《食品安全法》相关规定，总局已制定公布《保健食品注册与备案管理办法》（国家食品药品监督管理总局令第 22 号），含冬虫夏草的保健食品相关申报审批工作按《保健食品注册与备案管理办法》有关规定执行，未经批准不得生产和销售。

4. 原卫生部 2002 年公布的《可用于保健食品的物品名单》所列物品仅限用于保健食品

除已公布可用于普通食品的物品外，《可用于保健食品的物品名单》中的物品不得作为普通食品原料生产经营。如需开发《可用于保健食品的物品名单》中的物品用于普通食品生产，应当按照《新食品原料安全性审查管理办法》规定的程序申报批准。对不按规定使用《可用于保健食品的物品名单》所列物品的，应按照《食品安全法》及其实施条例的有关规定进行处罚。

第二节　保健食品的种类

保健食品按照功能声称分为两大类：营养素补充剂声称和一般功能声称

一、营养素补充剂声称

营养素补充剂，是指以补充维生素、矿物质而不以提供能量为目的的产品。其作用是补充膳食供给的不足，预防营养缺乏和降低发生某些慢性退行性疾病的危险性。营养素补充剂共 22 类（见表 12-1）。

二、一般功能声称

一般功能声称，是指具有 27 种功能之一或其中几种功能的保健食品。27 种功能包括：1）增强免疫力；2）辅助降血脂；3）辅助降血糖；4）抗氧化；5）辅助改善记忆；6）缓解视疲劳；7）促进排铅；8）清咽；9）辅助降血压；10）改善睡眠；11）促进泌乳；12）缓解体力疲劳；13）提高缺氧耐受力；14）对辐射危害有辅助保护功能；15）减肥；16）改善生长发育；17）增加骨密度；18）改善营养性贫血；19）对化学性肝损伤的辅助保护作用；20）祛痤疮；21）祛黄褐斑；22）改善皮肤水分；23）改善皮肤油分；24）调节肠道菌群；25）促进消化；26）通便；27）对胃黏膜损伤有辅助保护功能。

第三节 保健食品中的功效成分

与保健食品保健功能声称相对应的是功效成分，也称功能性成分。功效成分是保健食品具有保健功能的关键所在，也是控制产品质量的主要指标。不同的保健食品由于采用的生产原料不同、生产工艺不同，最终在产品中含有的功效成分种类和含量也会不同。甚至同一种原料由于采用的不同生产工艺，最终产品的功效成分种类也不同。比如黄芪，在采用醇提工艺时，得到的功效成分是黄芪皂苷，在采用水提工艺时，得到的是黄芪多糖。因此在黄芪产品申报保健食品功能声称时，黄芪皂苷对应申报抗氧化功能，黄芪多糖对应申报增强免疫力。保健食品采用与黄芪类似的植物原料生产时，产品最终的判定采用以上同样的原理处理。

《食品安全国家标准 保健食品》GB 16740—2014 将功效成分定义为：能通过激活酶的活性或其他途径，调节人体机能的物质。目前大家比较接受的功效成分分类大致分为七类：功能性蛋白质；氨基酸及其衍生物；功能性碳水化合物（含膳食纤维、低聚糖、活性多糖等）；功能性脂类；维生素及矿物质元素；益生菌及其制品（乳酸菌类、双歧杆菌等微生态调节剂）；功能性植物化学物。下文将对以上七类功效成分分别选取有代表性物质举例说明。

一、功能性蛋白质

1. 乳铁蛋白。乳铁蛋白是一种天然蛋白质的降解物，存在于牛乳和母乳中。晶体呈红色，是一种铁结合性糖蛋白，相对分子质量为 77100 ± 1500。牛乳乳铁蛋白 Lf 的等电点 pH 值为 8.2 左右，母乳铁蛋白 Lf 的等电点 pH 值为 6 左右，牛乳比母乳高 2 左右。主要功能包括刺激肠道中铁的吸收；抑菌作用，抗病毒效应（pH＞6.8）；调节吞噬细胞功能；调节发炎反应，抑制感染部位炎症；抑制由于 Fe^{2+} 引起的脂氧化。

2. 免疫球蛋白。免疫球蛋白是一类具有抗体活性，能与相应抗原发生特异性结合的球蛋白。它是由两条相同的轻链和两条相同的重链通过链间二硫键连接而成的四肽链结构。免疫球蛋白分为五类，即免疫球蛋白 G（IgG）、免疫球蛋白 A（IgA）、免疫球蛋白 M（IgM）、免疫球蛋白 D（IgD）和免疫球蛋白 E（IgE）。其中在体内起主要作用的是免疫球蛋白 G（IgG），而在局部免疫中起主要作用的是分泌型免疫球蛋白 A（SIgA）。鸡蛋蛋黄中有 IgY，是鸡血清 IgG 在孵卵过程中转移至鸡蛋黄中形成的，其生理活性与鸡血清 IgG 极为相似。免疫球蛋白可增强机体的防御能力。

二、氨基酸及其衍生物

有些氨基酸虽然人体能够合成，但在严重的应激或疾病状态下容易发生缺乏现象，从而给人体健康带来不利影响，这些氨基酸称为半必需氨基酸或条件性必需氨基酸。

1. 牛磺酸。婴儿如果缺乏牛磺酸，会影响到体力、视力、心脏与脑的正常生长，会出现视网膜功能紊乱、体力与智力发育迟缓。长期全静脉营养输液的病人，眼底视网膜电流图会发生变化，只有补充大剂量的牛磺酸才能纠正这一变化。

2. 精氨酸。维持正常的氮代谢（缺乏血氮升高）；促进胶原组织的合成，加速伤口愈合；防止胸腺的退化，促进胸腺中淋巴细胞生长，提高机体免疫力和抗肿瘤能力。

三、功能性碳水化合物

功能性碳水化合物在增强免疫力、降血脂、调节肠道菌群、减少食物摄入预防肥胖等方面具有一定生理功效。主要包含功能性单糖、功能性低聚糖、多元糖醇、强力甜味剂、膳食纤维、功能性多糖等。

1. 功能性单糖，L-单糖。L-单糖与 D-单糖在物理化学性质上几乎完全一样，两者属于镜像关系，是根据单糖分子中的不对称碳原子所形成的立体异构体。在体内代谢与胰岛素无关；口腔微生物不能发酵，防龋齿；糖尿病患者适用，可作运动员饮料等产品。

2. 功能性低聚糖。由 2～10 个分子单糖通过糖苷键连接而成的低度聚合糖。普通低聚糖如蔗糖、乳糖、麦芽糖等，无功能性。功能性低聚糖主要是水苏糖、棉子糖、低聚果糖等。主要功能是不提供能量或提供很低的能量；不是口腔微生物适宜作用的底物，长期食用不会引起龋齿；具有膳食纤维的部分生理功能，如降低血清胆固醇和预防结肠癌；低聚糖为小分子物质，添加至食品中不会改变食品原有的组织结构和物化性质。

3. 多元糖醇。多元糖醇是糖的还原产物，为糖的衍生物，种类多，是一类重要的保健食品功效成分因子。有木糖醇、山梨醇、甘露醇、麦芽糖醇、乳糖醇、异麦芽糖醇等。功能特性主要是在人体内的代谢与胰岛素无关；不是口腔微生物适宜作用的底物，长期食用不会引起龋齿；具有膳食纤维的部分生理功能；甜度黏度能量值低，不参与美拉德反应；缺点是摄入过量有引起肠胃不适或导致腹泻等现象。

4. 强力甜味剂。顾名思义，甜度在蔗糖的 50 倍以上，有些品种甚至最高可以达到 1000～2500 倍。主要有化学合成的糖精、甜蜜素、甜味素、安塞甜；有半合成的三氯蔗糖、二氢查耳酮衍生物；天然提取的二氢查耳酮、甜菊苷、甜菊双糖苷、甘草甜素等。主要功能是甜度高，能量几乎为 0；不是口腔微生物适宜作用的底物，长期食用不会引起龋齿；在人体内的代谢与胰岛素无关；部分品种有增强食物风味作用。

5. 膳食纤维。是不被人体所消化吸收的非淀粉多糖类碳水化合物与木质素总称。种类有纤维素、半纤维素、果胶和果胶类物质、糖蛋白、木质素。有水溶性膳食纤维（纤维素、半纤维素、木质素）和不溶性膳食纤维（果胶和果胶类物质、糖蛋白、少数半纤维素）。物理化学特征是高持水力；对阳离子有结合交换能力；对有机化合物有吸附螯合作用；具有类似填充剂的容积作用；可改变肠道系统中的微生物群系组成。

膳食纤维的生理功能是预防结肠癌和便秘；预防动脉粥样硬化和冠心病；预防糖尿病；增加饱腹感防止肥胖；减少胆汁酸再吸收量，改变食物消化速度和消化道分泌物的分泌量，预防胆结石等功能。它对人体的正常生理代谢必不可少，推荐每日摄入量成人25～35g，不溶性70％～75％，可溶性25％～30％。具体品种有玉米膳食纤维、甜菜膳食纤维、小麦麸皮膳食纤维、大豆膳食纤维、魔芋膳食纤维等。

6. 功能性多糖。是一类具有免疫调节活性、抗肿瘤活性等特殊生理功能的多糖。按照来源主要有真菌多糖、植物多糖、动物多糖。

（1）真菌多糖是指从真菌子实体、菌丝体、发酵液中分离，可以控制细胞分裂分化，调节细胞生长衰老的多糖，有增强免疫力，降血压降血脂、抗肿瘤生理活性功能。种类有香菇多糖、灵芝多糖、云芝多糖、银耳多糖、虫草多糖、茯苓多糖、金针菇多糖、木耳多糖等。

（2）植物多糖是指从植物中分离，可以控制细胞分裂分化，调节细胞生长衰老的多糖，有增强免疫力，抗疲劳、降血压降血糖降血脂、抗肿瘤生理活性功能。种类有人参多糖、黄芪多糖、茶多糖、枸杞多糖、银杏叶多糖等。

（3）动物多糖是指从动物中分离，可以控制细胞分裂分化，调节细胞生长衰老的多糖，有增强免疫力，降血压降血脂、抗肿瘤生理活性功能。种类有海参多糖、壳聚糖、透明质酸等。

四、功能性脂类

功能性脂类是一类重要的油脂或脂肪的替代品。现代消费者对食品中的脂肪含量非常敏感，但又无法接受单纯减少脂肪或无脂肪导致口感较差的食品，因此，油脂替代品出现在越来越多的食物当中，是低能量食品的重要原料。功能性脂类中多不饱和脂肪酸和磷脂因具有重要生理功能，在脂类当中占据重要地位。

1. 不饱和脂肪酸。根据双键个数的不同，分为单不饱和脂肪酸和多不饱和脂肪酸二种。在食物脂肪中，单不饱和脂肪酸有油酸，多不饱和脂肪酸是亚油酸、花生四烯酸等。

2. 磷脂。磷脂由 C、H、O、N、P 五种元素组成，是生物膜的重要组成部分，其特点是在水解后产生含有脂肪酸和磷酸的混合物。根据磷脂的主链结构分为磷酸甘油酯和鞘磷脂。它是一个混合物的概念，由不同结构和功能的磷脂构成，包括磷脂酰胆碱（PC）、磷脂酰肌醇（PI）、磷脂酰乙醇胺（PE）、磷脂酰丝氨酸（PS）和磷脂酸（PA）等。磷脂酰胆碱（PC）是磷脂中最主要的活性成分，又称卵磷脂，功能如下：构成生物膜的重要组成部分；促进神经传导，增强大脑活力，提高学习效率；促进婴儿智力，尤其是胎儿在生长发育中对磷脂酰胆碱的需求极大；促进脂肪代谢，防止出现脂肪肝、酒精肝；促进体内转甲基代谢的顺利进行；降低血清胆固醇、改善血液循环、预防心血管疾病。

五、维生素与矿物质元素

1. 维生素。又名维他命，通俗来讲，即维持生命的物质，是维持人体生命活动必需的一类有机物质，也是保持人体健康的重要活性物质。各种维生素的化学结构以及性质虽然不同，但它们却有着以下共同点：维生素均以维生素原的形式存在于食物中；维生素不是构成机体组织和细胞的组成成分，它也不会产生能量，它的作用主要是参与机体代谢的调节；大多数的维生素，机体不能合成或合成量不足，不能满足机体的需要，必须经常通过食物获得；人体对维生素的需要量很小，日需要量常以毫克或微克计算，但一旦缺乏就会引发相应的维生素缺乏症，对人体健康造成损害；维生素与碳水化合物、脂肪和蛋白质3大物质不同，在天然食物中仅占极少比例。

2. 矿物质。是地壳中自然存在的化合物或天然元素，又称无机盐，是构成人体组织和维持正常生理功能必需的各种元素的总称。矿物质和维生素一样，是人体必需的元素，矿物质是无法自身产生、合成的，每天矿物质的摄取量也是基本确定的，但随年龄、性别、身体状况、环境、工作状况等因素有所不同。

六、益生菌及其制品（乳酸菌类、双歧杆菌等微生态调节剂）

益生菌是一类对宿主有益的活性微生物，是定植于人体肠道、生殖系统内，能产生确切健康功效从而改善宿主微生态平衡、发挥有益作用的活性有益微生物的总称。人体、动物体内有益的细菌或真菌主要有：酪酸梭菌、乳杆菌、双歧杆菌、放线菌、酵母菌等。

1. 乳酸菌。是指能从葡萄糖或乳糖的发酵过程中产生乳酸的细菌统称为乳酸菌。这是一群相当庞杂的细菌，目前至少可分为18个属，共有200多种。除极少数外，其中绝大部分都是人体内必不可少的且具有重要生理功能的菌群，其广泛存在于人体的肠道中。乳酸菌可以说是巨噬细胞、NK细胞（自然杀伤细胞natural killer cell，是机体重要的免疫细胞，不仅与抗肿瘤、抗病毒感染和免疫调节有关，而且在某些情况下参与超敏反应和自身免疫性疾病的发生，能够识别靶细胞、杀伤介质。）这些人体免疫细胞的"兴奋剂"，乳酸菌可以激活这些细胞以消灭体内的有害菌和癌细胞，目前已被国内外生物学家所证实，肠内乳酸菌与健康长寿有着非常密切的关系。

乳酸菌的主要功能：（1）提供营养物质。正常发挥代谢活性，能直接为宿主提供可利用的必需氨基酸和各种维生素（维生素B族和维生素K等），还可提高矿物元素的生物活性。（2）改善胃肠道功能，维持肠道菌群平衡。（3）改善免疫能力。（4）乳酸菌对一些腐败菌和低温细菌有较好的抑制作用。可用于预防腹泻、下痢、肠炎、便秘和由于肠道功能紊乱引起的多种疾病以及皮肤炎症。

不是所有的乳酸菌都能通过人体胃酸和肠道的消化系统到达人体大肠。有少数酸奶产品中添加了"嗜酸乳杆菌"（A菌）或"双歧杆菌"（B菌），这两类菌的保健作用更强，不过在通过胃肠道的时候，绝大多数乳酸菌都被人体消化功能杀灭，只有极少数幸运的菌在亿万同伴掩护下，最终到达大肠当中，并栖息繁衍下去。

2. 双歧杆菌属是一种革兰氏阳性、不运动、细胞呈杆状、一端有时呈分叉状、严格厌氧的细菌属，广泛存在于人和动物的消化道、阴道和口腔等生理环境中。双歧杆菌属的细菌是人和动物肠道菌群的重要组成成员之一。

双歧杆菌的主要功能：（1）预防慢性腹泻与抗生素相关性腹泻。（2）有效缓解便秘。（3）抑制癌症的发生和发展。（4）保护肝脏。（5）促进人体对乳糖的消化。（6）在人体肠内发酵后可产生乳酸和醋酸，能提高机体对矿物质元素如钙、铁的利用率，促进铁和维生素D的吸收。

七、功能性植物化学物

植物化学物由种类繁多的化学物质组成。从广义上讲，植物化学物是生物进化过程中植物维持其与周围环境（包括紫外线）相互作用的生物活性分子。植物化学物有多种生理作用。主要表现在以下几个方面：（1）抗癌作用：癌症的发生是一个多阶段过程，植物化学物几乎可以在每一个阶段抑制肿瘤发生。如某些酚酸可与活化的致癌剂发生共价结合并掩盖 DNA 与致癌剂的结合位点，大豆中存在的金雀异黄素和植物雌激素在离体实验条件下可抑制血管生长和肿瘤细胞的生长和转移。此外，植物化学物中的芥子油甙、多酚、单萜类、硫化物等可通过抑制Ⅰ相代谢酶和诱导Ⅱ相代谢酶来发挥抗癌作用。（2）抗氧化作用：现已发现，植物化学物如类胡萝卜素、多酚、植物雌激素、蛋白酶抑制剂和硫化物也具有明显的抗氧化作用。某些类胡萝卜素如番茄红素对单线态氧和氧自由基具有更有效的保护作用。多酚类是植物化学物中抗氧化活性最高的一类物质。（3）免疫调节作用：多项实验研究及干预性研究结果均表明，类胡萝卜素能够调节机体的免疫功能。在离体条件下发现，类黄酮具有免疫调节作用，皂甙、硫化物能增强机体的免疫功能。（4）抗微生物作用：某些植物用于抗感染研究由来已久。早期研究证实，球根状植物中的硫化物具有抗微生物作用。硫化物中的蒜素、芥子油甙中的代谢物异硫氰酸盐等也具有抗微生物活性。（5）降胆固醇作用：动物实验和临床研究均发现，皂甙、植物固醇、硫化物、生育三烯酚具有降低血胆固醇水平的作用。植物化学物降低胆固醇的机制可能与抑制胆酸吸收、促进胆酸排泄、减少胆固醇在肠外的吸收有关。此外，植物化学物如生育三烯酚和硫化物能够抑制肝脏中胆固醇代谢的关键酶，如羟甲基戊二酸单酰辅酶 A（HMG-CoA）。除以上作用外，植物化学物还具有调节血压、血糖和血凝以及抑制炎症等作用。

植物化学物-皂苷。皂苷是苷元为三萜或螺旋甾烷类化合物的一类糖苷，主要分布于陆地高等植物中，也少量存在于海星和海参等海洋生物中。许多中草药如人参、远志、桔梗、甘草、黄芪、知母和柴胡等的主要有效成分都含有皂苷。有些皂苷具有抗菌的活性或解热、镇静、抗癌等有价值的生物活性。

第四节　保健食品功能性成分的检测与功能评价

保健食品中功能性成分的检测是确保保健食品质量和功效的关键点。目前，保健食品中食品安全指标的检测方法比较系统，且很多检测方法已经列入国家标准。但功能性成分的检测与食品安全指标比较而言，相对属于薄弱环节。

一、常用检测方法技术要点

1. 资料收集

全面收集国内及国外与该产品品种有关的技术资料。根据该产品配方及生产工艺明确的功能性成分确定匹配的检测方法。国内外的资料收集主要是针对已经发布的标准检测方法，以标准方法为准绳，再扩大到非标准检测方法。标准方法包括国家标准、国际标准，非标准方法包括行业标准、协会标准、企业标准等。

2. 选定检测方法

首先选择标准检测方法，根据方法中的准确性、精密度、标准曲线、回收率、选择针对性等技术要求，结合保健食品具体品种情况确定定性、定量、提出效率、检出限、适用性等要求进行确定。如果该品种没有标准检测方法，检测人员最好与国家认证认可实验室确定的统一方法为标准开展检测，并在实施检测时把握好实验室几种常用的化学分析基本概念。

（1）准确性

也称准确度，即保健食品功能性成分的真实含量与实验检出值之间的偏差范围。也可以定义为多次实验分析标准品平均值与标准品的偏差。

（2）精密度

也称为精度，即同一样品经多次检测测定的离散程度。一般来说分确定最高残留限量和未确定最高残留限量，确定最高残留限量的情况下，精度实验在方法检出限、最高残留限量、适用点三个层次进行实验；对于未确定最高残留限量的精度实验在方法检出限、常见限量指标、适用点三个层次进行实验。以上两种情况下的实验次数重复6次。精度的表述方式有4类，第一类是相对偏差；第二类是平行样相对偏差；第三类是标准偏差（标准差）；第四类是相对标准偏差。

（3）选择针对性

也称为选择性，通俗来讲就是所选择的检测方法对准备检测的保健食品功效成分是否匹配，是否相符合。从当前的保健食品品种来看，有一部分保健食品采用多种成分组成的配方，来源复杂，成分复杂，其中某些物质对准备检测的功效性成分甚至有影响，从而导致检测结果出现偏差。

（4）回收率

指实验测定的平均值与真实值相匹配的程度。保健食品中功能性成分指标的回收率应在标准值点的±20％。回收试验，是"对照试验"的一种。当所分析的试样组分复杂，不完全清楚时，向试样中加入已知量的被测组分，然后进行测定，检查被加入的组分能否定量回收，以判断分析过程是否存在系统误差的方法。所得结果常用百分数表示，称为"百分回收率"，简称"回收率"。

（5）标准曲线

标准曲线是标准物质的物理或化学属性跟仪器响应之间的函数关系。是指通过测定一系列已知组分的标准物质的某理化性质，从而得到该性质的数值所组成的曲线。也可以称为描述标准曲线的数学方程及浓度范围。浓度范围要覆盖一个数量级，至少要描述5个点，不包括空白点。相关系数不低于0.99，测试溶液中被测量的功效成分浓度应在标准曲线的线性范围以内。

3. 常用检测方法

几种常用保健食品功能性成分检测方法有滴定法、色谱法、分光光度法（可见分光光度法、紫外分光光度法）、色谱法（气相色谱法、液相色谱法）。

（1）滴定法：人工滴定法是根据指示剂的颜色变化指示滴定终点，然后目测标准溶液消耗体积，计算分析结果。自动电位滴定法是通过电位的变化，由仪器自动判断终点。滴定法根据反应的不同，分为酸碱滴定法、氧化还原滴定法、配位滴定法、沉淀滴定法。

（2）分光光度法：是通过测定被测物质在特定波长处或一定波长范围内光的吸收度，对该物质进行定性定量分析的方法。它具有灵敏度高、操作简便、快速等优点，是常用的实验方法。利用分光光度法对物质进行定量测定主要有标准管法、标准曲线法、吸收系数法等方法。

（3）色谱法：是利用不同物质在不同相态的选择性分配，以流动相对固定相中的混合物进行洗脱，混合物中不同的物质会以不同的速度沿固定相移动，最终达到分离的效果。以气体为流动相的色谱称为气相色谱法，以液体为流动相的色谱称为液相色谱法。气相色谱是测可挥发性的物质，对样品要求汽化，而液相色谱在分离和过程中不需要汽化，直接可对液相的物质进行分离和测定。色谱法是当前保健食品功能性成分检测使用较多的一种重要检测方法。

二、保健食品功能性成分分类检测方法

1. 多糖的检测方法。

（1）粗多糖的苯酚、粗多糖的蒽酮可采用硫酸分光光度检测方法。在检测粗多糖苯酚时需要注意的是，由于大多数保健食品都加有淀粉、糊精，因此要在检测时做好处理，否则这类没有活性的碳水化合物会影响实验结果。处理的目的是将其全部酶解成单糖或低聚糖，而多糖可以采用乙醇进行沉淀，最终两类物质实现分离。

（2）粗多糖的碱性酒石酸铜滴定法。粗多糖除了采用以上两种测定方法外，还可以采用碱性酒石酸铜滴定法，将多糖沉淀物酸解后，全部转成单糖，单糖有还原性，在加热条件下直接滴定标定过的碱性酒石酸铜液，以亚甲蓝作指示剂，根据样品液消耗的体积计算还原糖含量，再乘以系数计算多糖含量。缺点是酒石酸铜滴定法只能测定还原糖，由于保健食品原料复杂，多糖成分复杂，因此采用高效液相色谱法测定时，使用葡聚糖作为多糖测定的对照品有一定指导意义。

（3）葡聚糖可采用分光光度测定法。该方法适用于保健食品中以葡聚糖为主要结构、相对分子质量 1×10^4 以上的水溶性粗多糖检测。

（4）真菌多糖可采用凝胶渗透色谱测定法。适合用于含真菌多糖或植物多糖的保健食品中水溶性多糖的检测。该方法适用范围比较广泛，可以检测口服液、片剂、胶囊、颗粒剂等多种剂型保健食品的多糖含量与分子量。

（5）低聚糖、木二糖、低聚木糖、低聚半乳糖、硫酸软骨素可采用高效液相色谱法。

2. 皂苷类化合物的检测方法

（1）总皂苷可采用分光光度法。（2）黄芪甲苷、甘草酸可采用高效液相色谱法。

3. 黄酮及苷类、脂肪酸、有机酸、洛伐他汀、肌醇及植物甾醇、维生素、氨基酸、酶及激素大多数采用高效液相色谱法。

三、保健食品的功能评价

2013 年，国家食品药品监督管理总局组织对 22 项保健食品功能评价方法进行修订。首批印发公布的是 9 项评价方法。1）抗氧化功能评价方法；2）对胃黏膜损伤有辅助保护功能评价方法；3）辅助降血糖功能评价方法；4）缓解视疲劳功能评价方法；5）改善缺铁性贫血功能评价方法；6）辅助降血脂功能评价方法；7）促进排铅功能评价方法；

8）减肥功能评价方法；9）清咽功能评价方法。

目前，国家批准的保健食品功能共 27 项，并对保健食品企业申报的每项功能都规定了相应的评价方法，本章不做重复阐述。从 2016 年开始，国家食品药品监管总局启动了保健食品检验和评价方法的修订工作，主要涉及功能、毒理、人体试食等领域，优先启动增强免疫力、保护胃黏膜等 6 项研究。从某种程度上可以看作是新一轮的功能评价方法修订。2016 年，国家食品药品监督管理总局令第 22 号《保健食品注册与备案管理办法》对安全性和保健功能评价材料要求包含目录外原料及产品的安全性、保健功能试验评价材料，人群食用评价材料，功效成分或者标志性成分、卫生学、稳定性、菌种鉴定、菌种毒力等试验报告，以及涉及兴奋剂、违禁药物成分等检测报告。

对保健食品的功能评价应该严格按照 27 项保健功能对应的评价方法和总局令第 22 号规定的范围和程序执行。同时要注意的是保健食品审评涉及的试验和检验工作应当由国家食品药品监督管理总局选择的符合条件的食品检验机构承担。

第十三章　保健食品的管理

第一节　保健食品注册

一、定义

《保健食品注册与备案管理办法》第三条

保健食品注册，是指食品药品监督管理部门根据注册申请人注册，依照法定程序、条件和要求，对申请注册的保健食品的安全性、保健功能和质量可控性等相关申请材料进行系统评价和审评，并决定是否准予其注册的审评过程。

二、申请材料内容要求

保健食品注册申请材料应完整，并符合《保健食品注册与备案管理办法》《保健食品注册检验复核检验管理办法》《保健食品检验与评价技术规范》《保健食品注册审评审批工作细则》等规章、规范性文件的规定。

1. 注册申请产品应具有充足的安全性、保健功能、质量可控性科学依据。注册申请人不仅应提供科学依据的来源、目录和全文，还应与产品的配方、工艺等技术要求进行研究比对，并按照申请材料要求，逐项对产品安全性、保健功能、质量可控性进行论证和综述。

2. 试验及研究用样品的来源应清晰、可溯源。样品应经中试及以上规模工艺制备而成，生产车间应建立与所生产样品相适应的生产质量管理体系，并保证体系有效运行。首次进口注册申请的样品应为在生产国（地区）上市销售的产品。

3. 提交的论证报告或研究报告等，应提供研究的起止时间、地点、研究目的、方法、依据、过程、结果、结论、部门、研发人或试验人签章等。属委托研究的，还应提供委托研究合同等材料。

功效成分或标志性成分、卫生学、稳定性试验报告为注册申请人自检的，注册申请人应按照《保健食品注册检验复核检验管理办法》的规定，组织实施检验质量控制、报告编制、样品和档案管理等工作，出具的自检报告应符合该办法规定的试验报告要求。

功效成分或标志性成分、卫生学、稳定性试验报告为注册申请人委托检验的，被委托单位应为具有法定资质的食品检验机构。

4. 研究或试验的原始试验记录、仪器设备使用记录、中试生产记录等原始资料，注册申请人应长期存档备查，注册申请时可不作为申请材料提交。必要时，审评机构可组织对研发原始资料进行核查。

5. 同一企业不得使用同一配方注册不同名称的保健食品。

不得使用同一名称注册不同配方的保健食品。

同一配方，是指产品的原料、辅料的种类及用量均一致的情形。同一名称，是指产品商标名、通用名、属性名均一致的情形。

6. 收到不予注册的决定后注册申请人重新提出注册申请的，应当使用首次申请时的产品名称，提供不予注册决定书复印件（加盖注册申请人公章），并提供重新注册申请的理由，针对原不批准意见进行详细的论述和说明，以及与原注册申请材料比对和相关证明材料等，附于申报资料的首页。

对影响产品安全性、保健功能、质量可控性的关键内容进行修改后重新提出注册申请的，应当重新进行产品研发、补充研发或评估论证。

三、国产新产品注册申请材料

1. 保健食品注册申请表，以及注册申请人对申请材料真实性负责的法律责任承诺书；

2. 注册申请人主体登记证明文件复印件；

3. 产品研发报告；

4. 产品配方材料；

5. 生产工艺材料；

6. 安全性和保健功能评价材料；

7. 直接接触保健食品的包装材料种类、名称、相关标准；

8. 产品标签、说明书样稿；

9. 产品名称中的通用名与注册的药品名称不重名的检索材料、产品名称与批准注册的保健食品名称不重名的检索材料；

10. 3个最小销售包装的样品；

11. 其他与产品注册审评相关的材料。

四、国产延续注册申请材料

1. 保健食品延续注册申请表，以及注册申请人对申请材料真实性负责的法律责任承诺书；

2. 注册申请人主体登记证明文件复印件；

3. 保健食品注册证书及其附件的复印件；

4. 经省级食品药品监督管理部门核实的注册证书有效期内保健食品的生产销售情况；

5. 人群食用情况分析报告；

6. 生产质量管理体系运行情况的自查报告；

7. 检验机构出具的注册证书有效期内的产品技术要求全项目检验报告。

五、变更注册申请材料

1. 保健食品变更注册申请表，以及注册申请人对申请材料真实性负责的法律责任承诺书；

2. 注册申请人主体登记证明文件复印件；

3. 注册证书及其附件复印件；

4. 变更前后的具体事项、变更的理由和依据。

根据具体变更事项，还应提供以下材料：

5. 改变注册人自身名称、地址的变更申请，还应提供当地工商行政管理部门出具的注册人名称、地址已经变更的证明文件。

6. 注册申请人与其他公司进行吸收合并或新设合并的，还应当提供：

注册申请人合并前后营业执照的复印件；

当地工商行政管理部门出具的合并、注销的证明文件；

注册申请人与相关公司对产品批准证书所有权归属无异议的声明及其公证文件。

7. 注册申请人进行公司分立，即注册申请人将原企业所有涉及保健食品的生产车间、设备设施、生产人员和产品批准证书等一并划入分立后全资子公司，原企业保健食品生产条件不变的，还应当提供：

注册申请人及其全资子公司营业执照的复印件；

当地工商行政管理部门出具的该注册申请人成立全资子公司的证明文件；

验资机构出具的将所有涉及保健食品的生产车间、设备设施、生产人员和产品批准证书等一并划入分立后全资子公司的验资证明文件；

注册申请人同意将所有涉及保健食品的生产车间、设备设施、生产人员和产品批准证书等一并划入其全资子公司的董事会或有关单位的决议及批准文件；

划转前后，生产车间、设备设施、生产工艺、质量标准、生产人员等与产品质量安全相关条件要求未发生改变的承诺书。

8. 改变产品名称的变更申请，还应提供拟变更后的产品通用名称与已经批准注册的药品名称不重名的检索材料、产品名称与批准注册的保健食品名称不重名的检索材料。

以原料或原料简称以外的表明产品特性的文字，作为产品通用名的，还应提供命名说明。

使用注册商标的，还应提供商标注册证明文件。

9. 增加保健功能项目的变更申请，还应按照新产品注册申请的保健功能论证有关材料要求，提供保健功能论证报告、保健功能试验评价材料、伦理审查批件、人群食用评价材料、拟增加保健功能试验用样品的卫生学试验报告等。

10. 改变产品规格、贮存方法、保质期、辅料、生产工艺以及产品技术要求其他内容的变更申请，还应提供三批样品的功效成分或标志性成分、卫生学、稳定性试验报告。产品技术要求中引用标准被更新、替代，标准内容未发生实质性更改的，可以免于提供三批样品的功效成分或标志性成分、卫生学、稳定性试验报告。

变更生产工艺的，还应提供文献依据、试验数据，对变更前后的工艺过程进行对比分析，证实工艺变更后产品的安全性、保健功能、质量可控性与原注册产品实质等同。

11. 改变适宜人群范围、不适宜人群范围、食用方法以及注意事项的变更申请，原注册申请时开展的安全性、保健功能评价试验以及功效成分或标志性成分、卫生学、稳定性试验，不能充分支持更改后的适宜人群范围、不适宜人群范围、食用方法或注意事项等的，还应提供支持变更申请事项的安全性、保健功能评价试验以及功效成分或标志性成分、卫生学、稳定性试验报告。

减少食用量的变更申请，还应提供按照拟变更的食用量进行功能学评价的试验报告。

增加食用量的变更申请，还应提供按照拟变更的食用量进行毒理学安全性评价的试验报告，以及拟变更的食用量与原食用量的功能学评价试验比较分析。

六、转让技术注册申请材料

1. 保健食品转让技术注册申请表，以及注册申请人对申请材料真实性负责的法律责任承诺书；

2. 受让方主体登记证明文件复印件；

3. 原注册证书及其附件复印件，经公证的转让合同以及转让方出具的注销原注册证书申请；

4. 产品配方材料；

5. 产品生产工艺材料；

6. 三批样品功效成分或标志性成分、卫生学、稳定性试验报告；

7. 直接接触保健食品的包装材料种类、名称和标准；

8. 产品标签、说明书样稿；

9. 3个最小销售包装样品；

10. 样品生产企业质量管理体系符合保健食品生产许可要求的证明文件复印件、委托加工协议原件等材料；

11. 样品试制场地和条件与原注册时是否发生变化的说明。

七、证书补发申请材料要求

1. 保健食品证书补发申请表，以及注册申请人对申请材料真实性负责的法律责任承诺书；

2. 注册人主体登记证明文件复印件；

3. 国产产品在注册人所在地的省、自治区、直辖市食品药品监督管理部门网站，进口产品在国家食品药品监督管理总局网站上发布的遗失声明的打印件，或损坏的保健食品注册证书原件。

八、以提取物为原料的产品申请材料要求

以提取物为原料的产品，还应提供以下资料：

1. 配方、安全及功能要求

原料提取物的生产工艺、物质基础、食用方法和食用量等，应与安全性、保健功能、质量可控性科学依据相符。

原料提取物一般应当以被提取原料名称加上"提取物"做后缀来命名。

提取物经精制、提纯、水解等工艺生产，与传统工艺生产的提取物相比，其化学成分组成、含量等内在质量发生明显改变的，应按新原料的要求提供安全性评估材料。若原料提取物中某类主要成分达到一定含量，应当以该类主要成分的名称来命名；若原料提取物中某化学成分达到一定纯度，应当以该化学成分来命名。

2. 产品技术要求

（1）提取物质量要求

1）提取物质量要求应选择与产品申报功能相关的特征成分指标作为标志性成分指标

（难以定量的应当制定专属性定性鉴别指标）。

2）应参照《中国药典》等相关标准，结合原料提取物生产工艺等具体情况，制定能够准确定量、充分反映提取物质量特征的指标，并详细说明指标选择以及指标值确定的依据。

3）参照《中国药典》等相关标准，可制定多个特征成分指标的，应制订多个特征成分指标。

4）提取物质量要求应包括原料来源（对动植物品种有明确要求的，应明确其具体品种，必要时写明原植物拉丁学名）、制法（包括主要生产工序、关键工艺参数等）、提取率（得率）、感官要求、一般质量控制指标（如水分、灰分、粒度等）、污染物指标（铅、总砷、总汞、提取溶剂残留等）、农药残留量、标志性成分指标（难以定量测定的应当制定专属性定性鉴别指标）、微生物指标（包括菌落总数、大肠菌群、霉菌和酵母、金黄色葡萄球菌、沙门氏菌）等。内容有缺项难以制定或无须制定的，原因应合理。

（2）产品技术要求

1）产品技术要求的功效或标志性成分指标应包括提取物的至少一个特征成分指标（难以定量测定的应当制定专属性定性鉴别指标）。不能制定的，应详细说明不能制定的理由。

2）应提供提取物质量要求全项目自检报告。

第二节　保健食品备案

一、定义

《保健食品注册与备案管理办法》第三条　保健食品备案，是指保健食品生产企业依照法定程序、条件和要求，将表明产品安全性、保健功能和质量可控性的材料提交食品药品监督管理部门进行存档、公开、备查的过程。

二、备案流程

（一）获取备案系统登录账号

1. 国产保健食品备案

国产保健食品备案人应向所在地省、自治区、直辖市食品药品监督管理部门提出获取备案管理信息系统登录账号的申请。

2. 原注册人备案保健食品

原注册人产品转备案的，应当向总局技术审评机构提出申请。总局技术审评机构对转备案申请相关信息进行审核，符合要求的，将产品相关电子注册信息转送备案管理部门，同时书面告知申请人可向备案管理部门提交备案申请。

（二）产品备案信息填报、提交

1. 备案人获得备案管理信息系统登录账号后，通过 http://bjba.zybh.gov.cn 网址进入系统，认真阅读并按照相关要求逐项填写备案人及申请备案产品相关信息，逐项打印系统自动生成的附带条形码、校验码的备案申请表、产品配方、标签说明书、产品技术要求等，连同其他备案材料，逐页在文字处加盖备案人公章（检验机构出具的检验报告、公证文书、证明文件除外）。

2. 备案人将所有备案纸质材料清晰扫描成彩色电子版（PDF 格式）上传至保健食品备案管理信息系统，确认后提交。

3. 原注册人已注册（或申请注册）产品转备案的，进入保健食品备案管理信息系统后，可依据《保健食品原料目录》及相关备案管理要求，修改和完善原注册产品相关信息，并注明修改的内容和理由。

（三）发放备案号、存档和公开

1. 备案材料符合要求的，备案管理部门当场备案，发放备案号，并按照相关格式要求制作备案凭证；不符合要求的，应当一次告知备案人补正相关材料。

2. 食品药品监督管理部门应当按照《保健食品注册与备案管理办法》《保健食品原料目录》的要求开展保健食品备案和监督管理工作。备案人应当保留一份完整的备案材料存档备查。

三、备案申请材料目录

1. 保健食品备案登记表，以及备案人对提交材料真实性负责的法律承诺书。
2. 备案人主体登记证明文件。
3. 产品配方材料。
4. 产品生产工艺材料。
5. 安全性和保健功能评价材料。
6. 直接接触产品的包装材料的种类、名称及标准。
7. 产品标签、说明书样稿。
8. 产品技术要求材料。
9. 具有合法资质的检验机构出具的符合产品技术要求全项目检验报告。
10. 产品名称相关检索材料。
11. 其他表明产品安全性和保健功能的材料。

四、备案材料形式要求

1. 保健食品备案材料应符合《保健食品注册与备案管理办法》《保健食品原料目录》以及辅料、检验与评价等规章、规范性文件、强制性标准的规定。

2. 保健食品备案材料应当严格按照备案管理信息系统的要求填报。

3. 备案材料首页为申请材料项目目录和页码。每项材料应加隔页，隔页上注明材料名称及该材料在目录中的序号和页码。

4. 备案材料中对应内容（如产品名称、备案人名称、地址等）应保持一致。不一致的应当提交书面说明、理由和依据。

5. 备案材料使用 A4 规格纸张打印，中文不得小于宋体 4 号字，英文不得小于 12 号字，内容应完整、清晰。

五、国产保健食品备案材料要求

（一）保健食品备案登记表，以及备案人对提交材料真实性负责的法律责任承诺书

备案人通过保健食品备案管理信息系统完善备案人信息、产品信息后，备案登记表和法律责任承诺书将自动生成。

（二）备案人主体登记证明文件

应当提供营业执照、统一社会信用代码/组织机构代码等符合法律规定的法人组织证明文件扫描件，以及载有保健食品类别的生产许可证明文件扫描件。

原注册人还应当提供保健食品注册证明文件扫描件。原注册人没有载有保健食品类别的生产许可证明文件的，可免于提供。

（三）产品配方材料

1. 产品配方表根据备案人填报信息自动生成，包括原料和辅料的名称和用量。

原料应当符合《保健食品原料目录》的规定，辅料应符合保健食品备案产品可用辅料相关要求。

原料、辅料用量是指生产1000个最小制剂单位的用量。

2. 使用经预处理原辅料的，预处理原辅料所用原料应当符合《保健食品原料目录》的规定，所用辅料应符合保健食品备案产品可用辅料相关要求。

备案信息填报时，应当分别列出预处理原辅料所使用的原料、辅料名称和用量，并明确标注该预处理原料的信息。如果预处理原辅料所用原料和辅料与备案产品中其他原辅料相同，则该原辅料不重复列出，其使用量应为累积用量，且不得超过可用辅料范围及允许的最大使用量。

3. 原注册人申请产品备案时，如果原辅料不符合《保健食品原料目录》或相关技术要求的，备案人应调整产品配方和相关技术要求至符合要求，并予以说明，但不能增加原料种类。

（四）产品生产工艺材料

1. 应提供生产工艺流程简图及说明。工艺流程简图以图表符号形式标示出原料和辅料通过生产加工得到最终产品的过程，应包括主要工序、关键工艺控制点等。工艺流程图、工艺说明应当与产品技术要求中生产工艺描述内容相符。

使用预处理原辅料的，应在工艺流程简图及说明中进行标注。

2. 不得通过提取、合成等工艺改变《保健食品原料目录》内原料的化学结构、成分等。

3. 剂型选择应合理。备案产品剂型应根据产品的适宜人群等综合确定，避免因剂型选择不合理引发食用安全隐患。

（五）安全性和保健功能评价材料

1. 应提供经中试及以上规模的工艺生产的三批产品功效成分或标志性成分、卫生学、稳定性等检验报告。

备案人应确保检验用样品的来源清晰、可溯源。国产备案产品应为经中试及以上生产规模工艺生产的样品。

备案人具备自检能力的可以对产品进行自检；备案人不具备检验能力的，应当委托具有合法资质的检验机构进行检验。

2. 提供产品原料、辅料合理使用的说明，及产品标签说明书、产品技术要求制定符合相关法规的说明。

3. 原注册人调整产品配方或产品技术要求申请备案的，按要求提供相关资料；未调整产品配方和产品技术要求的，可以提供原申报时提交的检验报告，并予以说明。

（六）直接接触产品的包装材料的种类、名称及标准

应提供直接接触产品的包装材料的种类、名称、标准号等使用依据。

（七）产品标签、说明书样稿

产品标签应该符合相关法律、法规等有关规定，涉及说明书内容的，应当与说明书有关内容保持一致。

产品说明书样稿根据备案人填报信息自动生成。

（八）产品技术要求材料

备案人应确保产品技术要求内容完整，与检验报告检测结果相符，并符合现行法规、技术规范、食品安全国家标准、《保健食品原料目录》的规定。

备案人在保健食品备案管理信息系统中填报备案信息后自动生成产品技术要求。

（九）具有合法资质的检验机构出具的符合产品技术要求全项目检验报告

1. 检验机构应按照备案人拟定的产品技术要求规定的项目、方法等进行检测，出具三批产品技术要求全项目检验报告。

检验报告应包括检测结果是否符合现行法规、规范性文件、强制性国家标准和产品技术要求等的结论。

保健食品备案检验申请表、备案检验受理通知书与检验报告中的产品名称、检测指标等内容应保持一致。检验机构出具检验报告后，不得变更。

对于具有合法资质的检验机构未认证的感官要求、功效成分或标志性成分指标，检验机构应以文字说明其检测依据。

2. 该项检验报告与三批产品功效成分或标志性成分、卫生学、稳定性等检验报告为同一检验机构出具，则应为不同的三个批次产品的检验报告。

（十）产品名称相关检索材料

备案人应从国家食品药品监督管理总局官方网站数据库中检索并打印，提供产品名称（包括商标名、通用名和属性名）与已批准注册或备案的保健食品名称不重名的检索材料。

注意：是与批准注册或备案的保健食品不重名，不是与药品不重名。

（十一）其他表明产品安全性和保健功能的材料

文献材料或相关研究报告。

六、备案变更

对于已经备案的保健食品，需要变更备案凭证及附件中内容的，备案人应按申请备案的程序，向原备案机关按备案申请提交相关资料及证明文件。备案资料符合要求的，准予变更。食品药品监督管理部门应当将变更情况登载于变更信息中，将备案材料存档备查。

备案人的联系人、联系方式等发生变化的，应及时向备案受理机构提交加盖备案人公章的更改申请，受理机构及时对相关信息进行更新。

第三节　保健食品生产许可审查细则解读

一、审查工作程序

1. 正文：总则、受理、审查、决定、变更、延续与注销、附则，共 6 章。

2. 附件：《保健食品生产许可申报材料目录》《保健食品生产许可分类目录》《保健食品生产许可书面审查记录表》《现场核查首末次会议签到表》《保健食品生产许可现场核查记录表》《保健食品生产许可技术审查报告》。

3. 法律文件的衔接与配合使用：《食品生产许可管理办法》《保健食品注册与备案管理办法》《食品生产许可审查通则》《保健食品良好生产规范》。

生产许可包括技术审查和行政审批，技术审查部门负责组织书面审查和现场核查等技术审查工作，审查组具体负责保健食品生产许可的现场核查，省局负责技术审查结论复查与行政审批。

审查组一般由 2 名以上（含 2 名）熟悉保健食品管理、生产工艺流程、质量检验检测等方面的人员组成，其中至少有 1 名审查员参与该申请材料的书面审查。

申请人具有以下情形之一，技术审查部门可以不再组织现场核查：

（1）申请增加同剂型产品，生产工艺相同的保健食品；

（2）申请保健食品生产许可变更或延续，申请人声明关键生产条件未发生变化，且不影响产品质量安全的。

申请人在生产许可有效期限内出现以下情形之一，技术审查部门不得免于现场核查：

（1）保健食品监督抽检不合格的；

（2）保健食品违法生产经营被立案查处的；

（3）保健食品生产条件发生变化，可能影响产品质量安全的；

（4）食品药品监管部门认为应当进行现场核查的（如新备案产品）。

申请人生产条件未发生变化，需要变更以下许可事项的，省级食品药品监督管理部门经书面审查合格，可以直接变更许可证件：

（1）变更企业名称、法定代表人的；

（2）申请减少保健食品品种的；

（3）变更保健食品名称，产品的批准文号或备案号未发生变化的；

（4）变更住所或生产地址名称，实际地址未发生变化的；

（5）委托生产的保健食品，变更委托生产企业名称或住所。

二、现场核查标准

一名组长，一至两名组员，一名市局观察员。

人员分工（自定）：一般分工 1、4、7；2、3；5、6。

（一）机构与人员

1. 质量管理部门、生产管理部门职责明确，负责人应当是专职人员，不得相互兼任。

（1）企业应当设立独立的质量管理部门，至少应具有以下职责：①审核并放行原辅料、包装材料、中间产品和成品；②审核工艺操作规程以及投料、生产、检验等各项记录，监督产品的生产过程；③批准质量标准、取样方法、检验方法和其他质量管理规程；④审核和监督原辅料、包装材料供应商；⑤监督生产厂房和设施设备的维护情况，以保持其良好的运行状态。

（2）企业生产管理部门至少应具有以下职责：①按照生产工艺和控制参数的要求组织生产；②严格执行各项生产岗位操作规程；③审核产品批生产记录，调查处理生产偏差；

④实施生产工艺验证，确保生产过程合理有序；⑤检查确认生产厂房和设施设备处于良好运行状态。

2. 企业的专职技术人员的比例不低于职工总数的 5%。应当具有两名以上专职检验人员，检验人员必须具有中专或高中以上学历，并经培训合格，具备相应检验能力。

释义：现场询问考核是否具备检验能力。

3. 生产管理部门负责人和质量管理部门负责人应当是专职人员，不得相互兼任，并具有相关专业大专以上学历或中级技术职称，三年以上从事食品医药生产或质量管理经验。

释义："相关专业"，是指医药、生物、食品等相关专业。

4. 企业应建立从业人员健康管理制度，从事保健食品暴露工序生产的从业人员每年应当进行健康检查，取得健康证明后方可上岗。

5. 患有国务院卫生行政部门规定的有碍食品安全疾病的人员，不得从事保健食品暴露工序的生产。

释义："五病调离制度"：依据《食品安全法》《公共场所卫生管理条例实施细则》《生活饮用水卫生监督管理办法》规定，患有痢疾、伤寒、病毒性肝炎（甲肝、戊肝）等消化道传染病、活动性肺结核、化脓性或渗出性皮肤病（简称"五病"）等疾病人员，治愈前不得从事接触直接入口食品或直接为顾客服务或供管水的工作。

6. 企业应建立从业人员培训制度，根据不同岗位制订并实施年度培训计划，定期进行保健食品相关法律法规、规范标准和食品安全知识培训和考核，并留存相应记录。

（二）厂房布局

1. 企业应按照生产工艺和洁净级别，对生产车间进行合理布局，并能够完成保健食品全部生产工序（厂房布局图也是监督检查的依据）。

生产车间应当分别设置与洁净级别相适应的人流物流通道，避免交叉污染。

释义：生产车间人流、物流设置合理，人流入口个人卫生通过程序。现场观察个人卫生程序是否符合要求。生产车间人流入口为通过式：脱鞋→穿过渡鞋→脱外衣→穿工鞋→洗手→穿洁净工作衣→手消毒。洁净区的人流、物流走向。检查洁净区与非洁净区之间、低级别洁净区与高级别洁净区之间，是否设置缓冲区。

2. 保健食品洁净车间洁净级别一般不低于十万级（参照 GB 50073—2013 中 8 级洁净等级），酒类保健食品除外（十万级：悬浮粒子、浮游菌、沉降菌、温湿度、照度、噪声、风速、静压差等项目）。

3. 保健食品生产中直接接触空气的各暴露工序以及直接接触保健食品的包装材料最终处理的暴露工序应在同一洁净车间内连续完成。生产工序未在同一洁净车间内完成的，应经生产验证合格，符合保健食品生产洁净级别要求。

4. 保健食品不得与药品共线生产，不得生产对保健食品质量安全产生影响的其他产品。

释义：厂房、设备、空调净化系统，除纯化水系统均与药品不共线；与普通食品共线不强制。

（三）设施设备

1. 管道的设计和安装应当避免死角和盲管，确实无法避免的，应便于拆装清洁。与生产车间无关的管道不宜穿过，与生产设备连接的固定管道应当标明管内物料类别和流向（纯化水、饮用水、真空、压缩空气、物料等管道）。

2. 洁净区与非洁净区之间以及不同级别的洁净室之间应设缓冲区，缓冲区应设联锁装置，防止空气倒灌。

人流：一更—二更—手消毒

物流：脱外包—缓冲（内包表面杀菌消毒）

洁净车间内产尘量大的工序应当有防尘及捕尘设施，产尘量大的操作室应当保持相对负压，并采取相应措施，防止粉尘扩散、避免交叉污染。

释义：现场查看产尘量大的工序是否有防尘及捕尘设施，现场查看压差指示计，产尘量大的操作室是否保持相对负压，压差值可参考不同级别洁净室之前的压差值（5Pa），通常有粉类原料的称量（可设称量区）、粉碎、混合、压片、内包等工序易产尘，可重点关注是否采取有效措施，防止粉尘扩散、避免交叉污染，如果通过验证等方式证明易产尘工序可以不设置防尘及捕尘设施的可以不设。

3. 洁净车间内安装的水池、地漏应符合相应洁净要求，不得对物料、中间产品和成品产生污染。

释义：现场查看洁净车间内安装的水池或地漏应当有适当的设计和维护，并安装易于清洁且带有空气阻断功能的装置以防倒灌，同外部排水系统的连接方式应当能够防止微生物的侵入，如带有消毒剂的液封。

洗衣间内洗衣机下水管道连接、洁具清洗等房间水池下水等同。

具有与生产品种和规模相适应的生产设备，并根据工艺要求合理布局，生产工序应当衔接紧密，操作方便。

释义：对照生产工艺流程图，查看设备清单，所列设备是否满足生产需要；核查现场设备是否与设备清单相关内容一致；应当制定相应的管理制度。查看生产工艺规程验证记录，确定现存设备是否满足工艺要求。现场查看生产设备是否便于操作、清洁和维护。

保健食品生产设备包括：

前处理设备：提取设备，浓缩设备；

生产设备：称量设备，粉碎设备（过筛），混合设备，灭菌设备，干燥设备，制粒设备，整粒设备，压片设备；

包装设备：灌装设备，内包设备（瓶装、铝塑、粉剂、颗粒等），打码或喷码设备等。

4. 产品的灌装、装填必须使用自动机械设备，因工艺特殊确实无法采用自动机械装置的，应有合理解释，并能保证产品质量。

如：整瓶—数粒—旋盖—电磁封膜

5. 计量器具和仪器仪表定期进行检定校验，生产厂房及设施设备定期进行保养维修，确保设施设备符合保健食品生产要求。

释义：强检

《中华人民共和国强制检定的工作计量器具明细目录》

（1）根据《中华人民共和国强制检定的工作计量器具检定管理办法》第16条的规定。

（2）本目录所列的计量器具为《中华人民共和国强制检定的工作计量器具目录》的明细项目。本目录内项目，凡用于贸易结算、安全防护、医疗卫生、环境监测的，均实行强制检定。1991 年 8 月 6 日，国家技术监督局发布《强制检定的工作计量器具实施检定的有关规定（试行）》，对压力表（含压力表、风压表和氧气表）强制检定范围做了明确的规定。

1）用于安全防护的压力表需强制检定。包括以下 7 类：

① 锅炉主气缸和给水压力部位的测量；

②固定式空压机风仓及总管压力的测量；

③ 发电机、汽轮机油压及机车压力的测量；

④ 医用高压灭菌器、高压锅压力的测量；

⑤ 带报警装置压力的测量；

⑥ 密封增压容器压力的测量；

⑦ 有害、有毒、腐蚀性严重介质压力的测量。

（如：弹簧管压力表、电远传和电接点压力表）

2）用于安全防护的风压表需强制检定。即：矿井中巷道风压、风速的测量（如：矿用风压表、矿用风速表）。

3）用于安全防护的氧气表需强制检定。包括以下 2 类：

① 在灌装氧气瓶过程中氧气监控压力的测量；

② 在工艺过程中易爆、影响安全的氧气压力的测量。

（4）用于医疗卫生的氧气表需强制检定。即：医院输氧用浮标式氧气吸入器和供氧装置上氧气压力的测量。

6. 保健食品生产用水包括生活饮用水和纯化水，生产用水应当符合生产工艺及相关技术要求，清洗直接接触保健食品的生产设备内表面应当使用纯化水。

7. 企业应当具备纯化水制备和检测能力，并定期进行 pH 值、电导率等项目的检测。明确生产用水储罐和管道的清洗、灭菌周期及方法。企业每年应当进行生产用水的全项检验，对不能检验的项目，可以委托具有合法资质的检验机构进行检验。

释义：生产用水全项（106 项）检测：依据《生活饮用水卫生标准》GB 5749—2006，检测不少于 38 项基本项；城市管网用水可以索取自来水公司对企业所在地附近末梢水检测合格报告作为检测凭证（湖南省食品药品监管局会议纪要）。

纯化水检测：依据《中华人民共和国药典》2015 版第二部，检测 7 项。

纯化水制备：

原水箱—原水加压泵—多介质过滤器—活性炭过滤器—软水器（离子交换）—保安过滤器（精密过滤）—第一级反渗透机—第二级反渗透机—储水罐—纯水输送泵—消毒—用水点。

8. 企业应设置符合空气洁净度要求的空气净化系统，洁净区内空气洁净度应经具有合法资质的检测机构检测合格。

释义：一年内的检测报告，检测内容包括悬浮粒子、浮游菌、沉降菌、噪声、照度、换气次数、温度、湿度、静压差等九项，判定标准为保健食品良好生产规范、洁净厂房设计规范、食品工业洁净用房建筑技术规范以及医药洁净厂房设计规范、药品 GMP 等。

空气净化系统：

新风—静压箱（初效过滤、中效过滤）—管道—末端高效过滤—回风管道—过滤—直排。

企业应规定初效过滤清洗周期、中效高效过滤更换周期。

9. 企业应具有空气洁净度检测设备和技术人员，定期进行悬浮粒子、浮游菌、沉降菌等项目的检测。

悬浮粒子、浮游菌、沉降菌应有检测设备。

10. 洁净车间与室外大气的静压差应当不小于10Pa，洁净级别不同的相邻洁净室之间的静压差一般不小于5Pa，并配备压差指示装置。

人流（一般区——一更—二更—手消毒—洁净室）、物流（脱外包、缓冲、洁净室）/自动化传送带

11. 直接接触保健食品的干燥用空气、压缩空气等应当经净化处理，符合生产要求。

现场查看工艺用气是否经过净化处理，净化用的滤罐是否定期更换并记录。

（四）原辅料管理

1. 企业应当建立并执行原辅料和包装材料的采购、验收、存储、领用、退库以及保质期管理制度，原辅料和包装材料应当符合相应食品安全标准、产品技术要求和企业标准。

委托生产如何管理原料？

2. 企业应当建立物料采购供应商审计制度，采购原辅料和包装材料应查验供应商的许可资质证明和产品合格证明；对无法提供合格证明的原料，应当按照食品安全标准检验合格。

3. 原料的质量标准应与产品注册批准或备案内容相一致。

释义：原料应有合格有效的供货商出厂检测报告或原料相应项目的检验报告。自检外检均可，检验项目对应技术要求或企业标准中原料的要求。

4. 采购菌丝体原料、益生菌类原料和藻类原料，应当索取菌株或品种鉴定报告、稳定性报告。采购动物或动物组织器官原料，应当索取检疫证明。使用经辐照的原料及其他特殊原料的，应当符合国家有关规定。生产菌丝体原料、益生菌类原料和藻类原料，应当按照相关要求建立生产管理体系。

释义：辐照产品需在食品名称附件标注"辐照食品"字样，最小包装上要统一粘贴辐照食品标志（GB 7718—2011）。

5. 保健食品生产工艺有原料提取、纯化等前处理工序的，需要具备与生产的品种、数量相适应的原料前处理设备或者设施。

释义：保健食品生产工艺有原料提取、纯化等前处理工序应自行完成，产品所用原料是否为提取物应以批准证明文件为准，现场检查前处理设备设施是否与注册批准文件中要求相符，是否能满足生产规模及工艺要求。

6. 具有与原料前处理相适应的生产设备，提取、浓缩、收膏等工序应采用密闭系统进行操作，便于管道清洁，防止交叉污染。采用敞口方式进行收膏操作的，其操作环境应与保健食品生产的洁净级别相适应。

7. 提取用溶剂需回收的，应当具备溶剂回收设施设备；回收后溶剂的再使用不得对产品造成交叉污染，不得对产品的质量和安全性有不利影响。

申请人为其他企业提供植物、动物提取物，作为保健食品生产原料的，应按照本细则的要求申报原料提取物生产许可；仅从事本企业所生产保健食品原料提取的，按照保健食

品品种申报生产许可。

（五）生产管理

1. 企业应根据保健食品注册或备案的技术要求，制定生产工艺规程，并连续完成保健食品的全部生产过程，包括原料的前处理和成品的外包装。

释义：每个保健食品品种均应当有经企业批准的工艺规程，不同产品规格的每种包装形式均应在工艺规程中体现各自的包装操作要求。工艺规程的制定应当符合注册或备案的产品配方、生产工艺等技术要求。保健食品的生产各环节和包装均应当按照企业建立的生产工艺规程进行操作且有相关记录，以达到规定的质量标准，并符合注册或备案的要求。

其内容应包括：

（1）产品配方；

（2）所用原辅料清单；

（3）对生产场所和所用设备的说明（如操作间的位置和编号、洁净度级别、必要的温湿度要求、设备型号和编号等）；

（4）各组分的制备；

（5）详细的生产步骤和工艺参数说明（如物料的核对、预处理、加入物料的顺序、混合时间成品加工过程中的温度、压力、时间、pH 值、中间产品的质量指标等）。

各剂型生产工艺：

硬胶囊剂：称配→原料处理（提取、粉碎、过筛、预混等）→内容物准备（制粒、干燥等）→总混→灌装→内包→外包

软胶囊剂：称配→原料处理（提取、粉碎、过筛等）→混合→溶胶→压丸→干燥→洗丸（→晾丸）→拣丸（灯检）→内包→外包

片剂：称配→原料处理（提取、粉碎、过筛、预混等）→内容物准备（制软材、干燥、制粒等）→总混→压片（→包衣→挑片）→内包→外包

口服液：称配→原料处理（提取等）→配液→混合（→过滤）→灌装（→灯检）→外包

酒剂：称配→原料处理（提取、混合等）→配液、混合→勾兑→静置（→过滤）→灌装（→灯检）→外包

茶剂：称配→原料处理（提取、粉碎、过筛、预混等）→内容物准备（制粒、干燥等）→总混→内包→外包

颗粒剂：称配→原料处理（提取、粉碎、过筛、预混等）→内容物准备（制粒、干燥等）→总混→内包→外包

粉剂：称配→原料处理（提取、粉碎、过筛等）→总混→内包→外包

饮料：称配→原料处理（提取等）→配液→过滤→灌装（→灯检）→外包

灭菌工艺由于不同剂型、不同产品工艺不同，有些产品是部分原料灭菌，有些产品是所有原料灭菌，有些产品是在内包之前灭菌，还有些产品是在外包之后灭菌，这几种灭菌方式各适合不同的保健食品，因此在上述工艺简图中没有体现灭菌工艺。

保健食品生产工艺应按照技术要求制定，其具体工艺参数应经过生产验证确定，并形成工艺规程，最终根据工艺规程实际生产。

＊2011 年 2 月 1 日前受理的产品无技术要求。

2. 企业应建立生产批次管理制度，保健食品按照相同工艺组织生产，在成型或灌装

前经同一设备一次混合所产生的均质产品，应当编制唯一生产批号。在同一生产周期内连续生产，能够确保产品均质的保健食品，可以编制同一生产批号。

3. 保健食品生产日期不得迟于完成产品内包装的日期，同一批次产品应当标注相同生产日期。批生产记录应当按批号归档，保存至产品保质期后一年，保存期限不得少于两年。

4. 建立批生产记录制度，批生产记录至少应当包括：生产指令、各工序生产记录、工艺参数、中间产品和产品检验报告、清场记录、物料平衡记录、生产偏差处理以及最小销售包装的标签说明书等内容。

释义：批生产记录应能够真实客观地反映整个生产过程，可追溯从原料到成品的整个过程。批生产记录的内容应该与工艺规程一致，并包括三个方面：

（1）在批生产记录中应记录产品名称、批号、生产日期等能够准确指向最终产品的信息；

（2）也应记录原辅料名称、批号、编号、用量、原料检测报告单号等能够准确指向原辅料的信息；

（3）还应记录产品加工过程中的温度、压力、开始及结束时间、pH值、生产步骤操作人员的签名、不同生产工序所得产量、必要时的物料平衡计算、中间产品的质量指标以及生产偏差情况（环境、设备、记录等）及处理情况等能够客观反映生产过程的信息，投料记录应完整并经第二人复核。

委托生产的生产记录中应有委托方的生产指令。

5. 物料应当经过物流通道进入生产车间，进入洁净区的物料应当除去外包装，按照有关规定进行清洁消毒。

（六）品质管理

1. 企业应定期对工艺操作规程、关键生产设备、空气净化系统、水处理系统、杀菌或灭菌设备等进行验证，验证结果和结论应当有记录并留存。

释义：验证的意义在于建立科学、有效的方法来评价拟采用的设备、仪器、方法、工艺等内容能够达到预期的效果，为质量体系提供前提保障。

企业的工艺操作规程、厂房、设施、设备、检验仪器、空气净化系统、水处理系统杀菌或灭菌设备等应当经过验证确认，并且应当采用经过验证的生产工艺、操作规程和检验方法进行生产、操作和检验。检查企业是否建立了科学有效的验证方法，并记录了验证的各项参数，通过评估得出合理的结论，并形成文件报告。

检查工艺操作规程验证是否能够证明一个生产工艺操作规程中的工艺参数能够达到预期效果，持续生产出符合预定用途和符合注册、备案等要求的产品。

检查关键生产设备、空气净化系统、水处理系统、杀菌或灭菌设备安装、运行是否符合设计预期及相关标准，并能符合生产工艺要求。

工艺规程验证是每个产品进行验证，设备、空气、水、杀菌设备验证可以通用，但能满足每个产品工艺规程的要求。

2. 企业应当设立与保健食品生产规模相适应的留样室和原料标本室，具备与产品相适应的存储条件。

3. 产品包装、标签和说明书应当符合保健食品管理的相关要求，企业应当设专库或专区按品种、规格分类存放，凭生产指令按需求发放使用。

4. 自行检验的企业应当设置与生产品种和规模相适应的检验室，具备对原料、中间产品、成品进行检验所需的房间、仪器、设备及器材，并定期进行检定校准，使其经常处于良好状态。

释义：企业应具有与所生产产品种类相适应的检验室，具有对原料、半成品、成品进行检验所需的仪器、设备及器材。现场检查是否有符合要求的微生物和理化检验室及相应的仪器设备。

查看检验记录及现场提问，以了解是否有能力检测产品企业标准中规定的出厂检验指标。查看检验室仪器设备清单，检查企业是否确定各项检验设备的检验周期，并按照规定对检验设备定期检定、校准。

5. 每批保健食品要按照企业标准的要求进行出厂检验，每个品种每年要按照产品技术要求至少进行一次全项目型式检验。

6. 对不能自行检验的项目，企业应委托具有合法资质的检验机构实施检验，并留存检验报告。

释义：每批次应形成一份符合企业标准要求的出厂检验，由生产企业相应质量管理人员确认出厂检验结果，如有外检应作为引用依据附后。

7. 成品检验室应当与保健食品生产区分开，在洁净车间内进行的中间产品检验不得对保健食品生产过程造成影响。致病菌检测的阳性对照、微生物限度检定要分室进行，并采取有效措施，避免交叉污染。

释义：致病菌检测的阳性对照、微生物限度检定是否分室进行。食品致病菌按照标准方法不需要进行阳性对照，但企业如因自身要求建立了阳性对照室应分室。

8. 企业应提供一年内的保健食品全项目检验合格报告；不能自行检验的企业，应委托具有合法资质的检验机构进行检验，并出具检验报告。

释义：企业应当确保保健食品按照注册或备案批准的方法进行全项目检验，并如实记录，出具检验报告。对于企业申报的新产品，企业应该最少试产一批次产品，并进行全项目检验以证明申请企业有能力生产出符合要求的产品。委托检验的，查看检验报告是否有"CMA"标记，检验项目应涵盖企业标准中的所有检验项目，并且所有检验项目均应通过认证认可，如有部分项目（如感官检验、自建方法的功效成分等）难以找到取得认证认可的检验机构，应提供书面文件说明原因，并经审查人员认可。

（七）库房管理

1. 企业应当建立库房台账管理制度，入库存放的原辅料、包装材料以及成品，严格按照储存货位管理，确保物、卡、账一致，并与实际相符。企业使用信息化仓储管理系统进行管理的，应确保信息安全备份可追溯，系统信息与实际相符。

2. 物料和成品应当设立专库或专区管理，物料和成品应按待检、合格、不合格分批离墙离地存放。采用信息化管理的仓库，应在管理系统内进行电子标注或区分。

3. 物料应当按规定的保质期贮存，无规定保质期的，企业需根据贮存条件、稳定性等情况确定其贮存期限。

释义：没有保质期的原料，企业应当根据贮存条件、稳定性等情况进行评估，建立原料档案根据评估情况确定其贮存期限并予以标识。进货时无批号的原料，企业应自行建立编号规则并标识编号，以便质量追溯。

第四节　保健食品日常监管

一、保健食品生产环节监管要点

（一）生产者资质情况

1. 生产许可证在有效期内。

2. 营业执照、生产许可证中相关信息一致。

3. 实际生产的保健食品在生产许可范围内。

4. 保健食品注册证书或备案凭证有效。

5. 实际生产的保健食品按规定注册或备案。

6. 注册或备案的保健食品相关内容发生变更的，已按规定履行变更手续。

7. 工艺设备布局和工艺流程、主要生产设备设施、食品类别等事项发生变化，需要变更食品生产许可证载明的许可事项的，已按规定履行变更手续。

（二）进货查验情况

1. 建立并执行原辅料和包装材料的采购、验收、贮存、发放和使用等管理制度。

2. 查验原辅料和包装材料供货者的许可证和产品合格证明；对无法提供合格证明的食品原辅料，应当按照食品安全标准进行检验。

3. 生产保健食品使用的原辅料与注册或备案的内容一致。

4. 建立并执行原辅料和包装材料进货查验记录制度，如实记录原辅料和包装材料名称、规格、数量、生产日期或生产批号、保质期、进货日期以及供货商名称、地址、联系方式等内容，并保存相关凭证。

5. 进货查验记录和凭证保存期限符合规定。

6. 出入库记录如实、完整，包括出入库原辅料和包装材料名称、规格、生产日期或者生产批号、出入库数量和时间、库存量、责任人等内容。

7. 原料库内保健食品原辅料与其他物品分区存放，避免交叉污染。

8. 原料库通风、温湿度以及防虫、防尘、防鼠设施等符合要求。

9. 对温湿度或其他条件有特殊要求的按规定条件贮存。

10. 原辅料按待检、合格和不合格严格区分管理，存放处有明显标识区分，离墙离地存放，合格备用的原辅料按不同批次分开存放。

11. 设置原辅料标识卡，标示内容应包括物料名称、规格、生产日期或生产批号、有效期、供货商和生产商名称、质量状态、出入库记录等内容。

12. 标识卡相关内容与原辅料库台账一致，应做到账、物、卡相符。

（三）生产过程控制情况

1. 按照经注册或备案的产品配方、生产工艺等技术要求组织生产。

2. 生产保健食品未改变生产工艺的连续性要求。

3. 生产时空气净化系统正常运行并符合要求。

4. 空气净化系统定期进行检测和维护保养并记录。

5. 建立和保存空气洁净度监测原始记录和报告。

6. 有相对负压要求的相邻车间之间有指示压差的装置，静压差符合要求。

7. 生产固体保健食品的洁净区、粉尘较大的车间保持相对负压，除尘设施有效。

8. 洁净区温湿度符合生产工艺的要求并有监测记录。

9. 有温湿度控制措施和相应记录。

10. 洁净区与非洁净区之间设置缓冲设施。

11. 生产车间设置与洁净级别相适应的人流、物流通道，避免交叉污染。

12. 原料的前处理（如提取、浓缩等）在与其生产规模和工艺要求相适应的场所进行，配备必要的通风、除尘、除烟、降温等安全设施并运行良好，且定期检测及记录。

13. 原料的前处理未与成品生产使用同一生产车间。

14. 保健食品生产工艺有原料提取、纯化等前处理工序的应自行完成，具备与生产的品种、数量相适应的原料前处理设备或者设施。

15. 工艺文件齐全，包括产品配方、工艺流程、加工过程的主要技术条件及关键控制点、物料平衡的计算方法和标准等内容。

16. 批生产记录真实、完整、可追溯。

17. 批生产记录中的生产工艺和参数与工艺规程一致。

18. 投料记录完整，包括原辅料品名、生产日期或批号、使用数量等，并经第二人复核签字。

19. 原辅料出入库记录中的领取量、实际使用量与注册或备案的配方和批生产记录中的使用量一致。

20. 与原辅料、中间产品、成品直接接触的容器、包材、输送管道等符合卫生要求。

21. 工艺用水有水质报告，达到工艺规程要求。

22. 水处理系统正常运行，有动态监测及维护记录。

23. 投料前生产车间及设备按工艺规程要求进行清场或清洁并保存相关记录，设备有清洁状态标识。

24. 更衣、洗手、消毒等卫生设施齐全有效，生产操作人员按相关要求做好个人卫生。

25. 定期对生产设备、设施维护保养，并保存记录。

26. 建立和保存停产、复产记录及复产时生产设备、设施等安全控制记录。

27. 记录和保存生产加工过程关键控制点的控制情况，对超出控制限的情况有纠偏措施及纠偏记录。

28. 现场未发现使用非食品原料、超过保质期的原辅料、回收保健食品生产保健食品的现象。

（四）产品检验情况

1. 设立独立的质量管理部门并有效运行。

2. 明确品质管理人员的岗位职责并按要求履职。

3. 落实原辅料、中间产品、成品以及不合格品的管理制度，保存完整的不合格品处理记录。

4. 落实原辅料、中间产品、成品检验管理制度及质量标准、检验规程。

255

5. 检测仪器和计量器具定期检定或校准。

6. 有仪器设备使用记录。

7. 检验人员有能力检测产品技术要求规定的出厂检验指标。

8. 按照产品技术文件或标准规定的检验项目进行检验。

9. 检验引用的标准齐全、有效。

10. 建立和保存检验的原始检验数据记录和检验报告。

11. 设置留样室，按规定留存检验样品，并有留样记录。

12. 企业自检的，检验室及相应的检验仪器设备满足出厂检验需要。委托有资质的检验机构进行检验的，签订委托检验合同并留存检验报告。

13. 产品执行标准符合法律法规的规定。

（五）产品标签、说明书情况

1. 标签、说明书符合保健食品相关法律、法规的要求。

2. 标签、说明书与注册或备案的内容一致。

（六）贮运及交付控制情况

1. 建立和执行与产品相适应的仓储、运输及交付控制制度和记录。

2. 根据保健食品的特点和质量要求选择适宜的贮存和运输条件。

3. 未将保健食品与有毒、有害或有异味的物品一同贮存。

4. 贮存、运输和装卸保健食品的容器、工器具和设备安全、无害，保持清洁。

5. 非常温下保存的保健食品，建立和执行贮运时的成品温度控制制度并有记录。

6. 每批产品均有销售记录，记录内容真实、完整、可追溯。

（七）不合格品管理和召回情况

1. 建立并执行产品退货、召回管理制度。

2. 保存产品退货记录和召回记录。

3. 对退货、召回的保健食品采取补救、无害化处理或销毁等措施，并保存记录。

4. 向当地食品药品监管部门及时报告召回及处理情况。

（八）从业人员管理情况

1. 生产和品质管理部门的负责人为专职人员，符合有关法律法规对学历和专业经历要求。

2. 专职技术人员的比例符合有关要求。

3. 质检人员为专职人员，符合有关要求。

4. 采购管理负责人有相关工作经验。

5. 建立从业人员培训记录及考核档案。

6. 从业人员上岗前经过食品安全法律法规教育及相应岗位的技能培训。

7. 建立从业人员健康检查制度和健康档案，直接接触保健食品人员有健康证明，符合相关规定。

（九）委托加工情况

1. 委托双方签订委托协议并在有效期内。

2. 委托协议明确委托双方产品质量责任。

3. 委托方持有的保健食品注册批准证明文件有效。

4. 受托方具有相应的生产许可。

5. 受托方建立与所生产的委托产品相适应的质量管理文件。

（十）食品安全事故处置情况

1. 制定保健食品安全事故处置预案。

2. 定期检查与生产的保健食品相适应的质量安全防范措施，并保存相关记录。

3. 发生保健食品安全事故的，建立和保存事故处置记录。

（十一）生产质量管理体系建立和运行情况

1. 定期对生产质量管理体系的运行情况进行自查，保证其有效运行。

2. 定期向食品药品监督管理部门提交生产质量管理体系自查报告。

二、保健食品销售日常监督检查要点

（一）经营资质

1. 经营者持有的食品经营许可证是否合法有效。

2. 食品经营许可证载明的食品经营项目中是否包括"特殊食品销售（保健食品）"。

（二）经营条件

1. 是否具有与经营的保健食品品种、数量相适应的场所。

2. 经营场所环境是否整洁，是否与污染源保持规定的距离。

3. 是否具有与经营的保健食品品种、数量相适应的生产经营设备或者设施。

（三）食品安全管理机构和人员

1. 保健食品经营企业是否有专职或者兼职的食品安全专业技术人员、食品安全管理人员和保证食品安全的规章制度。

2. 保健食品经营企业是否有食品安全管理人员。

3. 保健食品经营企业是否存在经食品药品监管部门抽查考核不合格的食品安全管理人员在岗从事食品安全管理工作的情况。

（四）从业人员管理

1. 保健食品经营者是否建立从业人员健康管理制度。

2. 在岗从事接触直接入口食品工作的食品经营人员是否取得健康证明。

3. 在岗从事接触直接入口食品工作的食品经营人员是否存在患有国务院卫生行政部门规定的有碍食品安全疾病的情况。

4. 保健食品经营企业是否对职工进行食品安全知识培训和考核。

（五）经营过程控制情况

1. 是否按要求贮存保健食品。

2. 是否定期检查库存保健食品，及时清理变质或者超过保质期的保健食品。

3. 保健食品经营者是否按照食品标签标示的警示标志、警示说明或者注意事项的要求贮存和销售保健食品。对经营过程有温度、湿度要求的保健食品，是否有保证保健食品安全所需的温度、湿度等特殊要求的设备，并按要求贮存。

4. 保健食品经营者是否建立食品安全自查制度，定期对食品安全状况进行检查评价。

5. 发生食品安全事故的，是否建立和保存处置食品安全事故记录，是否按规定上报所在地食品药品监督部门。

6. 保健食品经营企业是否建立并严格执行食品进货查验记录制度。

7. 保健食品经营者采购保健食品，是否查验供货者的许可证和保健食品出厂检验合格证或者其他合格证明。

8. 是否建立并执行不安全保健食品处置制度。

9. 从事保健食品批发业务的经营企业是否建立并严格执行食品销售记录制度。

10 食品经营者是否张贴并保持上次监督检查结果记录。

（六）保健食品标签等外观质量状况

1. 检查的保健食品是否在保质期内。

2. 经营的保健食品的包装上是否有标签，标签标明的内容是否符合《食品安全法》等法律法规的规定。

3. 经营的保健食品的标签、说明书是否清楚、明显，不适宜人群、注意事项等是否显著标注，容易辨识。

4. 经营的保健食品标签、说明书是否涉及疾病预防、治疗功能。

5. 经营场所设置或摆放的保健食品广告的内容是否涉及疾病预防、治疗功能。

6. 经营的进口保健食品是否有中文标签，是否与批准的内容相一致。

（七）重点检查

1. 是否经营未按规定注册或备案的保健食品、特殊医学用途配方食品、婴幼儿配方乳粉。

2. 经营的保健食品的标签、说明书是否涉及疾病预防、治疗功能，内容是否真实，是否载明适宜人群、不适宜人群、功效成分或者标志性成分及其含量等，并声明"本品不能代替药物"，与注册或者备案的内容相一致。

3. 经营保健食品是否设专柜销售，并在专柜显著位置标明"保健食品"字样。

4. 是否存在经营场所及其周边，通过发放、张贴、悬挂虚假宣传资料等方式推销保健食品的情况。

5. 经营的保健食品是否索取并留存批准证明文件以及企业产品质量标准。

6. 经营的保健食品广告内容是否真实合法，是否含有虚假内容，是否涉及疾病预防、治疗功能，是否声明"本品不能代替药物"；其内容是否经生产企业所在地省、自治区、直辖市人民政府食品药品监督管理部门审查批准，取得保健食品广告批准文件。

7. 经营的进口保健食品是否未按规定注册或备案。